JIQIREN
GANZHI XITONG
SHEJI JI
YINGYONG

机器人
感知系统
设计及应用

乔玉晶　郭立东　吕宁　张兆东　编著

化学工业出版社

·北京·

内容简介

机器人根据完成任务的不同,配置的传感器类型和规格也不同。本书在系统阐述现代机器人常用的各类内部传感器和外部传感器的原理与应用的基础上,重点介绍了机器人视觉系统、导航系统,移动机器人传感系统,焊接机器人传感系统的设计方法。针对机器人所处环境的不同,详细讲解了每种机器人传感器配置的类型、测量信息、位置及数量等内容。在具体的应用中,详细阐述了智能机器人对传感配件的要求,如:传感器的精度问题、传感器抗干扰能力、传感器安装问题等。

本书可供从事机器人设计与制造相关工作的技术人员使用,也可供高校机电一体化、自动化和电气专业的师生学习参考。

图书在版编目(CIP)数据

机器人感知系统设计及应用/乔玉晶等编著. —北京:化学
工业出版社,2021.9(2023.4 重印)
ISBN 978-7-122-39375-3

Ⅰ. ①机… Ⅱ. ①乔… Ⅲ. ①机器人-感知-系统设计-研
究 Ⅳ. ①TP242

中国版本图书馆 CIP 数据核字(2021)第 123505 号

责任编辑:贾 娜   文字编辑:朱丽莉 陈小滔
责任校对:边 涛   装帧设计:王晓宇

出版发行:化学工业出版社(北京市东城区青年湖南街 13 号 邮政编码 100011)
印 装:涿州市般润文化传播有限公司
787mm×1092mm 1/16 印张 12¾ 字数 306 千字 2023 年 4 月北京第 1 版第 2 次印刷

购书咨询:010-64518888   售后服务:010-64518899
网 址:http://www.cip.com.cn
凡购买本书,如有缺损质量问题,本社销售中心负责调换。

定 价:68.00 元

前言
PREFACE

机器人是科技发展的产物,是制造业走向现代化生产的重要设备。 机器人自动化是一项快速进步的技术,在短短几十年的时间里,工业机器人已经在全世界范围内变成工厂里的普通装置。 在工业自动化领域,机器人需要传感器提供必要的信息,以准确执行相关操作。 据预测,2021年,全球工业机器人传感器市场将以约8%的复合年增长率稳步增长。 对于机器人中传感器的应用,有报告明确指出,到2027年,视觉系统将单独成就57亿美元的市场,力传感器市场将超过69亿美元。

传感器是机器人的感知系统,是机器人最重要的组成部分之一。 多种不同功能的传感器合理地组合在一起,才能为机器人提供更为详细的外界环境信息,使其在工作时可以不依赖人的操纵。 机器人感知技术通过获取和分析位置、触觉、力觉、视觉等传递来的信息,实现对外部环境和内部状态的理解,为人机的智能交互和柔性作业提供决策依据。 那么机器人究竟要具备多少种传感器才能尽可能地做到如人类一样灵敏呢? 机器人要想接近人类的灵敏度,有8类传感器至关重要:视觉传感器、声觉传感器、距离传感器、触觉传感器、接近觉传感器、力觉传感器、滑觉传感器、速度和加速度传感器,尤其是机器人的5大感官传感器是必不可少的。 从拟人功能出发,视觉、力觉、触觉最为重要,相关的传感器目前已进入实用阶段,但其他的感官,如听觉、嗅觉、味觉、滑觉等对应的传感器还在进一步科研攻关过程中。

在众多的感知系统中,视觉系统、移动机器人传感系统、机器人手眼协作传感系统是机器人传感系统应用最为广泛的感知系统。 本书结合应用实例,在系统阐述现代机器人常用传感器原理与应用的基础上,重点介绍了机器人视觉系统、导航系统,移动机器人传感系统和焊接机器人传感系统设计的方法。 针对机器人所处环境的不同,详细介绍了每种机器人传感器配置的类型、测量信息、位置及数量等内容,为读者设计类似机器人传感系统提供思路。

本书可供从事机器人设计与制造相关工作的技术人员使用,也可供高校机电一体化、自动化和电气专业的师生学习参考。

本书由扬州市职业大学乔玉晶(兼哈尔滨理工大学智能机械研究所成员)、哈尔滨理工大学郭立东、扬州市职业大学吕宁、扬州市职业大学张兆东编著。 本书在编写过程中,得到了领导及同事的大力支持与帮助,在此表示衷心的感谢!

由于水平所限,书中难免有不足之处,恳请读者批评指正。

编著者

目录
CONTENTS

第1章　机器人与传感器 / 001

1.1　机器人系统的构成 / 001
1.2　机器人的感觉 / 002
1.3　机器人传感器及其分类 / 003
1.4　多传感器的信息融合 / 006
1.5　机器人传感器参数及性能指标 / 007
　　1.5.1　机器人传感器的参数 / 007
　　1.5.2　机器人传感器常用参数的性能指标 / 007

第2章　机器人内部传感器 / 010

2.1　位置检测传感器 / 010
　　2.1.1　限位开关 / 011
　　2.1.2　光电开关 / 012
　　2.1.3　电位计式传感器 / 014
　　2.1.4　编码器 / 015
2.2　速度和加速度传感器 / 021
　　2.2.1　测速发电机 / 021
　　2.2.2　加速度传感器 / 022
　　2.2.3　陀螺仪 / 027

第3章　机器人外部传感器 / 036

3.1　机器人触觉传感器 / 036
　　3.1.1　触觉传感器概述 / 036
　　3.1.2　接触觉传感器 / 039

　　　3.1.3　力觉传感器 / 045

　　　3.1.4　压觉传感器 / 053

　　　3.1.5　滑觉传感器 / 055

　　　3.1.6　触觉传感器的信号检出与重构 / 058

　　3.2　机器人接近觉传感器 / 063

　　　3.2.1　感应式接近觉传感器 / 064

　　　3.2.2　红外接近觉传感器 / 067

　　　3.2.3　超声波接近觉传感器 / 068

　　　3.2.4　激光接近觉传感器 / 070

　　3.3　其他外传感器 / 071

　　　3.3.1　机器人听觉传感器 / 071

　　　3.3.2　机器人味觉传感器 / 074

　　　3.3.3　机器人嗅觉传感器 / 078

第4章　机器人视觉系统　　　　　　　　　　　　　　/ 081

　　4.1　机器人视觉概述 / 081

　　　4.1.1　机器视觉基本理论 / 085

　　　4.1.2　成像几何基础 / 086

　　4.2　图像的获取和处理技术 / 090

　　　4.2.1　视觉模型 / 090

　　　4.2.2　图像预处理技术 / 095

　　　4.2.3　视觉图像特征提取 / 098

　　4.3　机器人的视觉 / 101

　　　4.3.1　立体视觉 / 101

　　　4.3.2　三维形状信息恢复 / 108

　　　4.3.3　智能视觉感知 / 111

　　4.4　视觉跟踪系统 / 114

　　　4.4.1　视觉跟踪系统构成 / 114

　　　4.4.2　视觉跟踪方法 / 115

第5章　机器人导航系统　　　　　　　　　　　　　　/ 117

　　5.1　惯性导航系统常用传感器 / 117

　　　5.1.1　高度传感器 / 117

　　　5.1.2　深度传感器 / 120

        5.1.3　多普勒计程仪 / 122

        5.1.4　里程计 / 124

   5.2　惯性导航系统 / 125

        5.2.1　平台式惯性导航系统 / 125

        5.2.2　捷联式惯性导航 / 133

   5.3　卫星导航系统 / 140

        5.3.1　GPS / 140

        5.3.2　GLONASS / 142

        5.3.3　GALILEO / 144

        5.3.4　北斗卫星导航系统 / 145

   5.4　水声定位系统 / 146

        5.4.1　声呐传感系统 / 146

        5.4.2　长基线定位 / 152

        5.4.3　短基线定位 / 155

        5.4.4　超短基线定位 / 156

   5.5　视觉导航系统 / 157

        5.5.1　SLAM / 158

        5.5.2　VSLAM / 162

第6章　移动机器人传感系统　　　　　　　　　　/ 166

   6.1　BigDog（BigDog 四足）机器人 / 166

        6.1.1　BigDog 机器人系统的组成 / 167

        6.1.2　BigDog 传感系统 / 168

   6.2　Robonaut 机器人 / 171

        6.2.1　Robonaut 机器人系统组成 / 171

        6.2.2　Robonaut 机器人传感系统 / 172

   6.3　自主移动机器人（AMR） / 176

        6.3.1　AMR 定义与类别 / 177

        6.3.2　AMR 的传感系统 / 178

第7章　机器人焊接过程传感系统　　　　　　　　/ 181

   7.1　认识焊接机器人 / 181

        7.1.1　焊接机器人的分类 / 181

        7.1.2　焊接机器人的优势 / 184

7.2　点焊机器人 / 184
    7.2.1　点焊机器人的组成 / 184
    7.2.2　点焊机器人的性能要求 / 184
    7.2.3　点焊机器人的技术特点 / 184
7.3　弧焊机器人 / 185
    7.3.1　弧焊机器人的组成 / 185
    7.3.2　适合弧焊机器人的焊接方法 / 185
7.4　焊接机器人的传感系统 / 185
    7.4.1　电弧传感系统 / 185
    7.4.2　超声波传感跟踪系统 / 187
    7.4.3　视觉传感跟踪系统 / 189
7.5　焊接机器人技术未来发展趋势 / 191

参考文献　　　　　　　　　　　　　　　　　　　　　　　/ 193

第1章
机器人与传感器

当今机器人拥有灵敏的身姿、令人惊异的智能、全自动化的运作，这一切与人类相似的肢体及感官功能的实现都少不了传感器的功劳。本章主要介绍机器人用传感器的现状、发展和类型，并对机器人传感器参数及对应的性能指标进行阐述和说明。

1.1 机器人系统的构成

以工业机器人为例来阐述机器人系统的构成。工业机器人是一种功能完整、可独立运行的典型机电一体化设备，通过自身的控制器、驱动系统和操作界面，可进行手动、自动操作及编程，同时能依靠自身的控制能力来实现所需要的功能。广义上的工业机器人是由如图1-1所示的机器人本体及相关附加设备组成的完整系统。一套完整的工业机器人包括机器人本体、系统软件、控制柜、外围机械设备、CCD视觉、夹具/抓手、外围设备、PLC控制柜、示教器/示教盒（即图1-1中的操作单元）。

工业机器人由3大部分6个子系统组成。3大部分是机械部分、传感部分和控制部分。6个子系统可分为机械结构系统、驱动系统、感知系统、机器人环境交互系统、人机交互系统和控制系统。

① 工业机器人的机械结构系统由基座、手臂、末端执行器三大部分组成，每一个部分都有若干个自由度的机械系统。若基座具备行走机构，则构成行走机器人；若基座不具备行走及弯腰机构，则构成单机器人臂。手臂一般由大臂、小臂和手腕组成。末端执行器是直接装在手腕上的一个重要部件，它可以是二手指或多手指的夹爪，也可以是喷漆枪、焊具等作业工具。

② 驱动系统。要使机器人运行起来，需要在各个关节即每个运动自由度上安置传动装

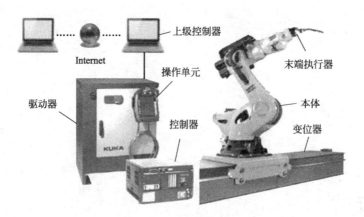

图 1-1 工业机器人系统的组成

置，这就是驱动系统。驱动系统可以是液压传动、气压传动、电动传动系统，也可以是把它们结合起来应用的综合系统，可以直接驱动或者通过同步带、链轮链条、轮系等机械传动机构进行间接传动。

③ 感知系统由内部传感器模块和外部传感器模块组成，用以获得内部和外部环境状态中有意义的信息。智能传感器的使用提高了机器人的机动性、适应性和智能化的水准。人类的感受系统对感知外部世界信息是极其灵巧的，然而，对于一些特殊的信息，传感器比人类的感受系统更有效。

④ 机器人环境交互系统是现代工业机器人与外部环境中的设备互相联系和协调的系统。工业机器人与外部设备集成为一个功能单元，如加工单元、焊接单元、装配单元等。当然，也可以是由多台机器人、多台机床或设备、多个零件存储装置等集成为一个去执行复杂任务的功能单元。

⑤ 人机交互系统是操作人员与机器人之间联系的装置，例如，计算机的标准终端、指令控制台、信息显示板、危险信号报警器等。该系统归纳起来分为两大类：指令给定装置和信息显示装置。

⑥ 机器人控制系统是机器人的大脑，是决定机器人功能和性能的主要因素。控制系统的任务是根据机器人的作业指令程序以及传感器反馈回来的信号支配机器人的执行机构去完成规定的运动和功能。假如工业机器人不具备信息反馈特征，则为开环控制系统；若具备信息反馈特征，则为闭环控制系统。根据控制原理，控制系统又可分为程序控制系统、适应性控制系统和人工智能控制系统。根据控制运行的形式，控制系统也可分为点位控制和连续轨迹控制。点位型只控制执行机构由一点到另一点的准确定位，适用于机床上下料、点焊和一般搬运、装卸等作业；连续轨迹型可控制执行机构按给定轨迹运动，适用于连续焊接和涂装等作业。

1.2 机器人的感觉

机器人如何准确无误地完成任务？现实情况例如：有的机器人能够准确地躲避危险，有的能准确地搬运某些物品,有的通过声音去执行任务,有的通过温度控制机器的运转,有的通过气味检测有毒气体,等等。机器人具有了类似人类各种感官的功能,如眼睛、鼻子、耳朵、皮肤等,使机器人具有了各种知觉,具有了类似人类的感觉,机器人的所有这些能力都是通过传感器来实现的。传感器可将物理或化学的非电量信号转换成便于检测和传输的电信号。常见的有温度、湿度、位移、形状、颜色、压力、流量、重量、声音以及振动等物理量,也可以是浓度和透明度等化学量。将这些物理或化学的非电量输入传感器中,经传感器件转换成电压、电流、频率、电容及电感等电信号。机器人使用各种传感器来收集外界信息,为控制机器人和机器人之间的协作提供依据。

机器人行业的一个重要趋势是给设备安装更多的传感器,例如安装视觉、触觉、力觉和其他类型传感器,以便执行更复杂的任务,并达到节省时间和确保人类安全的目的。2.0时代的机器人在无人值守的环境下自主完成工作任务,对周边环境的检测和决策是重要的环节,会涉及各种各样的传感器产品。作为信息技术基础之一的传感器,如今已经融入到了人类的生产与生活之中,不管是从机器人到无人驾驶,还是从智能手机到智慧家居,亦或是正在建设的智慧城市,都能瞧见它的身影。其中,传感器在机器人产业中的应用受到了以美国和日本为主的大部分国家的关注,在这些国家的带动作用下,全球掀起了一股"智能传感器"发展的热潮,当前我国也身处其中并积极应对。

机器人与传感器的组合,可以说具有十分美妙的化学反应。传感器之于机器人就像各种感知器官之于人类,传感器为机器人提供了视、力、触、嗅、味等五种感知能力。同时,传感器还能从内部检测机器人的工作状态,保证机器人作业的稳定性与灵敏性,从外部探测机器人的工作环境和对象状态,保障人机关系的安全性。

为了促进机器人技术在制造业中的应用,行业专家做了很多努力,在传感器技术上不断创新,推动了机器人传感器市场的发展。先进的传感器改变了机器人在制造业的使用,在智能制造的大趋势下,鼓励工厂企业采用机器人来提升效率,通过机器人应对新的挑战,例如满足个性化定制的需求等。协作机器人的优势逐步显现,而2.0时代的智能化机器人也在增长,无疑将推动传感器市场的发展。

1.3 机器人传感器及其分类

随着智能化程度的提高,机器人传感器应用越来越多。智能机器人主要有交互机器人、传感机器人和自主机器人3种。从拟人功能出发,视觉、力觉、触觉功能最为重要,并已进入实用阶段,听觉功能也有较大进展,其他还有嗅觉、味觉、滑觉功能等,对应有多种传感器,如图1-2所示为机器人的感觉分布。所以机器人传感器产业也形成了一定的生产和科研力量。

机器人传感器有多种分类方法。

(1) 根据传感器检测原理的不同

根据传感器检测原理的不同,机器人传感器可分为电阻传感器、电容传感器、电感传感器、电压传感器、电涡流传感器、光电传感器、压电传感器、热电传感器、磁电传感器、磁阻传感器、霍尔传感器、应变传感器、超声传感器、激光传感器等。

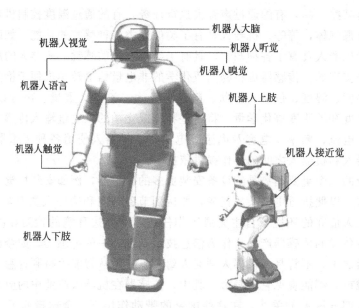

图 1-2　机器人的感觉分布

（2）根据传感器检测物理量的不同

根据传感器检测物理量的不同，机器人传感器可分为视觉传感器、听觉传感器、嗅觉传感器、触觉传感器、接近觉传感器、滑觉传感器、压觉传感器、力觉传感器等。

（3）根据传感器检测对象的不同

根据传感器检测对象的不同，机器人传感器可分为内部传感器（或称内传感器）和外部传感器（或称外传感器）。内传感器是用来检测机器人自身状态的传感器，检测量多为位置/姿态角、速度/角速度、加速度/角加速度、内力/内力矩等。外传感器是用来检测机器人所处环境及状况的传感器，检测量多为距离、外力/外力矩、声音和图像等。

（4）根据传感器输出信号性质的不同

根据传感器输出信号性质的不同，机器人传感器分为模拟型传感器、数字型传感器和开关型传感器。

滑觉传感器、力觉传感器、距离传感器、触觉传感器、接近觉传感器、速度和加速度传感器、视觉传感器、声觉传感器等 8 种传感器对机器人极为重要。很难想象，如果没有它们，机器人将怎样存在。

① 滑觉传感器。滑觉传感器是用于检测机器人与抓握对象间滑移程度的传感器。为了在抓握物体时确定一个适当的握力值，需要实时检测接触表面的相对滑动，然后判断握力，在不损伤物体的情况下逐渐增加力量。滑觉检测功能是实现机器人柔性抓握的必备条件。

② 力觉传感器。力觉传感器是用来检测机器人自身力或与外部环境力之间相互作用力的传感器。力觉传感器经常装于机器人关节处，通过检测弹性体变形来间接测量所受力。装于机器人关节处的力觉传感器常以固定的三坐标形式出现，有利于满足控制系统的要求。

③ 距离传感器。用于机器人的距离传感器有激光测距仪（兼可测角）、超声波距离传感器等。近年来发展起来的激光雷达是目前比较主流的一种，可用于机器人导航和回避障碍物。

④ 触觉传感器。触觉传感器是用于机器人中模仿触觉功能的传感器。触觉是人与外界环境直接接触时的重要感觉功能，研制满足要求的触觉传感器是机器人的关键技术之一。

⑤ 接近觉传感器。接近觉传感器介于触觉传感器和视觉传感器之间，可以测量距离和方位，而且可以融合视觉和触觉传感器的信息。接近觉传感器可以辅助视觉系统来判断对象物体的方位、外形，同时识别其表面形状。

⑥ 速度和加速度传感器。速度传感器有测量平移和旋转运动速度两种功能，但大多数情况下，只限于测量旋转速度。利用位移的导数，特别是光电方法让光照射旋转圆盘，检测出旋转频率和脉冲数目，以求出旋转角度，利用圆盘制的缝隙，通过两个光电二极管辨别出角速度，即转速，这就是光电脉冲式转速传感器。

加速度传感器用于测量工业机器人的动态控制信号。一般由速度测量进行推演，已知质量物体加速度所产生动力，即应用应变仪测量此力进行推演。与被测加速度有关的力可由一个已知质量产生，这种力可以为电磁力或电动力，最终简化为对电流的测量，这就是伺服返回传感器，实际又能有多种振动式加速度传感器。

⑦ 视觉传感器。机器视觉是使机器人具有感知功能的系统，其通过视觉传感器获取图像并进行分析，让机器人能够实现辨识物体、测量和判断、实现定位等功能。

⑧ 声觉传感器。声觉传感器的作用相当于一个话筒（麦克风）。它用来接收声波，显示声音的振动图像，但不能对噪声的强度进行测量。声觉传感器主要用于感受和表征在气体（非接触感受）、液体或固体（接触感受）中的声波。

对于智能机器人来说，每一部分传感器都很关键，智能机器人对传感器有着严格的要求。一般来说，传感器的精度是将其应用到智能机器人上要首先考虑的问题；其次是传感器的可靠性、稳定性等。

智能机器人主要在传感器技术集成感知系统的帮助下，自主完成人类指定的工作，如果传感器精度差，就会影响机器人执行命令的效率和质量。如果传感器不稳定、可靠性不高，就容易导致智能机器人故障，轻者导致不能正常运行，重者还会造成事故。

应用在智能机器人上的传感器除了要求其具有一定精度、可靠性和稳定性外，传感器的抗干扰能力也是很重要的要求。因为智能机器人往往在未知的工作环境中开展工作，因此传感器应具有在电磁、振动、灰尘和油垢等恶劣环境下的抗干扰能力。

应用在智能机器人身上的传感器还要求体积小、重量轻，特别是安装在机器人手臂等运动部件上的传感器，重量一定要轻，否则机器人加大运动时容易造成损坏。不同工作空间受到的限制是不一样的，所以对传感器体积也有一定的要求。

另外，应用于智能机器人身上的传感器要求采用正确的安装方式。智能机器人一般都具有自我保护功能，机器人身上还采取了安全措施，以免机器人侵犯和伤害人类，所以机器人应用了力和力矩传感器来检测和控制各构件的受力情况，使各个构件均不超过其受力极限，从而保护构件不被破坏。为了防止机器人和周围物体碰撞，需要采用各种触觉传感器和接近觉传感器来防止碰撞。因为智能机器人的服务对象是人类，所以为了保护人类免受伤害，智能机器人还采用了其他传感器技术来限制自身的行为。

1.4 多传感器的信息融合

机器人感知系统负责获取其内部状态信息和外部环境信息，从而使机器人能够自然地适应工作环境。因此，准确和全面地获取内部和外部感知信息，对于机器人正常工作、防止发生意外事故等都是至关重要的。单一传感器获得的信息非常有限，且易受周围环境等干扰因素的影响，并且若对单一传感器采集的信息进行孤立地分析，会割裂各传感器之间的内在联系。多传感器信息融合技术可有效地解决此问题，通过综合运用信号处理、仿生学、人工智能和数理统计等方面的理论，对分布在不同位置的各个单一传感器获取的信息综合利用和优化并加以融合，利用融合后的信息可更加全面和准确地进行感知描述，进而降低各个单一传感器在空间和时间方面的局限性，更加完善和精确地反映出检测对象的特性。多传感器融合系统与机器人相结合，构成了智能型机器人。

运用多传感器信息融合技术将使系统具有以下优势。

① 提高系统的可靠性和鲁棒性。多传感器系统有其内在的冗余性，即该系统可能获取更多观测信息，从而达到一定的改善效果。当有若干个传感器不能利用或受到干扰，或某个目标不在覆盖范围时，总会有一部分传感器可以提供信息，使系统能够不受干扰连续运行、弱化故障，并增大检测概率。

② 扩展时间上的覆盖范围。当某些传感器不能探测时，另一些传感器可以检测、测量目标或事件，即多个传感器的协同作用可提高系统的时间监视范围和检测概率。

③ 扩展空间上的观测范围。通过多个重叠覆盖的传感器作用区域，扩大空间覆盖范围，一些传感器可以探测其他传感器无法探测的地方，进而增加了系统空间上的监视能力和检测概率。

④ 增强数据的可信任度。一部或多部传感器能确认同一目标或事件。各个传感器的判断结果相互补充确认，从而增强融合系统所做最终推断的可信度。同时，一部分传感器判断值可以用来组成一套可行性评价指标，从而减少寻找最优方案的工作量。

⑤ 缩短反应时间。因为单位时间内采集了更多数据，所以多传感器系统可以在较短时间内达到规定的性能水平。

例如，自动装配机器人为了能够在不确定的环境中进行灵活和准确的操作，安装了多个传感器：视觉传感器、激光测距传感器、超声波测距传感器、力传感器、接近觉传感器和位移传感器等。在自动装配机器人正常工作时，其工作过程的每一步决策都是由多传感器信息融合来实现的。其中，视觉传感器用于识别具有一定规则形状的零件，并且还用于引导激光测距传感器和超声波测距传感器对准被测零件以获取相应的位置信息，将这些传感器获取的信息进一步综合利用和优化，刻画出零件的精确位置信息。接下来，将从自动装配机器人手部的多个力传感器、接近觉传感器和位移传感器等处获取的信息进行融合，综合分析出机器人手部抓取零件的状态，判断其与零件的安全距离，并根据力传感器的输出，检测出机器人的末端执行器与零件接触时的状态信息以及接触力的大小，从而保证机器人对零件进行准确和安全的操作。

总体而言，对于应用于机器人的传感器，目前最为便捷的分类方法是将其分为外部传感器和内部传感器。外部传感器包括触觉、接近觉、视觉、听觉、嗅觉和味觉以及温度、湿度、压力等传感器。通过各种外部检测传感器，机器人可从周围环境及目标物状况特征来获取信息，以便和外部环境发生交互作用进而产生自校正和自适应能力。内部传感器由位置、加速度、速度及压力传感器组成，内部传感器安装在机器人的内部，使机器人感知自己当前的状态。本书按照此分类方法阐述机器人传感技术，并列举实例来探讨不同功能机器人传感器的选用与系统设计方法。

1.5 机器人传感器参数及性能指标

1.5.1 机器人传感器的参数

机器人传感器一般包括以下三类参数：基本参数、环境参数和使用条件。

① 基本参数。包括量程（测量范围及过载能力）、灵敏度、静态精度和动态性能（频率特性及阶跃特性）。

② 环境参数。包括温度、振动冲击及其他参数（潮湿、腐蚀及抗电磁干扰等）。

③ 使用条件。包括电源、尺寸、安装方式、电信号接口及校准周期等。

1.5.2 机器人传感器常用参数的性能指标

（1）灵敏度

灵敏度是指传感器输出信号达到稳定时输出量变化 Δy 对输入量变化 Δx 的比值。如果传感器的输出和输入之间呈线性关系，则灵敏度可表示为

$$s = \frac{\Delta y}{\Delta x} \tag{1-1}$$

式中，s 为传感器的灵敏度；Δy 为传感器输出信号的增量；Δx 为传感器输入信号的增量。

很显然，灵敏度是输出-输入特性曲线的斜率。

如果传感器的输出与输入呈非线性关系，其灵敏度就是该曲线的导数。传感器输出量的量纲和输入量的量纲不一定相同。若输入和输出具有相同的量纲，则传感器的灵敏度也称为放大倍数。一般来说，传感器的灵敏度越大越好，这样可以使传感器的输出信号精确度更高，线性度更好。但是，过高的灵敏度有时会导致传感器的输出稳定性下降，所以应根据机器人的要求选择大小适中的传感器灵敏度。

（2）线性度

线性度是描述传感器静态特性的一个重要指标，反映传感器输出信号与输入信号之间的线性程度。以被测输入量处于稳定状态为前提，在规定条件下，传感器校准曲线和拟合直线间的最大偏差（ΔL_{max}）与理论满量程输出（y_{FS}）的比，称为线性度（线性度又称为非线性误差），如图 1-3 所示。该值越小，表明线性特性越好。表示公式为

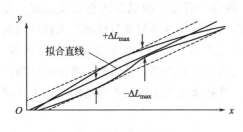

图 1-3 线性度概述图

$$\delta = \frac{\pm \Delta L_{max}}{y_{FS}} \times 100\% \qquad (1-2)$$

假设传感器输出信号为 y，输入信号为 x，则输出信号 y 与输入信号 x 之间的线性关系可表示为

$$y = kx \qquad (1-3)$$

若 k 为常数，或者近似为常数，则传感器的线性度较高；如果 k 是一个变化较大的量，则传感器的线性度较差。机器人控制系统应该选用线性度较高的传感器。对传感器进行线性化常用的方法有割线法、最小二乘法和最小误差法等。

（3）量程

传感器的量程是指被测量的最大允许值和最小允许值之差。一般要求传感器的量程必须覆盖机器人测量的工作范围。如果无法达到这一要求，可以设法选用某种转换装置，但这样会引入某种误差，使传感器的测量精度受到一定的影响。

（4）精度或不确定度

精度是指传感器的测量输出值与实际被测量值之间的误差。在机器人系统设计中，应该根据系统的工作精度要求选择合适的传感器。影响机器人传感器精度的主要因素有使用条件和测量方法。使用条件是指机器人所有可能的工作条件，如环境温度、湿度、运动速度、受力情况等。同时，用于检测传感器精度的仪器必须具有比传感器高一级及以上的精度。

对于智能机器人来说，传感器需要高精度、高可靠性，而且稳定性必须要好。智能机器人在感知系统的帮助下，能够自主完成人类指定的工作。如果传感器的精度稍差，便会直接影响机器人的作业质量；如果传感器不稳定，或者可靠性不高，也很容易导致智能机器人出现故障。轻者导致工作不能正常运行，严重时还会造成严重的事故，因此传感器的可靠性和稳定性是智能机器人对其最基本的要求。

例如一些需要经常在水下环境中使用的水下机器人，就需大量采用 MEMS 加速度传感器和陀螺仪等基础元件，这不仅是因为 MEMS 传感器占用空间小，更重要的是，这类传感器对于一些微弱的模拟信号的转换更为及时和强大，所以，MEMS 传感器是工业机器人行业研发和制造的理想配件。

（5）重复性

重复性是指传感器在对输入信号按同一方式进行全量程连续多次测量时，相应测量结果的变化程度，也即经过多次测量所得结果之间的一致性。若一致性好，传感器的测量误差就小，重复性就好。重复性好，精度不一定很高，但只要使用环境、受力条件和其他参数不变，传感器的测量结果也不会有较大变化。同样，对于传感器的重复性也应考虑使用条件和测试方法的问题。对于示教再现型机器人，传感器的重复性至关重要，它直接关系到机器人能否准确再现示教轨迹。

（6）分辨率

分辨率是指传感器在整个测量范围内所能辨别的被测量的最小变化量，或者所辨别的不同被测量的个数。也就是说，如果输入量从某一非零值缓慢地变化，当输入变化值未超过某一数值时，传感器的输出不会发生变化，即传感器对此输入量的变化是分辨不出来的。只有当输入量的变化超过分辨率时，其输出才会发生变化。通常传感器在满量程范围内各点的分辨率并不相同，因此常用满量程中能使输出量产生阶跃变化的输入量中的最大变化值作为衡量分辨率的指标。无论是示教再现型机器人，还是智能机器人，都对传感器的分辨率有一定的要求。传感器的分辨率直接影响机器人的可控程度和控制品质。一般需要根据机器人的工作任务规定传感器分辨率的最低限度要求。

（7）响应时间

传感器的响应时间，通常定义为测试量变化一个步进值后，传感器达到最终数值90%所需要的时间，是传感器的动态性能指标。传感器的输出信号在达到稳定值之前会发生短时间的振荡，这种振荡对机器人控制系统来说非常不利，有时会造成一个虚设位置，影响机器人的控制精度和工作精度，所以传感器的响应时间越短越好。响应时间的计算应当以输入信号开始变化的时刻为起始点。

（8）抗干扰能力

传感器所输出的电信号幅值很小，各种环境噪声都会对放大电路造成干扰，影响其正常工作。而传感器输出信号的稳定是控制系统稳定工作的前提，是防止机器人系统意外动作或发生故障的保障，因此，对于机器人传感器来说，必须考虑其抗干扰能力。通常抗干扰能力是通过单位时间内发生故障的概率来定义的，因此它是一个统计指标。

重量轻、体积小同样是对机器人传感器的要求，对于安装在机器人手臂等运动部件上的传感器，重量一定要轻，否则会加大运动部件的损坏，影响机器人的运动性能。对于工作空间受到某种限制的机器人，对体积和安装方向的要求也是必不可少的。一些多关节机器人，例如蛇形多关节机器人，可以到某些较隐蔽的有空间限制的位置处进行探测。另外，为了克服一些传感器易受外界干扰的劣势，有的机器人采用了不受电磁波干扰、可进行非接触性测量的红外传感器，实现了昼夜均可测量等多方面的优势。

本章介绍了机器人感知技术的基础知识；系统阐述机器人系统的构成、机器人感知系统的构成、机器人常用传感器及分类，以及多传感器融合实现机器人的智能感知；最后介绍了机器人传感器的性能参数指标。

第2章
机器人内部传感器

机器人内部传感器安装在机器人自身中，用来感知它自己的状态，以调整和控制机器人的行动。机器人内部传感器的功能是测量运动学和力学参数，使机器人能够按照规定的位置、轨迹和速度等参数进行工作，感知自己的状态并加以调整和控制。具体检测的对象有关节的线位移、角位移等几何量，速度、加速度、角速度等运动量，倾斜角和振动等物理量。因此，内部传感器主要由位移传感器、角速度传感器、速度及加速度传感器组成。对这类传感器的要求是精度高、响应速度快、测量范围宽。

2.1 位置检测传感器

位置检测传感器是用来测量机器人自身位置的传感器，机器人的位置检测传感器可分为以下两类。

① 检测规定位置的传感器，常用 ON/OFF 两个状态值。用于检测机器人的起始原点、终点位置或某个确定的位置，给定位置检测常用的检测元件主要为限位开关和光电开关。限位开关就是用以限定机械设备的运动极限位置的电气开关。光电开关的基本原理是把发射端和接收端之间光的强弱变化转化为电流的变化以达到探测的目的。

② 测量可变位置和角度的传感器、测量机器人关节线位移和角位移的传感器是机器人位置反馈控制中必不可少的元件。常用的位移传感器有直线位移传感器与角位移传感器（角度传感器）。直线位移传感器有电位计式传感器和可调变压器两种。角位移传感器有电位计式传感器、可调变压器（旋转变压器）及光电编码器三种，其中，光电编码器有增量式编码器和绝对式编码器。增量式编码器一般用于检测零位不确定的位置伺服控制；绝对式编码器能够得到对应于编码器初始锁定位置的驱动轴瞬时角度值。

2.1.1　限位开关

限位开关是电气硬件上对各轴的位置限制的电气开关，通常类似行程开关。限位开关设计的本意是用来在机器人本体某些位置安装硬件开关电路，机器人走到限位位置，电路断开，控制器知道机器人到达限位位置，停止机器人运动。机器人运动到该位置触发开关后报警下电，不能使用取消键取消；如果要取消，需要在执行开关中将限位功能关闭，并不是每个轴都有限位开关。当设定的位移或力作用到它的可动部分（称为执行器）时，开关的电气触点便断开或接通，当触发时，开关向微控制器发送信号。这些精密开关非常适合探测细微的事件，例如机器人手臂到达运动的顶部或底部，起到停止、保护的作用。

限位开关主要由操动器、触点系统和外壳三部分构成。在实际应用中，通常是将限位开关安装在预先安排的位置上，当机械撞块或运动部件撞击到限位开关时，开关内部的触点动作，实现电路的切换。所以，限位开关多以操动器外观来分类，常见的外形、结构与符号如表 2-1 所示。

表 2-1　限位开关的类型

操动器外形	圆形柱塞	滚轮摇臂	斜角摇臂	双向摇臂	棒操动器	弹簧棒操动器
触点类型及画法	常开触点		常闭触点		复合触点	
结构						

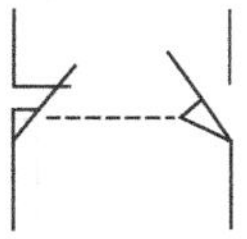

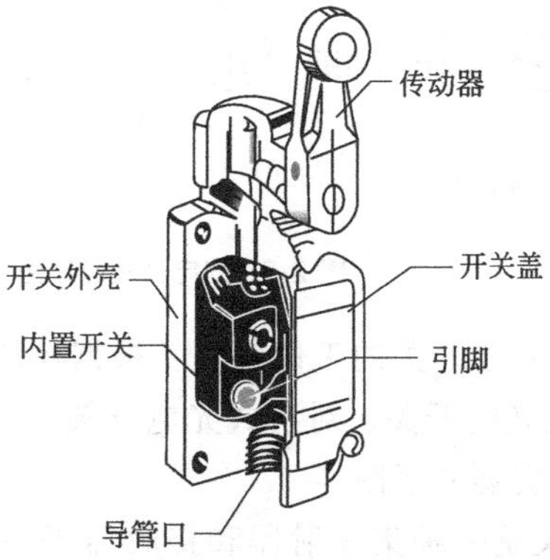

如图 2-1 所示为 ABB 机器人的 1～3 轴安装的限位开关，对其工作区域进行限制。实际应用时需根据控制对象的机械结构、触发速度选择相应的限位开关类型。

图 2-1　机器人本体安装的限位开关

2.1.2　光电开关

光电开关是光电接近开关的简称，它是利用被检测物对光束的遮挡或反射作用，由同步回路接通电路，从而检测物体的有无。物体不限于金属，所有能反射光线（或者对光线有遮挡作用）的物体均可以被检测。光电开关将输入电流在发射器上转换为光信号射出，接收器再根据接收到的光线的强弱或有无对目标物体进行探测。其基本原理如图 2-2 所示。大多数光电开关都采用波长接近可见光的红外线光波。应用光电开关后机器人可以实现避障、接近感知和记录机械臂的运动次数等功能。

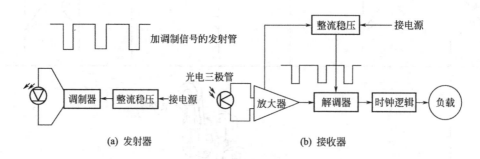

图 2-2　光电开关原理图

如图 2-3 所示是各种光电开关的工作原理，根据检测方式不同，光电开关可分为漫反射式光电开关、镜面反射式光电开关、对射式光电开关、光纤式光电开关和槽式光电开关。如图 2-4 所示为各种开关的实物外形图。

① 漫反射式光电开关是一种集发射器和接收器于一体的传感器，当有被检测物体经过时，物体将光电开关发射器发射的足够量的光线反射到接收器，于是光电开关就产生了开关信号。当被检测物体的表面光亮或其反光率极高时，漫反射式的光电开关是首选的检测装置。

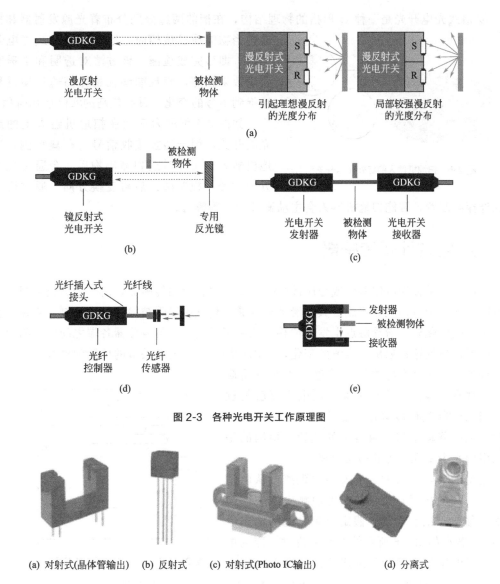

图 2-3　各种光电开关工作原理图

(a) 对射式(晶体管输出)　(b) 反射式　(c) 对射式(Photo IC输出)　(d) 分离式

图 2-4　各种光电开关实物图

②镜面反射式光电开关集发射器与接收器于一体，光电开关发射器发出的光线经过反射镜反射回接收器，当被检测物体经过且完全阻断光线时，光电开关就产生了开关信号。使用该装置检测的物体一般透光率较低，能够阻断光线传播。

③对射式光电开关包含了在结构上相互分离且光轴相对放置的发射器和接收器，发射器发出的光线直接进入接收器，当被检测物体经过发射器和接收器之间且阻断光线时，光电开关就产生了开关信号。当被检测物体不透明时，对射式光电开关是最可靠的检测装置。

④光纤式光电开关主要运用光纤传感器引导光线的传播，有效地增加了检测生效距离，在一些特殊场合有较好的应用价值。该类开关跟上述的几种原理类似，分为对射和漫反射两种。

⑤ 槽式光电开光是一种 U 形槽的物理结构，在槽的两边分别分布着光源发射器和接收器，当物体通过该槽时，原理与对射式光电开关类似，即可完成检测。该方法对透明和半透明的鉴别效果较好，而且能够在物体高速运动过程中捕捉到信号的变化，具有较高的实际应用价值。

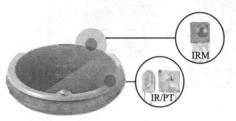

图 2-5 扫地机器人的红外光电开关

如图 2-5 所示为安装在扫地机器人上的红外光电开关，用于遥控接收信号与距离检测，当扫地机器人在工作时遇到障碍物后，会通过机身前方的"缓冲板"感知后再变换方向，通过机身上的红外探测装置，智能扫地机器人会主动避开台阶等障碍。

2.1.3 电位计式传感器

电位计（又称为电位差计或分压计）是典型的位置检测传感器，由一个线绕电阻（或薄膜电阻）和一个滑动触点组成。其中滑动触点通过机械装置受被检测量的控制。当被检测的位置量发生变化时，滑动触点也发生位移，改变了滑动触点与电位器各端之间的电阻值和输出电压值，根据这种输出电压值的变化，可以检测出机器人各关节的位置和位移量。

如图 2-6 所示为电位计式传感器工作电路简图。在载有物体的工作台下面有同电阻接触的触头，当工作台左右移动时，接触触头也随之左右移动，从而移动了与电阻接触的位置。检测的是以电阻中心为基准位置的移动距离。

假定输入电压为 E，最大移动距离（从电阻中心到一端的长度）为 L，在可动触头从中心向左端只移动 x 的状态下，假定电阻右侧的输出电压为 e。若在如图 2-6 所示的电路上流过一定的电流，由于电压与电阻的长度成比例（全部电压按

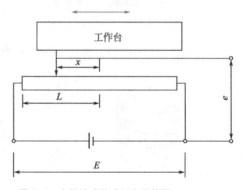

图 2-6 电位计式传感器电路简图

电阻长度进行分压），所以左、右的电压比等于电阻长度比，也就是

$$(E-e)/e=(L-x)/(L+x) \tag{2-1}$$

因此，可得移动距离 x 为

$$x=\frac{L(2e-E)}{E} \tag{2-2}$$

把图 2-6 中的电阻元件弯成圆弧形，可动触头的另一端固定在圆的中心，并像时针那样回转时，由于电阻长度随相应的回转角而变化，因此基于上述同样的理论可构成角度传感器。如图 2-7 所示，这种电位计由环状电阻器和与其一边电气接触一边旋转的电刷共同组成。当电流沿电阻器流动时，形成电压分布。如果将这个电压分布制作成与角度成比例的形式，则从电刷上提取出的电压值也与角度成比例。作为电阻器，可以采用两种类型，一种是用导电塑料经成型处理做成的导电塑料型，如图 2-7(a) 所示；另一种是在绝缘环上缠绕电阻线做成的线圈型，如图 2-7(b) 所示。

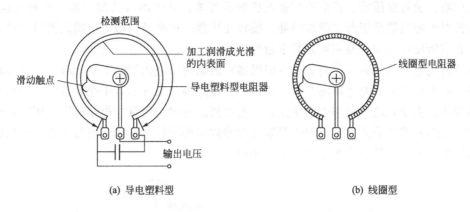

图 2-7 角位移型电位计传感器

线圈型电位计，其电压分布成阶段状，所以它的分辨力由可能检测范围（在一周回转型中，可以是 340°）内绕制的电阻线圈数来决定，可以做到（1/100°）～（1/2000°）这一范围。

对于导电塑料型电位计来说，因为其电压分布大体上是连续的，所以其分辨力可以取无穷小。这类传感器的缺点是，在电刷与电阻器表面的多次摩擦中，两者都会受到磨损，从而使平滑的接触变得不可能，因此，会因为接触不好而产生噪声。

2.1.4 编码器

无论机器人本身的设计多么精良，仍需依靠所使用的元件才能充分发挥其功能与效用。机器人所用的控制器需要接收机器人各连接处的即时位置信息反馈，因此编码器也是确保机器人精度不可或缺的重要元件。机器人每个轴的驱动电机末端均安装有编码器，机器人运动控制系统中编码器的作用是将位置和角度等参数转换为数字量。可采用点接触、磁效应、电容效应和光电转换等机理，形成各种类型编码器。机器人运动控制系统中最常见的编码器是光电编码器和磁电编码器。如图 2-8 所示是工业机器人中安装的编码器的位置。

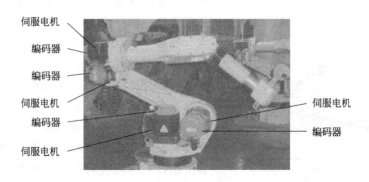

图 2-8 编码器在机器人控制中的应用

（1）光电编码器

光电编码器是一种通过光电转换将输出轴上的机械几何位移量转换成脉冲（模拟量）或数字量的传感器。光电编码器按其工作原理可分为增量式编码器、绝对式编码器、混合式绝对值编码器、旋转变压器、正余弦伺服电机编码器等，其中增量式编码器、绝对式编码器、混合式绝对值编码器属于数字量编码器，旋转变压器、正余弦伺服电机编码器属于模拟量编码器。目前所使用的编码器主要是数字量编码器。

典型的光电轴角编码器（简称光电编码器）的结构原理图如图 2-9 所示，光电编码器由光栅盘（光电码盘）和光电检测装置组成。光栅盘是等分地开通若干个长方形孔的具有一定直径的圆板。由于光电码盘与电动机同轴，电动机旋转时，码盘与电动机同速旋转，经发光二极管（LED）等电子元件组成的检测装置检测输出若干脉冲信号，通过计算光电编码器每秒输出脉冲的个数就能反映当前电动机的转速。

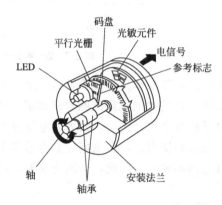

图 2-9　光电编码器结构组成

1）增量式光电编码器

增量式光电编码器除了可以测量角位移外，还可以通过测量光电脉冲的频率，进而用来测量转速。如果通过机械装置，将直线位移转换成角位移，还可以用来测量直线位移。最简单的方法是采用齿轮齿条式或滚珠螺母与丝杆式机械系统。这种测量方法测量直线位移的精度与机械式直线-旋转转换器的精度有关。

① 增量式光电编码器基本工作原理。增量式光电编码器的码盘材料有玻璃、金属、塑料。玻璃码盘是在玻璃上沉积很薄的刻线，其热稳定性好，精度高。金属码盘直接以通和不通刻线，不易碎，但由于金属有一定的厚度，精度就有限制，其热稳定性要比玻璃的差一个数量级。塑料码盘是经济型的，其成本低，但精度、热稳定性、寿命均要差一些。增量式光电编码器结构如图 2-10 所示，其码盘边缘等间隔地制出 n 个透光槽，发光二极管发出的光透过槽孔被光敏二极管所接收。当码盘转过 $1/n$ 圈时，光敏二极管即发出一个计数脉冲，计数器对脉冲的个数进行加减增量计数，从而判断码盘旋转的相对角度。为了得到编码器转动的绝对位置，还需设置一个基准点，如零位标志槽。

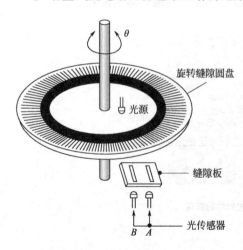

图 2-10　增量式光电编码器工作原理图

② 运动方向的确定。为了判断编码盘转动的方向，实际上设置了两套光电元件，如图

2-11 所示，编码器内部有两个玻璃片：一个是大圆盘（称为主码盘），上面有等距离的向心刻线；另一个是扇形片（称为鉴向盘），上面刻有两组条纹 A 和 B，彼此错开 1/4 节距（指码盘上每两条条纹之间的距离），以使 A、B 两组输出信号在相位上相差 90°。工作时，鉴向盘静止不动，主码盘与转轴一起转动，光源发出的光投射到主码盘与鉴向盘上。当主码盘上的不透明区正好与鉴向盘上的透明窄缝对齐时，光线被全部遮住，光电编码器输出电压为最小；当主码盘上的透明区正好与鉴向盘上的透明窄缝对齐时，光线全部通过，光电编码器输出电压为最大。主码盘每转过一个刻线周期，光电编码器将输出一个近似的正弦波电压，且 A、B 的输出电压信号相位差为 90°。

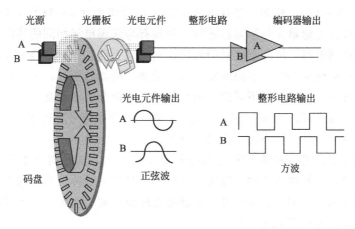

图 2-11 编码盘转动方向的判定原理

当编码器改变旋转方向时，相位差 1/4 周波（即 90°）的两路脉冲就表现出了差别，如图 2-12 所示。当编码器正转时 A 信号的相位超前 B 信号 90°，反转时则 B 信号相位超前 A 信号 90°。A 和 B 输出的脉冲个数与被测角位移变化量成线性关系，因此，通过对脉冲个数计数就能计算出相应的角位移。根据 A 和 B 之间的这种关系可正确地解出被测机械的旋转

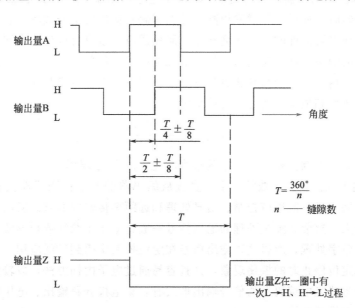

图 2-12 编码器转动方向波形分析

方向和旋转角位移/速率，就是所谓的脉冲辨向和计数。脉冲的辨向和计数既可用软件实现，也可用硬件实现。

③ 增量式光电编码器基本技术规格。在增量式光电编码器的使用过程中，对于其技术规格通常会提出不同的要求，其中最关键的就是它的分辨率、精度、输出信号的稳定性、响应频率和信号输出形式。

a. 分辨率。光电编码器的分辨率是以编码轴转动一周所产生的输出脉冲数来表示的，即脉冲数/转数（PPR）。码盘上透光缝隙的数目就等于编码器的分辨率，码盘上的透光缝隙越多，编码器的分辨率就越高。如码盘圆周上的槽缝条纹数为 n，则能分辨的最小角度为 $\alpha = 360°/n$，分辨率 $= 1/n$。例如，条纹数为 1024，则分辨角度 $\alpha = 360°/1024 = 0.325°$。

光栅或模板放在可动单元与探测器之间，并具有与编码单元相同的节距，当所有光栅和可动编码单元完全调准时，探测器接收的入射光达到最大值。随着编码单元离开位置，接收的光将减少，直至达到最小值。利用固定光栅来限制探测器的视野，因而提高了编码器的分辨率。在工业电气传动中，根据不同的应用对象，可选择分辨率通常在 500～6000PPR 的增量式光电编码器，最高可以达几万 PPR。此外，对光电转换信号进行逻辑处理，可以得到 2 倍频或 4 倍频的脉冲信号，从而进一步提高分辨率。

b. 精度。增量式光电编码器的精度与分辨率完全无关，这是两个不同的概念。精度是一种度量在所选定的分辨率范围内，确定任一脉冲相对另一脉冲位置的能力。精度通常用角度、角分或角秒来标识。编码器的精度与码盘透光缝隙的加工质量、码盘的机械旋转情况及制造精度因素有关，也与安装技术有关。

c. 输出信号的稳定性。编码器输出信号的稳定性是指在实际运行条件下，保持规定精度的能力。影响编码器输出信号稳定性的主要因素是温度对电子器件造成的漂移、外界对于编码器的变形力以及光源特性的变化。由于受到温度和电源变化的影响，编码器的电子电路不能保持规定的输出特性，在设计和使用中要给予充分考虑。

d. 响应频率。编码器输出的响应频率取决于光电检测器件、电子处理线路的响应速度。当编码器高速旋转时，如果其分辨率很高，那么编码器输出的信号频率将会很高。如果光电检测器件和电子线路元器件的工作速度与之不能相适应，就有可能使输出波形严重失真，甚至产生丢失脉冲的现象，这样输出信号就不能准确反映轴的位置信息。所以，每一种编码器在其分辨率一定的情况下，最高转速也是一定的，即它的响应频率是受限制的。编码器的最大响应频率、分辨率和最高转速之间的关系为

$$f_{max} = \frac{R_{max} \times N}{60} \tag{2-3}$$

式中，f_{max} 为最大响应频率；R_{max} 为最高转速；N 为分辨率。

e. 信号输出形式。在大多数情况下，直接从编码器的光电检测器件获取的信号电平较低，波形也不规则，还不能适应控制、信号处理和远距离传输的要求。所以，在编码器内还必须将此信号放大、整形。经过处理的输出信号一般近似于正弦波或矩形波。由于矩形波输出信号容易进行数字处理，所以这种输出信号在定位控制中得到广泛应用。采用正弦波输出信号基本消除了定位停止时的振荡现象，并且容易通过电子内插方法，以较低的成本得到较高的分辨率。增量式光电编码器的信号输出形式有：集电极开路输出、电压输出、线驱动输出、互补型输出和推挽式输出。

2) 绝对式光电编码器

用增量式光电编码器有可能由于外界的干扰产生计数错误，并且在停电或故障停车后无法找到事故之前部件的正确位置。采用绝对式光电编码器可以避免上述缺点。绝对式光电编码器的基本原理及组成部件与增量式光电编码器基本相同，也是由光源、码盘、检测光栅、光电检测器件和转换电路组成。与增量式光电编码器不同的是，绝对式光电编码器用不同的数码来分别指示每个不同的增量位置，是一种直接输出数字量的传感器。在它的圆形码盘上沿径向有若干同心码道，每条上由透光和不透光的扇形区相间组成，相邻码道的扇形区数目是双倍关系，码盘上的码道数就是它的二进制数码的位数，在码盘的一侧是光源，另一侧对应每一码道有一光敏元件；当码盘处于不同位置时，各光敏元件根据受光照与否转换出相应的电平信号，形成二进制数，结构组成如图 2-13 所示。这种编码器的特点是不需要计数器，在转轴的任一位置都可读出一个固定的与位置相对应的数字码。显然，码道越多，分辨率越高，对于一个具有 N 位二进制分辨率的编码器，其码盘必须有 N 条码道。

绝对式光电编码器的码盘按照其所用的码制可以分为：二进制码、循环码（格雷码）、十进制码、六十进制码（度、分、秒进制）码盘等。四位二进制码盘如图 2-14 所示，黑色不透光区和白色透光区分别代表二进制的 0 和 1。在一个四位光电码盘上，有四圈数字码道，里侧为高位，外侧为低位。它的最里圈码道为第一码道，半圈透光，半圈不透光，对应于最高位 C1，最外圈为第 n 码道，共分为 $2n$ 个亮暗间隔；对应于最低位 Cn，n 位二元码盘最小分辨角度为：$\theta_1 = 360°/2^n$。

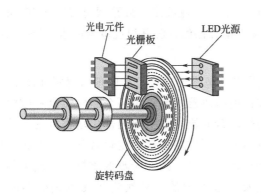

图 2-13 绝对式光电编码器

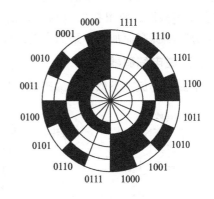

图 2-14 四位二进制的码盘

二进制码盘的缺点是：每个码道的黑白分界线总有一半与相邻内圈码道的黑白分界线是对齐的，这样就会因黑白分界线刻画不精确造成粗误差，通常称为单值性误差，为了消除这种误差，可以采用循环码盘（格雷码盘）。

循环码习惯上又称格雷码，它也是一种二进制编码，只有 0 和 1 两个数。如图 2-15 所示为四位二进制循环码盘。这种编码的特点是任意相邻的两个代码间只有一位代码有变化，即 0 变为 1 或 1 变为 0。因此，在两数变换过程中，所产生的读数误差最多不超过 1，只可能读成相邻两个数中的一个数。所以，它是消除非单值性误差的一种有效方法。

带判位光电装置的二进制循环码盘是在四位二进制循环码盘的最外圈再增加一圈信号位，如图 2-16 所示。该码盘最外圈上的信号位的位置正好与状态交线错开，只有当信号位处的光电元件有信号时才读数，这样就不会产生非单值性误差。

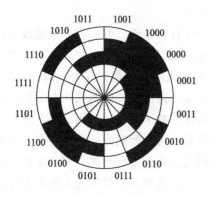

图 2-15　四位二进制循环码盘

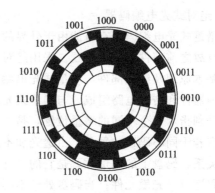

图 2-16　带判位光电装置的二进制循环码盘

绝对式光电编码器的主要技术指标如下。

① 分辨率。分辨率指每转一周所能产生的脉冲数。由于刻线和偏心误差的限制，码盘的图案不能过细，一般线宽为 $20\sim30\mu m$。可采用电子细分的方法进一步提高分辨率，现已经达到 100 倍细分的水平。

② 输出信号的电特性。表示输出信号的形式（代码形式，输出波形）和信号电平以及电源要求等参数称为输出信号的电特性。

③ 频率特性。频率特性是对高速转动的响应能力，取决于光电元件的响应和负载电阻以及转子的机械惯量。一般的响应频率为 $30\sim80kHz$，最高可达 $100kHz$。

④ 使用特性。使用特性包括器件的几何尺寸和环境温度。外形尺寸 $\phi30\sim200mm$ 不等，随分辨率提高而加大。采用光电元件温度差动补偿的方法其温度范围可达 $-5\sim+50℃$。

（2）磁电编码器

磁电编码器原理类似光电编码器，但其采用的是磁场信号，其原理示意图如图 2-17 所

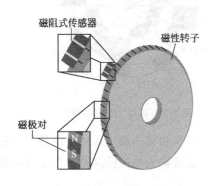

图 2-17　磁电编码器原理示意图

示。在磁电编码器内部采用一个磁性转盘和磁阻传感器。磁性转盘的旋转会引起内部磁场强度的变化，磁阻传感器检测到磁场强度的变化后再经过电路的信号处理即可输出信号。磁性转盘的磁极数、磁阻传感器的数量及信号处理的方式决定了磁电编码器的分辨率。采用磁场原理产生信号的优势是磁场信号不会受到灰尘、湿气、高温及振动的影响。

磁电编码器与光电编码器在位置感知原理上的差异，会因为环境条件不同，而产生不一样的效能结果。磁电编码器的设计采用霍尔效应传感器技术，可在严苛的环境条件中输出可靠的数位信号反馈，具有广泛的操作温度、高抗冲击性与抗振能力、稳固密封及抗污染等特性，且其非接触式的精巧轻盈设计，则可确保长久稳定的运作。光电编码器使用光学来辨识编码器位置，无论在解析度或精度上都更胜磁电编码器一筹。

为机器人设计选择适合的编码器时，必须根据应用时所重视的效能来判断：是需要光电编码器较高的精度，还是需要磁电编码器在极端环境条件下表现得依然可靠的特性。

2.2 速度和加速度传感器

速度传感器是机器人中较重要的内部传感器之一。由于在机器人中主要测量机器人关节的运行速度,所以大多数情况下只限于测量旋转速度,因为测量平移速度需要非常特殊的传感器。电位计能用于测量平移和旋转运动的速度,其信号能够由电子线路引出,但作为速度传感器,电位计是不适合的。因为虽然速度(位移的导数)能够用计算机计算,但这种方法在速度范围的上下限附近存在不稳定和精度低的问题。所以用于机器人的速度传感器常见的有:测速发电机、应变仪和前述的增量式光电编码器。

随着机器人高速化、高精度化的发展,如何克服由机械运动部分刚性不足引起的振动问题开始提到日程上来。作为抑制振动问题的对策,有时在机器人的各个构件上安装加速度传感器测量振动加速度,并把它反馈到构件底部的驱动器上;有时把加速度传感器安装在机器人的手爪部位,将测得的加速度进行数值积分计算,然后加到反馈环节中,以改善机器人的性能。

2.2.1 测速发电机

测速发电机是一种模拟式速度传感器,其特点是线性度好、灵敏度高、输出信号强。测速发电机主要有两种类型:直流测速发电机和交流测速发电机。其中,直流测速发电机应用更为普遍,交流测速发电机应用较少,特别适用于遥控系统。此外,当交流测速发电机与可调变压器式位置传感器连用时,只要有相同的频率控制,就能够把两者的输出信号结合起来。测速发电机用于机器人速度伺服控制系统的框图如图 2-18 所示。

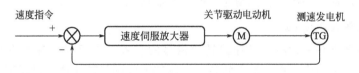

图 2-18 机器人速度伺服控制系统

(1)直流测速发电机

直流测速发电机实际上是一台小型永磁式直流发电机,直流测速发电机结构原理如图 2-19 所示。其工作原理是基于法拉第电磁感应定律,当通过线圈的磁通量恒定时,位于磁场中的线圈旋转使线圈两端产生的电压(感应电动势)与线圈(转子)的转速成正比,即

$$U = kn \qquad (2\text{-}4)$$

式中,U 为测速发电机的输出电压,V;n 为测速发电机的转速,r/min;k 为比例系数。

为了减少测量误差,应尽可能保持负载性质不变。

直流测速发电机的主要性能指标如下。

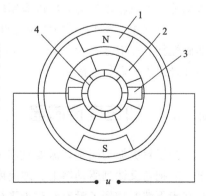

图 2-19 直流测速发电机的结构原理

1—永久磁铁;2—转子线圈;

3—电刷;4—整流子

① 线性度。它是在工作转速范围内，实际输出特性曲线与过标称直线 OB 的线性输出

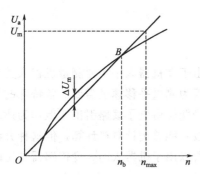

特性之间的最大差值 ΔU_{m} 与最高线性转速 n_{max} 在线特征曲线上对应的 U_{m} 之比，如图 2-20 所示，其中 B 点为 $n = 5n_{max}/6$ 时实际输出特征的对应点。一般直流测速发电机的线性度为 $1\%\sim2\%$；对于较精密系统，要求线性度为 $0.1\%\sim0.25\%$。

图 2-20　直流测速发电机线性度

② 灵敏度。直流测速发电机的灵敏度也称输出斜率，是指在额定励磁电压下，转速为 1000r/min 时所产生的输出电压。一般直流测速发电机空载时可达 $10\sim20V$。

③ 最高线性工作转速 n_{max} 和最小负载电阻 R_{Lmin}。该指标是保证测速发电机工作在允许的线性误差范围内的两个使用条件。

④ 不灵敏区 n_{dz}。由电刷接触压降而导致输出特性斜率显著下降（几乎为零）的转速范围。该性能指标在超低速控制系统中是重要的。

⑤ 输出电压的不对称度 k_{as}。指在相同转速下测速发电机正、反转时，输出电压绝对值之差 ΔU_2 与两者平均值 U_{av} 之比，即

$$k_{as} = \frac{\Delta U_2}{U_{av}} \times 100\% \tag{2-5}$$

输出电压不对称是由电刷不在几何中性线上或剩余磁通存在造成的。一般在 $0.35\%\sim2\%$ 范围内，要求正、反转的控制系统需考虑该指标。

⑥ 纹波系数 k_a。该系数表示测速发电机在一定转速下，输出电压中交流分量的有效值与直流分量之比。目前可做到 $k_a < 1\%$，高精度速度伺服系统对该指标的要求较高。

以上主要性能指标是选择直流测速发电机的依据。

（2）交流测速发电机

交流测速发电机是一种测量转速或转速信号的装置，广泛用于各种速度或位置控制系统。在自动控制系统中作为检测速度的装置，以调节电动机转速或通过反馈来提高系统稳定性和精度。交流测速发电机有同步和异步之分。在自控系统中和计算装置中，因杯形转子异步测速发电机精度较高，所以应用较广泛。其结构与杯形转子交流伺服电动机是一样的，定子上有彼此相位相差 90° 的两相绕组，一个是励磁绕组，一个是输出绕组；转子是一个薄壁非磁性杯，一般壁厚为 $0.2\sim0.3$mm，是用高电阻率的硅锰青铜制成，杯的内外由内定子铁芯和外定子铁芯构成磁路。

2.2.2　加速度传感器

为了解决振动问题，需要在机器人运动手臂等位置安装加速度传感器，测量振动加速度，并把它反馈到驱动器上。加速度传感器可以帮助机器人了解它身处的环境，是在爬山还是在走下坡？摔倒了没有？对于飞行类的机器人来说，姿态控制也是至关重要的。使用加速度传感器能够回答所有上述问题。加速度传感器是一种能够测量加速度的传感器，通常由质量块、阻尼器、弹性元件、敏感元件和适调电路等部分组成。传感器在加速过程中，通过对

质量块所受惯性力的测量，利用牛顿第二定律 $a＝F/m$（即：加速度＝力/质量），只需测量力 F 就可以获得已知质量物体的加速度值。加速度传感器主要用于测量机器人的动态控制信号，它具有不同的测量方法。

① 已知质量物体加速度所产生的力是可以测量的，这种传感器应用了应变仪。

② 与被测加速度有关的力可由一个已知质量产生。这种力可以为电磁力或电动力，而把方程式简化为对电流的测量问题。伺服式加速度传感器就是以此原理工作的，而且是已有的最准确的加速度传感器。

加速度传感器根据原理不同分为以下几种类型：压电式加速度传感器、压阻式加速度传感器、电容式加速度传感器和伺服式加速度传感器。

（1）压电式加速度传感器

如图 2-21 所示是多种压电式加速度传感器的结构图。图中，M 是惯性质量块，K 是压电晶片。压电式加速度传感器实质上是一个惯性力传感器。在压电晶片 K 上，放有质量块 M。当壳体随被测振动体一起振动时，作用在压电晶体上的力 $F＝ma$。当质量 m 一定时，压电晶体上产生的电荷与加速度 a 成正比。电信号经前置放大器放大，测得加速度传感器输出的电荷便可知加速度的大小。输出电荷大小与加速度的关系为

$$q＝dF＝dma \tag{2-6}$$

式中，q 为输出电荷；d 为压电常数；m 为质量块质量；a 为测试件加速度值。

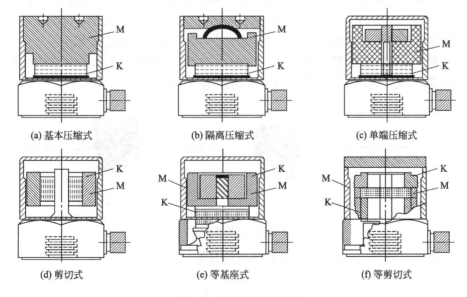

(a) 基本压缩式　　　　(b) 隔离压缩式　　　　(c) 单端压缩式

(d) 剪切式　　　　(e) 等基座式　　　　(f) 等剪切式

图 2-21　压电式加速传感器

选用压电式加速度传感器对机器人进行振动测量，对其结构有如下要求。

① 在保证所需质量前提下应使体积尽量小。

② 为了消除因压电元件和质量块间的接触不良而引起的非线性误差及保证传感器在交变力作用下能正常工作，要用硬弹簧对压电元件施加预压载荷。静态预压载荷大小应远大于传感器在振动、冲击测试中可能承受的最大应力。这样，当传感器向上运动时，质量块产生的惯性力使压电元件上的压应力增加；反之，当传感器向下运动时，质量块产生的惯性力使

压电元件上的压应力减小。传感器的整个组件装在一个厚基座上，并用金属壳封罩。

③ 选择合理的连接方法，保证固定刚性。

（2）压阻式加速度传感器

压阻式加速度传感器是最早开发的硅微加速度传感器，基于 MEMS（Micro-Electro-Mechanical System）硅微加工技术，利用压阻效应实现对加速度的测量。

1）压阻效应

当半导体材料受应力作用时，产生肉眼无法察觉的极微小应变，由于载流子迁移率的变化，使其电阻率发生变化，由其材料支撑的电阻也就产生变化的物理效应，也称为半导体压阻效应。由半导体电阻理论可知电阻率 ρ 的相对变化为

$$\frac{\mathrm{d}\rho}{\rho} = \pi_L \sigma = \pi_L E \varepsilon \tag{2-7}$$

式中，π_L 为沿晶向 L 的压阻系数，$\mathrm{m^2/N}$；σ 为晶向 L 的应力，N；E 为半导体材料的弹性模量；ε 为轴向应变。

2）压阻式加速度传感器结构原理

压阻式加速度传感器的弹性元件一般采用硅梁外加质量块的悬臂梁结构。随着微机电技术的发展，如今大多数压阻式加速度传感器都采用的是硅微结构，即整个传感器的核心部件（质量块、悬臂梁和支架）都是由一个单晶硅蚀刻而成，直接在硅悬臂梁的根部扩散出电阻并形成惠斯通电桥。其工作原理是：在惯性力作用下质量块上下运动，悬臂梁上电阻的阻值随应力的作用而发生变化，引起测量电桥输出电压变化，以此实现对加速度的测量。当被测物体有加速度作用时，硅微结构会随之产生惯性力，悬臂梁在惯性力的作用下产生应力和弹性形变，悬臂梁上的扩散电阻则会产生压阻效应。如图 2-22 所示为单悬臂梁结构和双端固定支撑悬臂梁结构。其结构动态模型仍然是弹簧质量系统。

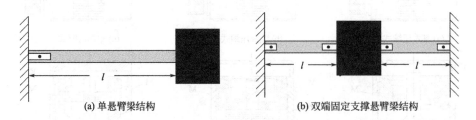

(a) 单悬臂梁结构   (b) 双端固定支撑悬臂梁结构

图 2-22　硅悬臂梁结构

以图 2-22(a) 为例，悬臂梁根部所受到的应力为

$$\sigma = \frac{6ml}{bh^2} \times a \tag{2-8}$$

式中，m 为质量块的质量；b 为悬臂梁的宽度；h 为悬臂梁的厚度；l 为质量块到悬臂梁根部的距离；a 为加速度。

则电阻的变化率为

$$\frac{\Delta R}{R} = \pi \frac{6mla}{bh^2} \tag{2-9}$$

式中，π 为压阻系数。

压阻式加速度传感器的质量块在加速度的惯性力作用下发生位移，使固定在悬臂梁上的

压敏电阻发生形变，电阻率发生变化，压敏电阻的阻值也发生相应的变化。通过测试电阻的变化量，可以得到加速度的大小。

压阻式硅微加速度传感器的典型结构形式有很多种，已有悬臂梁、双臂梁、4 梁（图 2-23）和双岛-5 梁等结构形式。弹性元件的结构形式及尺寸决定传感器的灵敏度、频率响应、量程等特性。质量块能够在较小的加速度作用下，使得悬臂梁上的应力较大，提高传感器的输出灵敏度。如图 2-23 所示的 4 梁结构的加速度传感器，其可变的 4 个扩散电阻连接为惠斯通电桥，应变电阻通过电桥输出电压的变化，即可将加速度信号的检测转变为电信号输出。

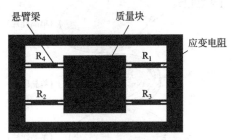

图 2-23　4 梁结构压阻式加速度传感器

压阻式加速度传感器的输出阻抗低、输出电平高、内在噪声低、对电磁和静电干扰的敏感度低，所以易于进行信号调理。它对底座应变和热瞬变不敏感，在承受大冲击加速度作用时零点漂移（零漂）很小。压阻式加速度传感器的一个最大优点就是工作频带很宽，并且频率响应可以低到零频（直流响应），因此可以用于低频振动的测量和持续时间长的冲击测量，如军工冲击波试验。压阻式加速度传感器的灵敏度通常比较低，因此非常适合冲击测量，广泛用于汽车碰撞测试、运输过程中振动和冲击的测量、颤振研究等。

（3）电容式加速度传感器

电容式加速度传感器的基本原理就是将电容作为检测接口，检测由于惯性力作用而导致惯性质量块发生的微位移，一般也采用弹簧质量系统。其结构原理如图 2-24 所示，一个质量块固定在弹性梁的中间，质量块的上端面是一个活动电极，它与上固定电极组成一个电容器 C_1；质量块的下端面也是一个活动电极，它与下固定电极组成另一个电容器 C_2。

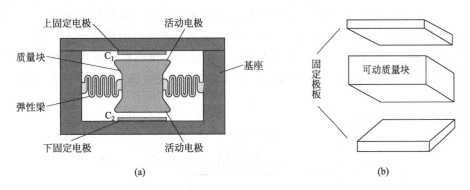

(a)　　　　　　　　　　(b)

图 2-24　电容式加速度传感器结构原理图

当被测物的振动导致与其固连的传感器基座振动时，质量块将由于惯性而保持静止，因此上、下固定电极与质量块之间将会产生相对位移。这使得 C_1、C_2 电容的值一个变大、另一个变小，从而形成一个与加速度大小成正比的差动输出信号。设质量块质量为 m，质量块连接弹性系数为 k 的弹簧片或弹性梁，两块极板之间的间距为 d。当受到 z 轴方向的加速度时，平行板电容器的电容值就会发生相应的改变，则测得的加速度值为

$$a = \Delta C \frac{d^2 k}{\varepsilon_0 \varepsilon_r m S} \tag{2-10}$$

式中，S 为两极板的正对面积；ε_0 为两个极板中所含介质的相对介电常数；ε_r 为平行板的电容变化量。

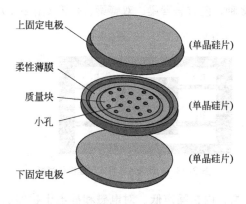

图 2-25 MEMS 变电容式加速度传感器

随着微机电技术的发展，如今的电容式加速度传感器普遍采用 MEMS 技术制造。如图 2-25 所示为一种 MEMS 变电容式加速度传感器的结构，整个敏感元件由粘在一起的三个单晶硅片构成。其中上、下硅片构成两个固定电极，中间的硅片通过化学刻蚀形成由柔性薄膜支撑的具有刚性中心质量块的形状，薄膜的厚度取决于该加速度传感器的量程。另外，在薄膜上还有刻蚀出的小孔，当薄膜随质量块运动时，空气流经小孔从而产生所需的阻尼力。由于采用 MEMS 技术得到了这种一体化的结构，它的可靠性是相当高的。

变电容式加速度传感器非常适用于运动及稳态加速度的测量、低频低 g 值（g 即重力加速度）测量，且可耐受高 g 值冲击。比如电梯的加速及减速测试、飞机的颤振试验、飞行器的发射与飞行试验、发动机监测等均需测量持续时间长、g 值低的振动，这些都是变电容式传感器的主要用途。事实证明，在测量低频、低 g 值加速度时，变电容式加速度传感器比压阻式加速度传感器更为理想。另外，变电容式加速度传感器可以抗高 g 值冲击，又有在冲击之后快速恢复的能力，这使得可以用它来进行这种加速度的测量，比如汽车的乘坐舒适性、结构响应和车辆碰撞试验。

（4）伺服式加速度传感器

伺服式加速度传感器是一种采用了负反馈工作原理的加速度传感器，亦称力平衡加速度传感器，从自动控制的角度来看，它实际上是一种闭环系统。其结构原理如图 2-26 所示。传感器的振动系统由 "m-k" 系统组成，与一般加速度计相同，但质量块上还接着一个电磁线圈，当基座上有加速度输入时，质量块偏离平衡位置，该位移大小由位移传感器检测出来，经伺服放大器放大后转换为电流输出，该电流流过电磁线圈，在永久磁铁的磁场中产生

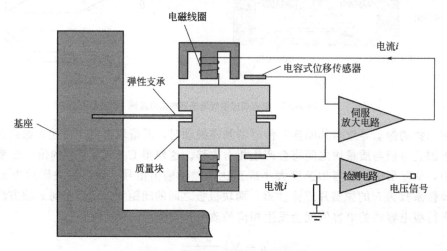

图 2-26 伺服式加速度传感器原理图

电磁恢复力，力图使质量块保持在仪表壳体中原来的平衡位置上，所以伺服式加速度传感器在闭环状态下工作。由于有反馈作用，伺服式加速度传感器通常具有极好的幅值线性度，在峰值加速度幅值高达 $50g$ 时通常可达万分之几。另外还具有很高的灵敏度，某些伺服式加速度传感器具有几微 g 的灵敏阈值。频率范围通常为 $0\sim500Hz$。

伺服式加速度传感器常用于测量较低的加速度值以及频率极低的加速度，其尺寸是相应的压电式加速度传感器的数倍，价格通常也高于其他类型的加速度传感器。由于其高精度和高灵敏度的特性，伺服式加速度传感器广泛地应用于导弹、无人机、船舶等高端设备的惯性导航和惯性制导系统中，在高精度的振动测量和标定中也有应用。

（5）加速度传感器的指标参数

① 测量轴数量。对于多数项目来说，两轴的加速度传感器已经能满足多数应用了。对于某些特殊的应用，比如无人机、无人水下航行器，三轴的加速度传感器会更适合。

② 最大测量值。如果只测量机器人相对于地面的倾角，那么一个 $\pm1.5g$ 加速度传感器就足够了。但是如果需要测量机器人的动态性能，$\pm2g$ 加速度传感器也应该足够了。如果机器人会有比如突然启动或者突然停止的情况出现，则需要一个 $\pm5g$ 加速度传感器。

③ 灵敏度。一般来说，传感器越灵敏越好，其对一定范围内的加速度变化更敏感，输出电压的变化也越大，这样就比较容易测量，从而获得更精确的测量值。最小加速度测量值也称最小分辨率，考虑到后级放大电路噪声问题，应尽量远离最小可用值，以确保最佳信噪比。最大测量极限要考虑加速度传感器自身的非线性影响和后续仪器的最大输出电压，估算方法为：

$$最大被测加速度\times传感器的电荷/电压灵敏度$$

以上数值是否超过配套仪器的最大输入电荷/电压值，如已知被测加速度范围可在传感器指标中的"参考量程范围"中选择（兼顾频响、重量），同时，在频率响应、重量允许的情况下，灵敏度可考虑高些，以提高后续仪器输入信号，提高信噪比。

④ 带宽。这里的带宽实际上指的是刷新率，也就是说每秒钟传感器会产生多少次读数。对于一般只需测量倾角的应用，五十赫兹的带宽应该足够，但是对于需要进行动态性能的测量，比如振动，会需要一个具有上百赫兹带宽的传感器。

⑤ 电阻/缓存机制。对于有些微控制器来说，要进行 A/D 转化，其连接的传感器阻值必须小于 $10k\Omega$。比如加速度传感器的阻值为 $32k\Omega$，在 PIC（Peripheral Interface Controller）和 AVR 控制板上无法正常工作，所以在购买传感器前，需仔细阅读控制器手册，确保传感器能够正常工作。

⑥ 累积误差。加速度传感器通过在一个时间段内测量一次加速度，然后根据以前累积下来的速度（包括速率和方向）和位置，计算前一段时间的总位移和终点速度。如此反复计算就可以得到结果。很明显，取样时间缩短，精度会提高。但这会受到一些技术限制，比如计算机运算速度跟不上，加速度传感器本身存在响应时间，等等。此外，由于速度和位置总是累加的，这就存在累积误差，时间长了，总的精度就下降得很多。

2.2.3 陀螺仪

陀螺仪是一种运动姿态传感器，是用来感测与维持方向的装置。陀螺仪可感测一轴或多轴的旋转角速度，可精准感测自由空间中的复杂移动动作，因此，陀螺仪成为追踪物体移动方位与旋转动作的必要运动传感器。它固定安装在机器人上面，可以测量机器人运动过程中旋转的角速度，其输出电压与其敏感轴上的转速成正比，由此可以确定机器人的运行方向。把测量到的角速度在计算机算法上进行积分，得到机器人运动旋转过程中转过的角度，通过角度，可以对机器人的转动进行控制。在机器人直线行走过程中，也可以通过陀螺仪来检测机器人是否走偏，从而进行纠偏控制。

基于角动量守恒理论设计出来的陀螺仪一旦开始旋转，由于轮子的角动量，陀螺仪有抗拒方向改变的趋向。通俗地说，一个旋转物体的旋转轴所指的方向在不受外力影响时，是不会改变的。人们根据这个道理，用它来保持方向，然后用多种方法读取所指示的方向，并自动将数据信号传给控制系统。最早的陀螺仪都是机械式的，里面装有高速旋转的陀螺，而机械的东西对加工精度有很高的要求，还怕振动，因此以机械陀螺仪为基础的导航系统精度一直都不太高。于是，人们开始寻找更好的办法。利用物理学上的进步，19 世纪 80 年代，以光导纤维线圈为基础敏感元件的光纤陀螺仪流行起来，它通过光传播的路径变化计算角位移，相较机械陀螺仪寿命长、动态范围大、瞬时启动快、结构简单、尺寸小而轻。同时，激光陀螺仪、微机电陀螺仪等也相继发展起来。

（1）陀螺仪的基本结构

从力学的观点近似分析陀螺的运动，可以把它看成是一个刚体，刚体上有一个万向支点，而陀螺可以绕着这个支点做三个自由度的转动，所以陀螺的运动是刚体绕一个定点的转动运动。更确切地说，一个绕对称轴高速旋转的飞轮转子叫陀螺。将陀螺安装在框架装置上，使陀螺的自转轴有角转动的自由度，这种装置的总体叫做陀螺仪，如图 2-27 所示。陀螺仪的基本部件有：

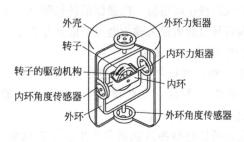

图 2-27　陀螺仪结构

① 陀螺转子。常采用同步电机、磁滞电机、三相交流电机等进行拖动来使陀螺转子绕自转轴高速旋转，并将其转速近似为常值。

② 内、外框架。或称内、外环，是使陀螺自转轴获得所需角转动自由度的结构。

③ 附件。指力矩器、信号传感器等。

（2）陀螺仪的基本特性与力学原理

陀螺仪有两个非常重要的基本特性，一为定轴性，另一为进动性，这两种特性都建立在角动量守恒的原则下。

1）定轴性

根据角动量守恒定律，如果作用在旋转飞轮上的外力矩之和为零，那么旋转飞轮角动量保持不变。对于旋转飞轮，假设它绕自转轴转动惯量为 J，旋转角速度 ω，则它的角动量 $H = J \cdot \omega$。在外力矩之和为零时，角动量保持在惯性空间不变的特性称之为定轴性或稳定性，这是所有旋转飞轮式陀螺仪工作的基本原理。当陀螺转子以高速旋转时，在没有任何外力矩作用在陀螺仪上时，陀螺仪的自转轴在惯性空间中的指向保持稳定不变，即指向一个固定的方向；同时反抗任何改变转子轴向的力量。其稳定性随以下的物理量而改变：

① 转子的转动惯量愈大，稳定性愈好。

② 转子角速度愈大，稳定性愈好。

2）进动性

当转子高速旋转时，若外力矩作用于外环轴，陀螺仪将绕内环轴转动；若外力矩作用于内环轴，陀螺仪将绕外环轴转动。其转动角速度方向与外力矩作用方向互相垂直。这种特性叫做陀螺仪的进动性。进动角速度的方向取决于动量矩 **H** 的方向（与转子自转角速度矢量的方向一致）和外力矩 **M** 的方向，而且是自转角速度矢量以最短的路径追赶外力矩。这可用右手定则判定。即伸直右手，大拇指与食指垂直，手指顺着自转轴方向，手掌朝外力矩的正方向，然后手掌与 4 指弯曲握拳，则大拇指的方向就是进动角速度方向。如图 2-28 所示为三自由度陀螺仪进动情况，进动角速度的大小取决于转子动量矩 **H** 的大小和外力矩 **M** 的大小，进动角

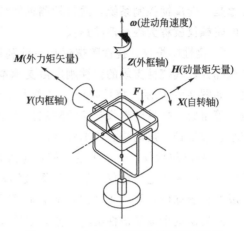

图 2-28　三自由度陀螺仪进动性原理示意图

速度的计算式为 $\omega = M / H$。因此，进动性的大小有三个影响的因素。

① 外界作用力愈大，其进动角速度也愈大。

② 转子的转动惯量愈大，进动角速度愈小。

③ 转子的角速度愈大，进动角速度愈小。

（3）陀螺仪的分类及原理

陀螺仪的种类很多，按用途来分，可以分为传感陀螺仪和指示陀螺仪。传感陀螺仪用于飞行体或移动机器人运动的自动控制系统中，作为水平、垂直、俯仰、航向和角速度传感器。指示陀螺仪主要用于飞行状态的指示，作为驾驶和领航仪表使用。现在使用的陀螺仪按原理可分为：机电式陀螺仪、光学陀螺仪和振动陀螺仪，可以和加速度传感器、磁阻芯片、GPS 组成惯性导航控制系统。

1）机电式陀螺仪

传统的陀螺仪都是机电式的，机电式陀螺仪多数作为惯性空间的角度传感器，用来给运动体建立参考坐标系，多数用在平台惯性导航系统中。陀螺仪受外力矩作用时才会产生进动，否则，陀螺仪将保持其转子轴在惯性空间不变。为了达到陀螺仪稳定在惯性空间的精确性，即干扰力矩引起的漂移速度足够低，必须尽量减小其输入轴上的外干扰力矩。为此，传统的滚珠轴承陀螺仪的万向框架结构必须改进，如采用液、气、磁、电等悬浮式结构来减小支撑轴上的机械摩擦等干扰力矩。

① 液浮陀螺仪。液浮陀螺仪主要依靠液体浮力来抵消陀螺组合件的重力以降低支撑轴上的摩擦力，从而减小陀螺仪的漂移误差。单自由度液浮陀螺仪主要由转子、浮筒、信号器、力矩器、宝石轴承所受以及陀螺房等组成。浮筒与陀螺房之间充满氟油。工作时，陀螺转子在密封的浮筒内高速旋转，由于氟油的存在，浮筒处于失重状态而不受任何干扰力矩。浮筒通过宝石轴承沿输出轴架设在陀螺房内。由于浮筒处于失重状态，宝石轴承所受正压力微小，因此，陀螺仪的干扰力矩和漂移速度误差都非常微小。由于氟油密度决定了浮筒的状态，所以液浮陀螺仪需要对氟油温度进行严密控制。

② 磁悬浮陀螺仪。为了提高陀螺仪精度，液浮陀螺仪将浮筒悬浮在氟油中并采用精度很高的宝石轴承定位，但是不管轴承精度多高，它们之间仍然会产生倾斜，这种倾斜对随机误差的产生有很大影响。为了进一步提高精度，可以在输出轴两端采用磁悬浮支撑。磁悬浮支撑是一套反馈控制系统，通过检测轴间位移调整磁支撑力使支撑轴平衡。采用这种支撑方式的陀螺仪就称为磁悬浮陀螺仪。

③ 挠性陀螺仪。挠性陀螺仪是一种利用挠性支承悬挂陀螺转子，并将陀螺转子与驱动电机隔开，其挠性支承的弹性刚度由支承本身产生的动力效应来补偿的新型的二自由度陀螺仪，如图 2-29 所示。挠性陀螺仪主要由驱动电机、驱动轴、挠性接头、转子、信号器和力矩器等组成。挠性陀螺仪与液浮陀螺仪相比，两者精度相当，但是挠性陀螺仪结构简单、体积小、重量轻、启动快、成本较低。

④ 静电陀螺仪。为了满足人们对陀螺仪精度要求的不断提高，出现了一种超高精度的陀螺仪，称为静电陀螺仪。静电陀螺仪结构如图 2-30 所示，其工作原理为：一个用金属铍制成的精密球体，开始工作时，先自转到非常高的速度，同时以静电的方法悬浮在高真空中；然后使这个球靠惯性旋转，假如球体及其悬浮装置没有任何缺陷能在球体上产生力矩的话，其自转轴在惯性空间内维持在固定方向上不变。陀螺仪壳体在空间的任何角运动都可以以自转轴为基准用光学或电的方法来测定。通过测定这条基准轴相对于地面基准方向的角度变化，即可实现导航的目的。由于具有超高真空条件、无接触的静电支撑、光电读取、理想球面的转子，静电陀螺仪成为一个理想的自由陀螺仪，具有很高的精度和稳定性。

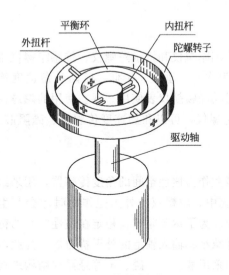

图 2-29 挠性陀螺仪

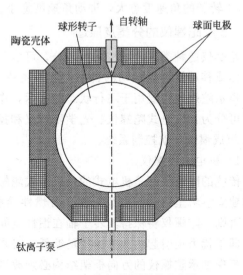

图 2-30 静电陀螺仪结构示意图

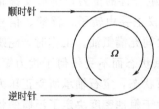

图 2-31 Sagnac 效应示意图

2) 光学陀螺仪

光学陀螺仪与机械转子陀螺仪相比，取消了高速旋转的机械转子，降低了制造成本，增加了可靠性。光学陀螺仪的基本原理是 Sagnac 效应。如图 2-31 所示，当闭合环形光路绕其平面法线相对惯性空间有角速度 Ω 时，顺时针和逆时针传播的两束光经过一周回到原点时，两束光的光程差为

$$\Delta L = \frac{4A}{c}\Omega \tag{2-11}$$

式中，A 为环形光路所包围的面积；c 为光在光路中的速度。

由式(2-11)可知，光程差 ΔL 正比于空间角速度 Ω。只要测量出光程差 ΔL 就可以计算出空间角速度 Ω。

对于光程差的测量，主要有两种方法，一种是谐振法，进而形成了激光陀螺仪；另一种是干涉法，进而形成了光纤陀螺仪。

① 激光陀螺仪。激光陀螺仪也是通过测量的光程差计算角速度，最常见的是三轴陀螺仪，就是同时测定 3 个方向的位置，移动轨迹。单轴的只能测量一个方向的量，也就是一个系统需要 3 个陀螺仪，而三轴的一个就能替代 3 个单轴的。三轴的体积小、重量轻、结构简单、可靠性好，是激光陀螺仪的发展趋势。激光陀螺仪的基本原理是 Sagnac 效应，但是测量采用谐振法。三反射镜激光陀螺仪的基本原理如图 2-32 所示，激光陀螺仪的主体是一块热膨胀系数极低的玻璃/陶瓷，其内部钻了 3 个孔，组成三角形管道。在三角形管道的每个角上分别安装反射镜，进而形成三角形的谐振腔。腔内充低压氦氖混合气体。

工作时在两个阳极与阴极之间施加高压，产生放电现象，引起气体中发射再生激光作用。激光束围绕三角形谐振腔光路旋转。在腔内同时存在两束激光：一束顺时针旋转，另一束逆时针旋转。当激光陀螺仪静止时，两束光具有相同的频率。当激光陀螺仪旋转时，两束光将出现光程差，在谐振条件下，光程差将引起两束光的频率差，振荡频率差 Δf 与光程差 ΔL 成正比，即

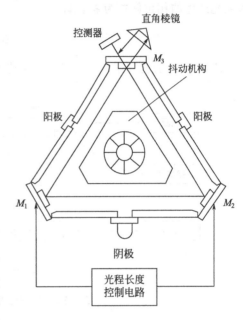

图 2-32　三反射镜激光陀螺仪结构示意图

$$\frac{\Delta f}{f} = \frac{\Delta L}{L} \tag{2-12}$$

将式(2-11)代入式(2-12)可得

$$\Delta f = \frac{4A}{L\lambda}\Omega \tag{2-13}$$

式中，λ 为光的波长。

从式(2-13)可以看出，Δf 与空间角速度 Ω 成正比，只要测量出频差 Δf 就可以计算出空间角速度 Ω。

② 光纤陀螺仪。光纤陀螺和激光陀螺仪原理基本一样，也是基于 Sagnac 效应，但是光纤陀螺仪采用干涉原理测量光程差。其主要分为开环干涉型光纤陀螺仪和闭环干涉型光纤陀螺仪，闭环干涉型光纤陀螺仪的动态测量范围和线性度优于开环干涉型光纤陀螺仪。闭环干涉型光纤陀螺仪原理如图 2-33 所示，其主要由光源、耦合器、Y 波导、探测器、光纤环和

信号处理电路等组成。光源发出的激光经过 Y 波导后分为两束光，分别沿顺时针和逆时针方向传播，然后在 Y 波导处再会合，光路具有互易性，当绕光纤环平面法线有转动角速度 Ω 时，这两束光将发生干涉现象。这两束光的 Sagnac 相位差 ϕ_s 为

$$\phi_s = \frac{4RLn}{c\lambda}\Omega \tag{2-14}$$

式中，R 为光纤环的半径；n 为光纤环的匝数；L 为光纤环的周长；c 为光在光路中的传播速度；λ 为光的波长。

Y 波导的作用是在光纤环路的一端嵌入一个宽频带的相位调制器，提供频率差 Δf 使得两束光产生的相位偏置为 ϕ_s，即

$$\Delta f = \frac{2R}{\lambda n}\Omega \tag{2-15}$$

式(2-15)表明频率差 Δf 与空间角速度 Ω 成正比。

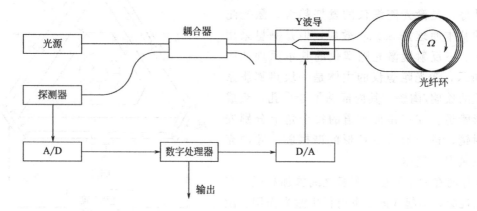

图 2-33　闭环干涉型光纤陀螺仪基本原理示意图

3）振动陀螺仪

20 世纪 80 年代末，随着 GPS 的发展和民用市场的需求，对低精度、低成本、高可靠性的陀螺仪需求增加，因此，出现了结构简单的振动陀螺仪。

① 半球谐振陀螺仪。半球谐振陀螺仪利用石英零件表面金属镀层之间的电容式静电电荷来维持驻波，并检测其位置。半球谐振陀螺仪的工作原理如图 2-34 所示，谐振子处于静

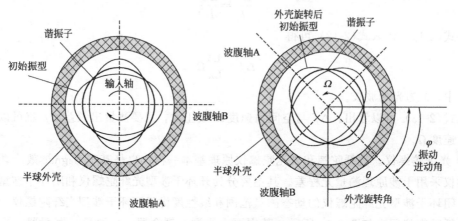

图 2-34　半球谐振陀螺仪工作原理

止状态时，振动运动的波节位于驱动晶体之间，其波腹轴分别为 A、B。当谐振子绕垂直于其振动平面的轴旋转时，将产生哥氏加速度，驻波在哥氏加速度作用下发生进动。此时，哥氏加速度所产生的切向哥氏力和径向激振力共同作用于谐振子，驻波相对基座偏转 φ 角，从而使驱动晶体间的中间位置也发生偏转。通过信号传感器晶体来感知谐振子的运动，其输出信号正比于输入角速度，由此可得知输入角速度的大小。

② 硅微陀螺仪。硅材料是集成电路和各种半导体器件中所常用的材料，硅材料不仅具有良好的电性能，也有很好的力学性能，如弹性性能好、非磁性以及强度重量比高等特点，同时价格低廉。因此，非常适宜于制作微型结构。

硅微陀螺仪结构如图 2-35 所示，该硅微陀螺仪采用双框架式结构，它由内框架和外框架组成。内框架上有一检测质量块，整个内框架组件可看作为陀螺仪的敏感元件。内外框架之间、外框架与壳体之间由一组相互正交的挠性轴支撑。挠性轴的特点是绕其自身轴向具有低的扭转刚度，而沿其余轴向具有高的抗弯刚度。外框架两侧上方装有一对驱动电极，在这对电极上加一个振荡性的静电力矩，迫使外框架做小角度振动。当有绕输入轴转动的角速度时，内框架也随之振动，内框架的谐振频率与外框架的谐振频率相同，其

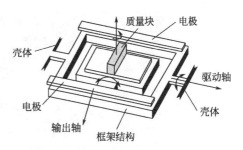

图 2-35 硅微陀螺仪结构示意图

振幅与输入角速度成正比，内框架的振动通过一对桥式电极感知。

为了获得高灵敏度和高精度，这种陀螺仪工作在闭环再平衡模式。内框架上作用反馈力矩，使其始终保持在零位附近，则在力矩器上施加的驱动信号正比于输入角速度。检测信号的读取电极和再平衡信号的施加电极为同一电极，只是工作频率不同。因而，允许陀螺仪谐振频率有偏差。在交叉耦合作用不大的情况下，这种工作方式可以提高振动幅度，输出信号的信噪比也因而提高。

如图 2-36 所示为各种陀螺仪的实物外形。

（4）陀螺仪在机器人中的主要应用

扫地机器人采用创新的陀螺仪技术（Smart Move 技术），在工作的时候，每一次的方向改变都是 90°转弯，对整个家庭实现等距离弓字形打扫，大大地减少了以往扫地机器人的清扫遗漏行为。同时配合植入的记忆位置信息的特有算法，机器人经过简单的行走与感知，可以在"脑海"里形成一张家居规划地图，可直接智能弥补漏扫的区域，在提高覆盖率的同时，大大减少清扫的重复性。如图 2-37 所示为科沃斯扫地机器人所用的陀螺仪规划机器人的行走路线。

据日本媒体报道，松下 AIS 社将陀螺仪与加速度检测器组合，开发出面向机器人及机器人产业用自主机械系统、重型机械等的传感检测模块。该模块可用在姿势检测及位置推算方面。松下新品搭载了三轴陀螺仪和加速度检测器，检出的所有数据将传至内置处理器进行处理，实现 XYZ 方向的旋转、直线运动的六轴检测和姿势信息的输出功能。

通过在自动导引小车 AGV 上安装陀螺仪，在主要站点安装定位装置，AGV 可通过对陀螺仪偏差信号的计算及地面定位块信号的采集来确定自身的位置和方向，经过积分和运算得到速度和位置，从而达到对运载体导航定位的目的。

(a) 机械式陀螺仪

(b) 光纤陀螺仪

(c) 激光陀螺仪

(d) 微机电陀螺仪

图 2-36 各种陀螺仪实物外形

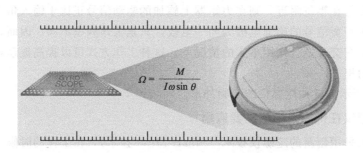

图 2-37 陀螺仪规划扫地机器人的扫地路线

（5）常见的陀螺仪性能指标

1）零偏

零偏又称为零位漂移或零位偏移或零偏稳定性，也可简称零漂或漂移率。零偏应理解为陀螺仪的输出信号围绕其均值的起伏或波动，习惯上用标准差（σ）或均方根（RMS）表示，一般折算为等效输入角速率 $[(°)/h]$。在角速度输入为零时，陀螺仪的输出是一条复合白噪声信号缓慢变化的曲线，曲线的峰-峰值就是零偏值。在整个性能指标集中，零偏是评价陀螺仪性能优劣的最重要指标。

2）分辨率

陀螺仪中的分辨率是用白噪声定义的，可以用角度随机游走来表示，可以简化为一定带宽下测得的零偏稳定性与监测带宽的平方根之比。角度随机游走表征了长时间累积的角度误差，单位为（°）/√h，也称为随机游走系数。随机游走系数反映了陀螺仪的研制水平，也反映了陀螺仪可检测的最小角速率能力，并间接反映了与光子、电子的散粒噪声效应所限定的检测极限的距离。据此可推算出采用现有方案和元器件构成的陀螺仪是否还有提高性能的潜力。

3）标度因子

标度因子是陀螺仪输出量与输入角速率变化量的比值，通常用某一特定的直线斜率表示，该斜率是根据整个正（或负）输入角速率范围内测得的输入/输出数据，通过最小二乘法拟合求出的直线斜率。对应于正输入和负输入有不同的标度因子称为标度因子不对称，其表明输入输出之间的斜率关系在零输入点不连续。一般用标度因子稳定性来衡量标度因子存在的误差特性，它是指陀螺仪在不同输入角速率的情况下能够通过标称标度因子获得精确输出的能力。非线性往往与标度因子相关，其是指由实际输入输出关系确定的实际标度因子与标称标度因子相比存在的非线性特征，有时还会采用线性度，其指陀螺仪输入输出曲线与标称直线的偏离程度，通常以满量程输出的比值表示。

4）动态范围

陀螺仪在正、反方向能检测到的输入角速率的最大值表示了陀螺仪的测量范围。该最大值除以阈值即为陀螺仪的动态范围，该值越大，表示陀螺仪敏感速率的能力越强。

5）带宽

带宽是指陀螺仪能够精确测量输入角速度的频率范围，这个频率范围越大，表明陀螺仪的动态响应能力越强。对于开环模式工作的陀螺仪，带宽定义为响应相位从 0°到滞后 90°对应的频段，也可等同定义为振幅响应比为 0.5 即 3dB 点对应的频段。对于闭环模式工作的陀螺仪，带宽定义为控制及解调电路的带宽，一般指解调电路中使用的低通滤波器的截止频率。电路带宽实际上是反映该电路对输入信号的响应速度，带宽越宽，响应速度越快，允许通过的信号频率越高。若频率为某一值的正弦波信号通过电路时其能量被消耗一半，则这个频率便是此电路的带宽。

机器人内部传感器主要用来检测机器人本身状态。 本章详细讨论了机器人位置检测传感器、速度和加速度传感器的类型、原理和用途。 针对不同位置检测用途，详细分析了限位开关、光电开关、电位计、编码器、测速发电机、加速度传感器和陀螺仪的原理和用途。

第3章
机器人外部传感器

以往一般的工业机器人是没有外部感知能力的，而新一代机器人如多关节机器人，特别是移动机器人、智能机器人则要求具有校正能力和反应环境变化的能力，外部传感器就是实现这些能力的。所以机器人外部检测传感器用于机器人对周围环境、目标状况的状态特征信息的获取，也即用于检测机器人所处环境（如是什么物体、离物体的距离有多远等）及状况（如抓取的物体是否滑落）。

外部传感器具体有物体识别传感器、物体探伤传感器、接近觉传感器、距离传感器、听觉传感器等，使机器人和环境能发生交互作用，从而使机器人对环境有自校正和自适应能力。广义来看，机器人外部传感器就是具有人类五官感知能力的传感器。

3.1 机器人触觉传感器

触觉感知在提高自主机器人的操作能力方面是至关重要的。触觉感知一般包括力觉和触觉两种方式：力觉传感器通常安装在机器人的手腕上，可以用来测量施加在机器人手上的总力和力矩；触觉传感器通常安装在机器人的指尖或更大的区域作为"皮肤"，测量机器人和环境之间的局部相互作用。触觉感知包括接触、压力、温度、局部力、变形的高频振动。多种触觉感知模式可以一起使用，以提高实时操作控制器的性能。触觉感知的多种模式也可以用于操作性能的离线分类，比如识别一个物体何时滑过机器人的手部并确定被操纵对象的属性。

3.1.1 触觉传感器概述

近年来，随着科学技术的发展，人们对智能机器人的应用场景有了更多的想象和更大的期待。下一代机器人不同于传统的工业机器人，它们将在可穿戴设备、外太空探索、先进医疗检测等领域大显身手。智能触觉传感器就像人的手一样至关重要，因为它不仅能读取如位置、温度和形状等物理特征，也可以通过感觉硬度、压力来执行各种操作。

触觉传感器是机器人感知外部环境的重要媒介，它对机器人正确地操作目标物体极其重要。在机器人灵活自如运动的前提下，要求触觉传感器能够准确地感知外部环境，以便实现对目标物体的各种精准操作。迄今为止，触觉感知机理、触觉传感材料、触觉信息获取、触觉图像识别、触觉传感器实用化等都已成为国内外科研团队的研究热点。

（1）触觉传感器的应用

① 工业制造。在工业生产的各个环节中，几乎都需要传感器进行监测，并把数据反馈给控制中心，以便对出现的异常节点进行及时干预，保证工业生产正常进行。新一代的智能传感器是智能工业的"心脏"，它让产品生产流程持续运行，并让工作人员远离生产线和设备，保证人身安全和健康。例如，汽车制造商特斯拉、宝马等的制造车间几乎空无一人，全靠工业机器人完成组装、喷漆、检测等工作。触觉传感器将赋予机器人更类似于人的触觉，完成抓、握、捏、夹、推、拉等更多灵巧的作业，实现更多的功能。

② 假肢。假肢可以使患者的某些行为功能得到恢复，然而，其触觉恢复至今未能实现。触觉传感器的出现或许为截肢患者的触觉恢复带来新的曙光。长期以来，国内外众多研究团队一直致力于相关领域的研究。2015年，美国俄亥俄州克利夫兰市凯斯西储大学的研究人员通过在假手使用者的手臂外围神经中连接压力传感器从而使其获得了触觉。2018年，美国斯坦福大学的鲍哲楠团队研发了几乎完全透明且具有良好弹性的传感器件。这种传感器件甚至能清晰地感知一只苍蝇或蝴蝶停留在其表面所造成的"触觉"。

③ 可穿戴电子产品。近年来，随着柔性电子相关技术的不断突破和创新，可穿戴触觉传感设备得到了迅猛发展。它们可模仿人与外界环境直接接触时的触觉功能，实现对力信号、热信号和湿信号等的探测，是物联网的神经末梢和辅助人类全面感知自然及自身的核心元件。可穿戴触觉传感设备通常构建在弹性基底或者可伸缩的织物上以获得柔性和可伸缩性。随着材料科学、柔性电子和纳米技术的飞速发展，器件的灵敏度、量程、规模尺寸以及空间分辨率等基础性能提升迅速。为了适应对力、热、湿、气体、生物、化学等多种刺激因素分辨的传感要求，器件设计更加精巧，集成方案也更加成熟。具有生物兼容、生物可降解、自修复、自供能及可视化等实用功能的智能传感器件相继出现。同时，可穿戴电子产品朝着集成化方向发展，即针对具体应用将触觉传感器与相关功能部件（如电源、无线收发模块、信号处理模块、执行器等）有效集成，从而不断提高用户体验。

（2）触觉传感器的分类

根据材料作用原理的不同，触觉传感器可分为如下几类。

① 压阻式触觉传感器。压阻式触觉传感器是利用弹性体材料的电阻率随压力大小的变化而变化的性质制成的，它将接触面上的压力信号转换为电信号。其主要分为两类：一类是基于导电橡胶、导电塑料、导电纤维等复合型高分子导电材料制成的器件，如图3-1所示；另一类是根据半导体材料的压阻效应制成的器件。

压阻式传感器中使用的导电橡胶具有非线性力阻特性。由于使用弹性材料，传感器具有

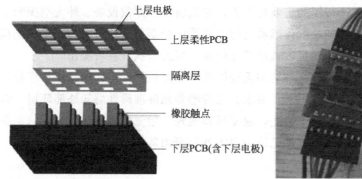

上层电极

上层柔性PCB

隔离层

橡胶触点

下层PCB(含下层电极)

图 3-1　基于导电橡胶的压阻式触觉传感器

严重的滞后现象。压阻式传感器的灵敏度可能会因磨损而降低，因为导电橡胶的电阻不仅取决于变形，还取决于厚度。此外，压阻式传感器中使用的材料会由于温度和湿度的变化而改变其特性。

②　电容式触觉传感器。电容式触觉传感器是在外力作用下使两极板间的相对位置发生变化，从而导致两极板间电容的变化，通过检测电容的变化量实现触觉检测。电容式触觉传感器具有结构简单、易于轻量化和小型化、不受温度影响的优点，但其缺点是信号检测电路较为复杂。如图 3-2(a) 所示，电容式触觉传感器由两块导电板组成，两块导电板由可压缩介电材料隔开。如图 3-2(b) 所示，当两板之间的间隙在施加的力作用下发生变化时，电容也随之变化。如图 3-2(c) 所示是 iCub 仿人机器人手掌的三角形电容传感器网格。电容式传感器的主要缺点是对电磁噪声和温度具有较高的敏感性、非线性响应和迟滞。相对于压阻式传感器，具有更高的频率响应。

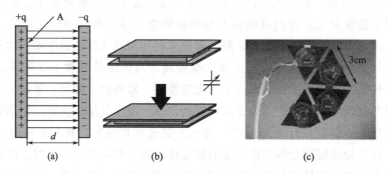

图 3-2　电容式触觉传感器

③　压电式触觉传感器。压电式触觉传感器是基于压电效应的传感器，是一种自发电式和机电转换式传感器。它的敏感元件由压电材料制成。压电材料受力后表面产生电荷，经电荷放大器和测量电路放大和变换阻抗后，产生正比于所受外力的电信号输出，从而实现触觉检测。压电式触觉传感器具有体积小、质量轻、结构简单、工作频率高、灵敏度高、性能稳定等优点，但也存在噪声大、易受到外界电磁干扰、难以检测静态力的缺点。聚偏二氟乙烯（PVDF）薄膜是常见的用于触觉传感器制作的压电材料，基于 PVDF 薄膜的柔性触觉传感器如图 3-3 所示。

④　量子隧道效应传感器。量子隧道复合材料（QTC）传感器可以在压缩状态下从绝缘

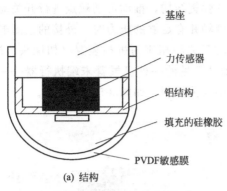

（a）结构

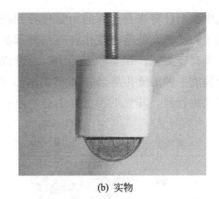

（b）实物

图 3-3　基于 PVDF 薄膜的柔性触觉传感器

体变为导体。与压阻式和电容式传感器相比，QTC 传感器在技术上更加先进。QTC 的金属粒子彼此靠得很近，以至于粒子之间发生了量子隧穿（电子）。基于 QTC 的触觉传感器与机器人机械手集成在一起，用于机械手的触觉手套。

机器人感知能力的技术研究中，触觉类传感器极其重要。触觉类的传感器研究有广义和狭义之分。广义的触觉包括触觉、压觉、力觉、滑觉、冷热觉等。狭义的触觉包括机械手与对象接触面上的力感觉。从功能的角度分类，触觉传感器大致可分为接触觉传感器、力觉传感器、压觉传感器和滑觉传感器等。

3.1.2　接触觉传感器

接触觉传感器是用以判断机器人（主要指四肢）是否接触到外界物体或测量被接触物体的特征的传感器。当智能机器人的肢体即将或刚刚接触外部物体时，应能对即将或刚刚接触的外部物体进行大致的分类并判断即将接近的外部物体的速度和距离。由于接触觉是机器人接近目标物的感觉，并没有具体的量化指标。故与一般的测距装置比，其精确度并不高。接触觉传感器主要有：微动开关、柔性触觉传感器和电子仿生皮肤等。

（1）微动开关

微动开关是最简单最经济适用的一种接触传感器，主要由弹簧和触头构成。特点是：触点间距小、动作行程短、按动力小、通断迅速、使用方便和结构简单。微动开关是用规定的行程和规定的力进行开关动作的触点机构，用外壳覆盖，外部有驱动杆。它是一种根据运动部件的行程位置而切换电路工作状态的控制电器。微动开关的动作原理与控制按钮相似，部件在运行中，上撞块下压微动开关驱动杆，使其触点动作而实现电路的切换，从而达到控制运动部件行程位置的目的。

典型微动开关结构如图 3-4 所示，包括驱动部分（驱动杆）、触点、端子、外壳四大部

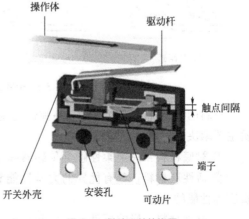

图 3-4　微动开关结构图

分。其中驱动杆将来自外部的力量传导到内部的弹簧结构，推动可动触点进行开关动作。其输出是 1 和 0 的高低电平变化，当与外部物体接触并有足够的压力时，外接的检测电路检测到电平由高变为低。在实际应用中，通常以微动开关和相应的机械装置（如探头、探针等）相结合构成一种触觉传感器。如图 3-5(a) 所示是常见的一种机械臂末端执行器——两爪式机械末端执行器，其气爪的开合由一种电磁微动开关控制，如图 3-5(b) 所示。

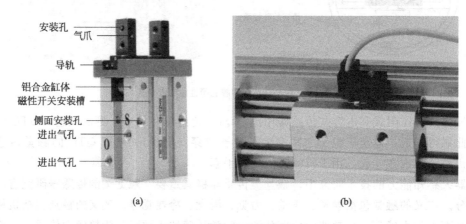

安装孔
气爪
导轨
铝合金缸体
磁性开关安装槽
侧面安装孔
进出气孔
进出气孔

(a)　　　　　　　　　　　　　(b)

图 3-5　两爪式机械末端执行器

（2）柔性触觉传感器

所谓柔性是指触觉传感器的物理特性具有类似于人类皮肤一样的特性，可以覆盖在任意的载体表面测量受力信息，从而感知目标对象的性质特征。而柔性传感器则是指采用柔性材料制成的传感器，具有良好的柔韧性、延展性，可自由弯曲甚至折叠，而且结构形式灵活多样，可根据测量条件的要求任意布置，能够非常方便地对复杂被测物进行检测。柔性触觉传感器种类繁多，按照转换机制主要分为压阻式、电容式、压电式和摩擦电式 4 类，如图 3-6 所示。

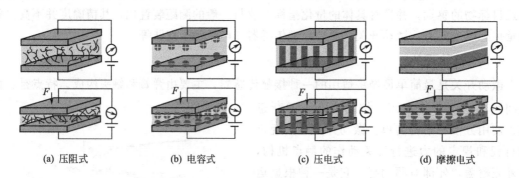

(a) 压阻式　　　　(b) 电容式　　　　(c) 压电式　　　　(d) 摩擦电式

图 3-6　柔性触觉传感器的转换机制

材料的柔韧性、可拉伸性、高弹性是制备柔性触觉传感器的关键。柔性触觉传感器的性质主要取决于以下 3 类材料。

① 衬底材料：决定柔性触觉传感器弹性形变性能的关键因素。

② 活性层材料：具有优异的力学性能和电子特性的活性材料是决定柔性触觉传感器灵敏度等性能的关键。

③ 电极材料：影响器件灵敏度和稳定性的重要因素。

1）压阻式柔性传感器

压阻式柔性触觉传感器是利用机械材料的压阻效应，即利用弹性体材料的电阻率随压力大小的变化而变化的性质制成，并把接触面上的压力信号变为电信号。以压敏电阻材料为基础的人工触觉传感材料有：压敏导电橡胶、压敏电阻纤维、压敏电阻泡沫和力敏电阻。随着石墨烯材料的发展，基于石墨烯制备的压阻式触觉传感器，具有检测范围宽、功耗低、易于组装和信号读取等显著优点，得以广泛应用，并在前沿应用中显示出巨大的潜力。石墨烯具有良好的导电性和纳米挠性，因此，只需要在石墨烯触觉传感器上施加微应力变形，就会导致电阻的急剧变化。正是这种优良的压阻效应，使石墨烯成为检测可穿戴设备中触觉传感装置的理想传感元件。基于石墨烯的编织物和传感器在人体中的应用，如图 3-7 所示。

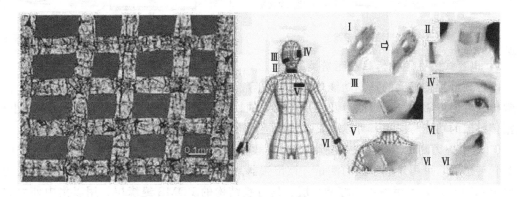

图 3-7　基于石墨烯的编织物（左）和基于石墨烯的传感器在人体中的应用（右）

2）电容式柔性触觉传感器

电容式柔性触觉传感器在结构上可以划分为三个设计层次：微电容的电极层、介质层和整体结构。不同设计采用不同的材料、工艺和结构，与之对应的触觉传感器将获得不同的性能指标和计量属性。

① 电极层。电极层作为电容式触觉传感器微电容的组成部分之一，在承受外力的同时还连接着外部检测电路。由于电极一般使用金属材料，在多次受到外力的作用之后，金属电极极易发生断裂，从而导致整个传感器损坏，同时，整体结构的金属电极会大大降低触觉传感器的灵活性与分辨率。目前开发出了基于液态金属合金、碳纳米管（CNT）等的用于柔性触觉传感器的电极层材料。其中 CNT 薄膜制成的电极分辨率高，并且具有良好的透光性，为实现全透明化的电容式触觉传感器奠定了良好的基础。

② 介质层。介质层在电容式触觉传感器微电容中至关重要，它位于上下电极层之间，介质层的性质决定了整个传感器的测量范围、灵敏度等重要性质。目前填充的柔性复合材料介质有：聚二甲基硅氧烷（PDMS）、聚氨酯薄膜、微型弹性体和液体介质。如图 3-8 所示的微针结构传感器，介质层被制成微针结构，其提供了更高的重复性和稳定性，但是由于其工艺复杂，提高了传感器的制作难度与成本。把高介电液体封装在介质层中，并允许液体在其感测区域下方溢出。与没有液体封装的传感器相比，这种结构既增加了传感器灵敏度，也最大限度地保持了它的灵活性。具有聚合物圆顶结构的电容式触觉传感器，其结构如图 3-9 所示，传感器中含有硅油。当受到外力作用时，传感器聚合物圆顶结构内的硅油被推入周围

的细流通道内，使用在细流通道的顶表面和底表面上的两个电极来测量由流入的硅油引起的电容变化。

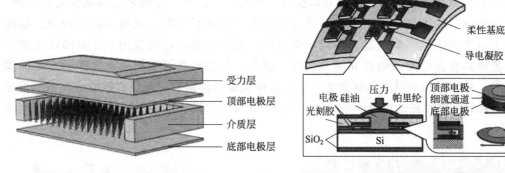

图 3-8 微针结构传感器   图 3-9 具有聚合物圆顶结构的电容式触觉传感器

3）电容式柔性触觉传感器测量类型

电容式触觉传感器的基本功能单元是微电容。微电容除了传统的三层结构外，为了提高触觉传感器的可靠性、灵敏度以及实现三维力的检测，人类对微电容结构的探索从未止步。根据传感器的功能与应用，可以将其在测量上的应用划分为以下几种类型。

① 假手握力测量。如图 3-10 所示是一种柔性电容式触觉传感器阵列——四层结构电容式触觉传感器，可用于假手握力测量。该传感器微电容单元具有四层结构：嵌入铜电极的两个厚 PET（聚对苯二甲酸乙二醇酯）层、具有膜结构的 PDMS 绝缘层、用以集中外力的顶部 PDMS 凸点层。该结构具有良好的柔韧性，同时具有较高的可靠性。

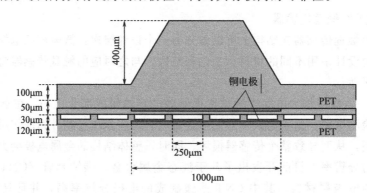

图 3-10 四层结构电容式触觉传感器

② 杨氏模量和剪切模量测量。根据微电容单元结构设计的不同，触觉传感器还可以获得不同的功能特性与计量属性。如图 3-11 所示是一种包含四个微型电容，能够测量聚合物、软组织和其他材料的杨氏模量和剪切模量的触觉传感器。对于每个微电容单元，当垂直受力时四个电容器将会产生相同的电容变化，而当受到剪切力时，则可以通过获取剪切方向上的电容值差量来推断剪切变形，其垂直受力与剪切受力示意图分别如图 3-11(b) 和图 3-11(c) 所示。

③ 足底压力测量。如图 3-12 所示是四电容阵列的传感器，适用于大压力测量，在生物力学，尤其足底压力测量领域有着广泛的应用前景。

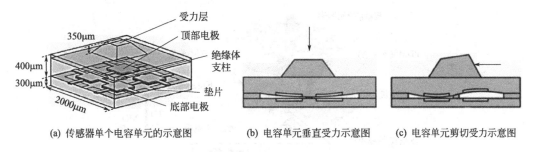

(a) 传感器单个电容单元的示意图　　(b) 电容单元垂直受力示意图　　(c) 电容单元剪切受力示意图

图 3-11　能够实现杨氏模量和剪切模量测量的触觉传感器

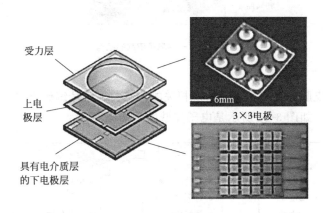

图 3-12　具有四电容阵列的触觉传感器

（3）电子皮肤

皮肤是人体最大的器官，它能阻挡人体之外的病菌，也能让人体感知外界的冷暖。随着计算机和消费类电子设备的快速发展，手机、计算机、移动终端、家用电器，以及娱乐、教育的媒介载体纷纷进入了"触觉交互"时代。触觉传感器不仅是实现机器人智能感知和人机交互的核心器件，而且已被广泛用于人体临床诊断、健康评估、康复训练、医疗手术等领域。电子触觉皮肤是材料与电子技术相结合的产物，它轻薄柔软，可被加工成各种形状，像衣服一样附着在人体、机器人、电子设备等载体的表面，能够让机器人感知到物体的地点和方位以及硬度等信息，可以更好地模仿甚至超越人类的皮肤感觉功能，所以电子触觉皮肤的研究已成为当前触觉传感器的主要发展方向。

目前，电子触觉皮肤传感器正朝着柔性化、轻量化、多功能、集成化、低能耗、大阵列、自供电的方向发展。此外仿生触须传感器作为一种多功能的触觉传感器也是当前的研究热点。

1）电子皮肤的组成材料和结构

现如今很多国家也在研发电子皮肤，其构成材料很多，结构也不尽相同。大部分由QCT（量子隧道复合材料）、PDMS（聚二甲基硅氧烷）、硅胶构成，像日本发明的电子皮肤由橡胶、导电石墨和新型晶体管组成，等等。电子皮肤结构如图3-13所示。

电子皮肤通过岛桥结构在其表面密布很多压力传感器和温度传感器，从而实现了感知压力和触觉的能力。电子皮肤采用的大部分材料都是可拉伸的柔性材料，但是一些金属和半导体材料还是不能舍弃的。科学家就用力学的结构来设计，然后实现它的柔性。

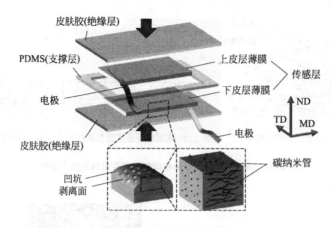

图 3-13　一种电子皮肤的结构

2）电子皮肤的工作流程

为了模拟人体皮肤的功能，需要研发相关的传感器、信号编码方法以及将感觉信号传递至神经系统的方法。如图 3-14 所示是电子皮肤的工作流程。

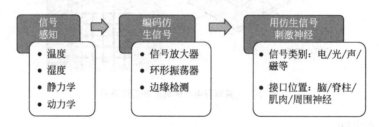

图 3-14　电子皮肤的工作流程

① 信号感知。为了模仿皮肤的感觉，需要把外界温度、湿度、力学等刺激转换为电信号。不同传感器分布在电子皮肤的不同深度，能够实现复杂的感知。复合传感器外层可包裹弹性体涂层，增强抓握等摩擦力。此外，还可使用单个传感器感知不同刺激信号，减小体积重量。

② 编码仿生信号。为了连接人体神经系统，电子皮肤传感器的输出信号需要转换为模拟动作电位的脉冲波形。一般过程是：先用放大器放大传感器输出信号，再调制环形振荡器形成数字信号；随后通过边缘检测等电路控制输出波形，使其类似动作电位；最后，还要将射频数据传输模块集成至柔性材料或使用柔性线圈，以实现功率和数据的无线传输。目前，已经利用硅膜、柔性氧化物、碳纳米管等材料制出了上述电子器件，如柔性放大器、有机环形振荡器等。

③ 用仿生信号刺激神经。使用电子皮肤的最后步骤是将仿生信号传递至神经系统。目前，可通过电学、光学、声学、电磁感应等方式刺激中枢和周围神经，神经接口可位于大脑感觉皮层、脊柱、肌肉组织、周围神经系统等。

3）电子皮肤的未来发展

电子皮肤对改进脑机接口，促进义肢、智能机器人、人机交互等领域的进步有重要意义。电子皮肤的研发还需解决多方面问题，包括可拉伸电子设备、信号转换电路、神经接口等。目前，可拉伸电子设备发展速度较快，技术成熟度较高，已经生产出样件；能输出仿生动作电位的信号转换电路也达到了概念验证阶段，但还需继续优化电路、提高集成度和耐用性；神经接口方面的研究则仍然较少。

3.1.3 力觉传感器

所谓力觉是指机器人作业过程中对来自外部的力的感知。力觉传感器经常装于机器人关节处，是用来检测机器人的手臂和手腕所产生的力或其所受力的传感器。手臂部分和手腕部分的力觉传感器，可用于控制机器人手部所产生的力，在费力的工作中以及限制性作业、协调作业等方面是有效的，特别是在镶嵌类的装配工作中，它是一种特别重要的传感器。智能机器人实现力觉感知时，只感知一维力是不够的，应能同时感知直角坐标三维空间的两个或两个以上方向的力或力矩信息。多维力觉传感器广泛应用于各种场合，为机器人的控制提供力/力矩感知环境，如零力示教、自动柔性装配、机器人多手协作、机器人外科手术等。

（1）力觉传感器基本原理

力觉传感器根据力的检测方式不同，可分为：应变片式（检测应变或应力）、压电元件式（压电效应）及差动变压器、电容位移计式（用位移计测量负载产生的位移）和光纤光栅式。

1）应变片式力觉传感器的检测原理

电阻应变片式力觉传感器是利用金属拉伸时电阻变大的现象，将它粘贴在加力方向上，可根据输出电压检测出电阻的变化，如图 3-15 所示。在电阻应变片左、右方向上施加力，用导线接到外部电路，得出电阻值的变化，如图 3-15(a) 所示。

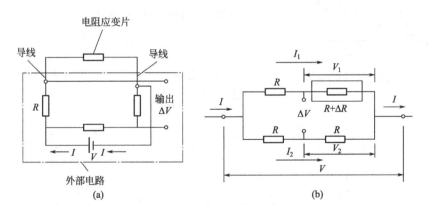

图 3-15 电阻应变片式力觉传感器原理

当不加力时，电桥上的电阻阻值都是 R，当加左、右方向力时，电阻应变片的电阻变化一个很小的电阻 ΔR，则输出电压为 ΔV。电路上各部分的电流和电压如图 3-15(b) 所示，它们之间存在如下关系

$$
\begin{cases}
V = (2R + \Delta R)I_1 = 2RI_2 \\
V_1 = (R + \Delta R)I_1 \\
V_2 = RI_2
\end{cases}
\tag{3-1}
$$

其中：$\Delta R \ll R$，所以 $\Delta V = V_1 - V_2 \approx \dfrac{\Delta R V}{4R}$，则电阻值的变化为

$$\Delta R = \frac{4R \Delta V}{V} \tag{3-2}$$

如果已知力和电阻值的变化关系，就可以测出力。上述的原理分析是电阻应变片测定一个轴方向的力，如果测定任意方向上的力，应在三个轴方向分别贴上电阻应变片。对于力控制机器人，当对来自外界的力进行检测时，根据力的作用部位和作用方向等的情况，传感器的安装位置和构造会有所不同。例如，当检测来自所有方向的接触时，需要用传感器覆盖全部表面。这时，要将许多微小的传感器进行排列，用来检测在广阔的面积内发生的物理量变化，这样组成的传感器称为分布型传感器。虽然目前还没有对全部表面进行完全覆盖的分布型传感器，但是能为手指和手掌等重要部位设置的小规模分布型传感器已经开发出来。因为分布型传感器是许多传感器的集合体，所以在输出信号的采集和数据处理中，需要采用特殊的技术。

2）电容式力觉传感器检测原理

以浙江大学设计的电容式三维力觉传感器为例，探讨电容式力传感器检测原理。传感器

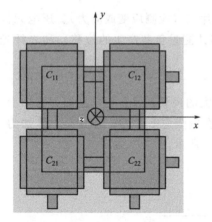

图 3-16　电容式三维力觉传感器

的结构如图 3-16 所示，由四个电容阵列构成。电容式三维力觉传感器主要通过不同位置的电容在外力加载下的变化反馈 x、y、z 方向三维力信息。其中电容的改变主要表现在电容极板间距的改变上。

首先，对于每个电容，其初始电容为 C_0，极板相对面积为 A，则加载力前的电容极距 d_0 为

$$d_0 = \frac{\varepsilon \times A}{C_0} \tag{3-3}$$

加载力后的电容极距 d 为

$$d = \frac{\varepsilon \times A}{C} \tag{3-4}$$

则四个电容在 x、y、z 方向上的等效距离变化 d_x、d_y、d_z 为

$$\begin{cases} d_x = \dfrac{\varepsilon \times A \left(\dfrac{1}{C_{11}} + \dfrac{1}{C_{12}} + \dfrac{1}{C_{21}} - \dfrac{1}{C_{22}} - \dfrac{1}{C_{0-11}} + \dfrac{1}{C_{0-12}} + \dfrac{1}{C_{0-21}} + \dfrac{1}{C_{0-22}} \right)}{2} \\[3mm] d_y = \dfrac{\varepsilon \times A \left(\dfrac{1}{C_{11}} + \dfrac{1}{C_{12}} - \dfrac{1}{C_{21}} - \dfrac{1}{C_{22}} - \dfrac{1}{C_{0-11}} - \dfrac{1}{C_{0-12}} + \dfrac{1}{C_{0-21}} + \dfrac{1}{C_{0-22}} \right)}{2} \\[3mm] d_z = \dfrac{\varepsilon \times A \left(\dfrac{1}{C_{11}} + \dfrac{1}{C_{12}} + \dfrac{1}{C_{21}} + \dfrac{1}{C_{22}} - \dfrac{1}{C_{0-11}} + \dfrac{1}{C_{0-12}} - \dfrac{1}{C_{0-21}} - \dfrac{1}{C_{0-22}} \right)}{4} \end{cases} \tag{3-5}$$

那么，加载的三维力 F_x、F_y、F_z 与 d_x、d_y、d_z 存在一定的关系

$$\begin{cases} F_x = f(d_x) \\ F_y = g(d_y) \\ F_z = h(d_z) \end{cases} \tag{3-6}$$

3）光纤光栅式力觉传感器检测原理

光纤布拉格光栅（Fiber Bragg Grating，FBG）式力传感器（简称光纤光栅力传感器）与传统的电阻应变式、电容式力传感器相比，由于所使用的敏感元件为FBG，因此具有抗电磁干扰、耐腐蚀性强、可在恶劣环境下工作，且可沿一根光纤排列多个FBG，易于接线的优点。光纤布拉格（Bragg）光栅的传感器原理如图3-17所示，Bragg光栅经激光刻写于细微的单模光纤纤芯中，使用宽带光入射于光纤内作为信号光源，光纤Bragg光栅反射特定波长的光信号，即经过光栅后的透射光信号出现"塌陷"，而被光栅反射回的光信号为峰状光谱，当刻有光栅处的光纤受到温度和轴向应变作用时，该反射光谱产生漂移，中心波长值发生规律性变化。

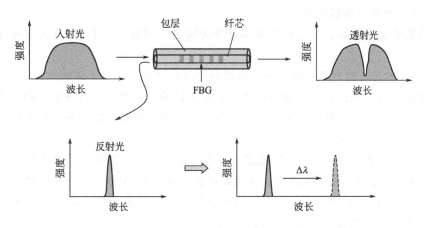

图 3-17 光纤 Bragg 光栅传感原理示意图

由耦合模理论可知，宽带光在FBG中传播时，其反射光遵守布拉格反射条件，数学表达式为

$$\lambda_B = 2n_{eff}\Lambda \tag{3-7}$$

式中，λ_B为FBG中心波长；n_{eff}为光栅纤芯的有效折射率；Λ为光栅常数。

若温度恒定，FBG受轴向应变作用时，会改变FBG的有效折射率和光栅常数，其中心波长会发生相应的漂移，由式(3-7)可得FBG漂移量为

$$\Delta\lambda_B / \lambda_B = (1 - P_e)\varepsilon \tag{3-8}$$

式中，ε为应变；$\Delta\lambda_B$为波长变化量；P_e为有效弹光系数。

当传感器受到外部载荷作用时，传感器的弹性体结构在载荷的作用下将发生弹性形变。当弹性结构体大小固定时，则其变形量只与载荷相关。

如图3-18所示是一种基于光纤光栅的三维力指端传感器的结构。弹性传感元件主要包括外部测量体、内部测量体、底盖和指尖。以90°间距将四根垂直梁作为一对正交力的弹性变形单元。组装好的传感器可以使用外部测量体底部的四个螺钉孔进行安装。内部测量体的顶部

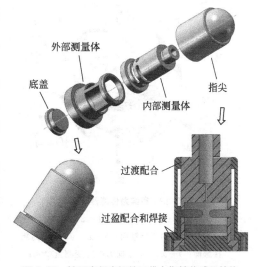

图 3-18 基于光纤光栅的三维力指端传感器结构

是一个螺纹螺栓，用于连接指尖。在内部测量体的上部设计了一个腔体接收一个光纤光栅，而中心的一个小孔用来注入黏合剂固定光纤。内部测量体的下部是一个空心薄壁圆筒，在其上切出两个间隔90°的平行槽，实现轴向变形的灵活性。底盖被设计成一个附件，插入内部测量体底部的孔中，底盖中心的小孔用于穿过和固定光学元件纤维。在传感器组件内使用以下特殊连接。通过过盈配合和激光点焊将底盖插入内部测量体中，在内部测量体的底部和外部测量体的底孔之间建立相同的连接，内部测量体上部与外部测量体上部之间的装配为过渡配合，允许沿轴向自由滑动。因此，来自指尖的轴向力只传递到内部测量体，而径向力仅从指尖传递到外部测量体。

4）机器人力觉传感器的应用

就传感器安装部位而言，力觉传感器可分为腕力传感器、关节力/力矩传感器、手指力传感器等。

① 腕力传感器。腕力传感器是一个两端分别与机器人腕部和手爪相连接的力觉传感器。当机械手夹住工件进行操作时，通过腕力传感器可以输出六维分量（三维力和三维力矩）反馈给机器人控制系统，以控制或调节机械手的运动，完成所要求的作业。腕力传感器分为间接输出型和直接输出型两种。

② 关节力/力矩传感器。作用于机器人上的力最终都会由机器人的关节来承担，在机器人关节上安装力/力矩传感器能够快速准确测量关节所承受的载荷，在机械臂关节的减速器输出端安装关节力/力矩传感器，可以带来两点优势：解耦机械臂的动力学模型，有利于进行基于动力学的位置控制；有利于实现力控制。

③ 手指力传感器。手指式力传感器，一般通过应变片或压阻敏感元件测量多维力而产生输出信号，常用于小范围作业，如灵巧手抓鸡蛋等试验，其精度高、可靠性好，渐渐成为力控制研究的一个重要方向，但多指协调较复杂。

（2）多维力传感器

多维力传感器指的是一种能够同时测量两个方向以上力及力矩分量的力传感器。在笛卡尔坐标系中力和力矩可以各自分解为三个分量，因此，多维力最完整的形式是六维力/力矩传感器，是能够同时测量三个力分量和三个力矩分量的传感器，即三维力（F_x、F_y、F_z）和三维力矩（M_x、M_y、M_z），如图3-19所示。目前广泛使用的多维力传感器就是这种传感器。

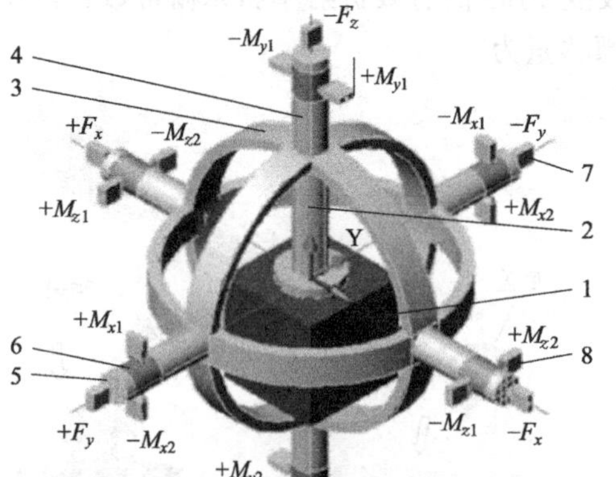

图3-19 多维力传感器示意图

1—多维力传感器；2—轴向加载杆；3—壳体；4—面加载头；5—力/力矩接触面；6—x，y，z向力矩接触面；7—x，y，z向力的应变测量单元；8—力矩应变测量单元

运用多维力传感器使机器人具有了力觉和力位置控制功能，从而能进行零力示教、轮廓跟踪、双手协调、柔性装配、机器人力反馈控制、机器人去毛刺和磨削等可能对人体造成伤害的工作，如喷漆、重物搬运等工作质量要求很高、人们难以长时间胜任的工作；如汽车焊接、精密装配等一些工作人员无法"身临其境"的工作。水下机器人可以

帮助打捞沉船、敷设电缆，工程机器人上山入地、开洞筑路，农业机器人耕耘播种、施肥除虫，军用机器人冲锋陷阵、排雷排弹，等等。多维力传感器在其他领域也有着十分重要的应用，如风洞试验、运动员辅助训练、火箭发动机安装测试、辅助医疗手术、切削力测量等，多维力传感器更是机器人关键的传感器之一。

1）十字梁结构六维力传感器

20 世纪 70 年代，斯坦福大学研制出了一水平十字梁六维腕力传感器，如图 3-20（a）所示是该传感器的机械结构，如图 3-20（b）所示为传感器三个参考坐标轴。该传感器为横梁结构，作用于传感器的六维力与力矩主要通过梁的弯曲应变来获得，可同时兼顾纵向和横向的应变效果，结构对称、紧凑。平面横梁结构多维力传感器的研究与应用意义重大，在其结构基础上，不断地完善和更新，使得基于十字梁结构的多维力传感器的性能越来越好。

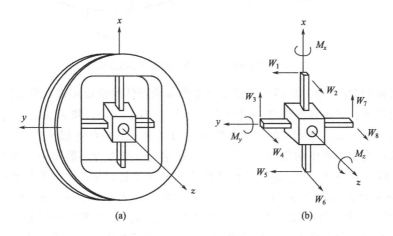

图 3-20 水平十字梁六维腕力传感器

在外力作用下，设每个敏感点所产生的力的单元信息按直角坐标定为 W_1、W_2、…、W_8，那么，根据下式可解算出该传感器围绕三个坐标轴的六个分量值。其中，K_{mn} 值一般通过试验给出。

$$
\begin{bmatrix} F_x \\ F_y \\ F_z \\ M_x \\ M_y \\ M_z \end{bmatrix} = \begin{bmatrix} 0 & 0 & K_{13} & 0 & 0 & 0 & K_{17} & 0 \\ K_{21} & 0 & 0 & 0 & K_{25} & 0 & 0 & 0 \\ 0 & K_{32} & 0 & K_{34} & 0 & K_{36} & 0 & K_{38} \\ 0 & 0 & 0 & K_{44} & 0 & 0 & 0 & K_{48} \\ 0 & K_{52} & 0 & 0 & 0 & K_{56} & 0 & 0 \\ K_{61} & 0 & K_{63} & 0 & K_{65} & 0 & K_{67} & 0 \end{bmatrix} \begin{bmatrix} W_1 \\ W_2 \\ \vdots \\ W_8 \end{bmatrix} \tag{3-9}
$$

2）Stewart 结构六维力传感器

十字梁结构的力觉传感器虽然结构简单，坐标容易设定，但要求加工精度高，且存在刚度低、灵敏度低、解耦困难等问题，因此并联机构的 Stewart 平台六维力传感器获得了发展，其优点是刚度大、结构紧凑、承载能力大、精度高、反解简单。如图 3-21 所示是 Stewart 结构六维力/力矩传感器示意图。

Stewart 结构六维力传感器由 6 个弹性杆件（应变测量杆件）通过球面副或弹性铰链与上下平台连接而成，每个弹性测力杆件只承受沿轴线方向的拉力/压力（在不考虑重力和各

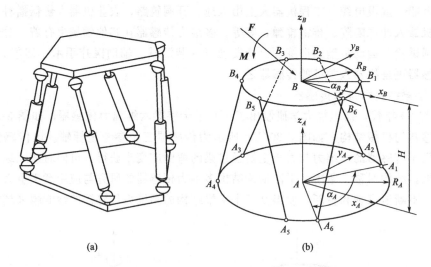

图 3-21　Stewart 结构六维力/力矩传感器示意图

球面副摩擦力矩的情况下），从而可通过检测 6 个弹性杆件的变形实现六维力测量。

在传感器的上、下平台各建立一坐标系，坐标系 $B\text{-}x_By_Bz_B$ 和 $A\text{-}x_Ay_Az_A$ 分别建立在上、下平台的几何中心，利用几何关系可很容易写出上、下平台各铰链点 A_i 和 B_i（$i=1$，2，$\cdots$，6）在各自坐标系中的坐标。决定 Stewart 结构六维力传感器布局的尺寸参数有 R_A、R_B、H、α_A 和 α_B，其中，R_A 为下平台球铰点的分布半径；R_B 为上平台球铰点的分布半径；H 为上下平台的几何中心距离；α_A 为对应下平台球铰点 A_i、A_j 的夹角；α_B 为球铰点 B_i、B_j 的夹角（i 和 j 分别取值为 1、2、4 和 6、3、5）。以上平台为研究对象，忽略各个分支重力和关节摩擦力的影响，以坐标系 $B\text{-}x_By_Bz_B$ 为基准坐标系。在静态下，依据螺旋理论，得到如下平衡关系

$$\sum_{i=1}^{6} f_i \boldsymbol{S}_i = \boldsymbol{F} + \in \boldsymbol{M} \tag{3-10}$$

式中，f_i 为第 i 弹性杆件所受的轴向力；$\boldsymbol{S}_i$ 为第 i 弹性杆件的单位线矢；$\boldsymbol{F}$、$\boldsymbol{M}$ 分别为施加在上平台中心的外力和外力矩；$\in$ 为对偶符号。

式（3-10）表达成矩阵的形式如下

$$\boldsymbol{F}_W = \boldsymbol{G}_f^F \boldsymbol{f} \tag{3-11}$$

式中，$\boldsymbol{F}_W$ 为上平台所受的六维外力矢量；$\boldsymbol{f}=(f_1,f_2,f_3,f_4,f_5,f_6)^T$ 为 6 个弹性杆所受的轴向力组成的矢量；$\boldsymbol{G}_f^F$ 表示 6 个弹性杆轴向力向上平台所受的六维外力映射的矩阵，称为力的正映射矩阵，可以表达成如下形式

$$\boldsymbol{G}_f^F = \begin{pmatrix} \boldsymbol{S}_1 & \boldsymbol{S}_2 & \boldsymbol{S}_3 & \boldsymbol{S}_4 & \boldsymbol{S}_5 & \boldsymbol{S}_6 \\ \boldsymbol{S}_{o1} & \boldsymbol{S}_{o2} & \boldsymbol{S}_{o3} & \boldsymbol{S}_{o4} & \boldsymbol{S}_{o5} & \boldsymbol{S}_6 \end{pmatrix} \tag{3-12}$$

其中，$\boldsymbol{S}_i = \dfrac{\boldsymbol{B}_i - \boldsymbol{A}_i}{|b_i - a_i|}$，$\boldsymbol{S}_{oi} = \boldsymbol{A}_i \times \boldsymbol{S}_i = \dfrac{\boldsymbol{A}_i \times \boldsymbol{B}_i}{|b_i - a_i|}$。

式（3-11）两边同时左乘 $(\boldsymbol{G}_f^F)^{-1}$ 可得

$$\boldsymbol{f} = \boldsymbol{G}_F^f \boldsymbol{F}_W \tag{3-13}$$

如图 3-22 所示的是目前已经开发出的几种 Stewart 力传感器的样机：Ranganath 等的六

维力/力矩传感器 [图 3-22(a)]、Kang 的六维力/力矩传感器 [图 3-22(b)]、Dwarakanath 的六维力传感器 [图 3-22(c)]。

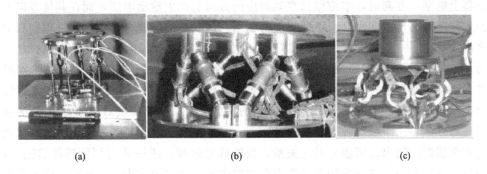

(a)　　　　　　　　(b)　　　　　　　　(c)

图 3-22　基于 Stewart 结构的六维力/力矩传感器

3）双 E 型膜片式六维力传感器

中科院合肥智能机械研究所研制的基于双 E 型膜片结构的六维力传感器结构获得广泛应用，其结构原理及实物如图 3-23 所示。其中，1 表示的是带有通孔的传力柱，用于连接上 E 型膜片 4 与下 E 型膜片 5，上 E 型膜用于检测 x、y 方向力矩，下 E 型膜用来检测 x、y 方向的力（切向力）和 z 方向的力（法向力）；2 表示的是薄矩形金属片，贴有应变片用来检测力矩 M_z；3 表示加载环置的螺口，用于连接外部载荷。为了降低桥路之间的耦合关系，理想情况下检测各桥路的应变片应互相正交。但实际上，检测各个桥路信号的应变片并不完全互相正交，造成传感器桥路之间存在耦合关系，尤其是对上 E 型膜片施加绕 x 或 y 轴的力矩，会对下 E 型膜片产生 y 或 x 方向的力。

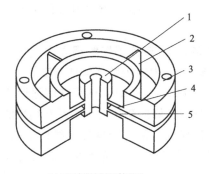

(a) 传感器剖面透视图　　　　　　　　(b) 六维力传感器实物图

图 3-23　双 E 型膜片式六维力传感器
1—传力柱；2—薄矩形金属片；3—螺口；4—上 E 型膜片；5—下 E 型膜片

（3）多维力/力矩传感器解耦

大部分多维力/力矩传感器的应变检测方法采用惠斯通电桥应变检测法，因为其检测的灵敏度高、原理简单、易于实现。在没有受到外部载荷的情况下，惠斯通电桥处于平衡状态，其输出电压为零；当发生拉伸或者压缩应变时，惠斯通电桥相应地输出正电压或者负电压。通过检测惠斯通电桥的输出电压，得到应变计粘贴部位发生的应变大小，从而计算出加载在弹性体上的载荷大小和方向。

当前，市场上常见的多维力传感器大都是具有一体化弹性体结构以及其存在加工、贴片等工艺上的误差，使得各输出通道之间存在耦合。也就是说，当力或力矩加载到多维力/力矩传感器上的某一方向时，本应该只在其对应的方向上产生输出电压，而在其他方向上无输出，但实际上，其他方向也会有不同程度的输出，这就是维间耦合现象。这种耦合现象严重影响多维力/力矩传感器的测量精度，因此需要加以消除或抑制，这一过程称为解耦。针对多维力/力矩传感器解耦主要集中在两方面：一是从结构和制造工艺上着手，消除维间耦合产生的根源；二是寻求一种有效的静态解耦算法，即通过数学建模找到多维力/力矩传感器的输出电压信号与所加载的力/力矩大小之间的映射关系，从而实现对各维力/力矩的准确测量。后一种方法相比于前一种方法更容易实现。一般的解耦过程是：通过试验数据或物理条件对力和传感器的输出之间建立对应关系，也即标定过程，进一步得到传感器的耦合模型，然后根据传感器的输出估计未知的多维力在空间中各个方向的大小。根据输入输出关系可知解耦算法包含线性解耦和非线性解耦，线性解耦的精度较差，这是因为传感器的输入输出普遍都存在着非线性关系。

1) 静态线性解耦

多维力传感器的静态线性解耦就是求出传感器桥路的输出电压与力或力矩的线性关系，可用方程表示为

$$F = CU \tag{3-14}$$

式中，$F = [F_x, F_y, F_z, M_x, M_y, M_z]^T$ 表示作用在传感器上的力向量；$U = [U_{Fx}, U_{Fy}, U_{Fz}, U_{Mx}, U_{My}, U_{Mz}]^T$ 表示输出电压向量；C 表示标定矩阵也即解耦矩阵。

由式(3-14)得标定矩阵为

$$C = FU^{-1} \tag{3-15}$$

对于标定矩阵的计算，一般采用克莱姆法则、最小二乘法、线性神经网络等优化算法。

2) 静态非线性解耦

非线性解耦方法主要有：基于神经网络的多维力/力矩传感器解耦方法、基于支持向量回归机（Support Vector Regression，SVR）的多维力/力矩传感器解耦方法等。

① 基于径向基函数（RBF）神经网络的解耦算法　由于 RBF 网络能够逼近任意的非线性函数，可以处理系统内的难以解析的规律性，具有良好的泛化能力，并有很快的学习收敛速度。径向基函数一般采用输入层、隐含层和输出层的三层神经网络非线性解耦算法模型。以六维力传感器为例，将六维力的 6 个输出力值信号 U 作为神经网络的输入层数据，输入层神经元个数为 6，将传感器的加载力向量 F 作为输出层数据，输出层神经元个数为 6，用 S 表示隐含层神经元个数，采用 purelin 型线性函数表示输出层神经元的激活函数，R_1 表示隐含层的权值向量，R_2 表示输出层的权值向量，B_1 表示隐含层的阈值向量，B_2 表示输出层的阈值向量，A_1 表示隐含层输出向量，建立的 RBF 神经网络解耦模型如图 3-24 所示。

② 基于支持向量机（SVR）的多维力传感器解耦　支持向量回归机，主要作用是支持向量在函数预测回归中的应用。SVR 的基本思想主要是将给定的样本数据，经过学习训练，逼近一个最为相关的映射函数，并确保每个训练样本所对应的函数回归值和期望值的误差在设定的范围内，同时也能够确保回归出的映射函数比较平稳。支持向量机非线性变换主要是经过引用核函数，利用低维的内积计算实现。支持向量机 SVR 在系统识别、非线性系统的预测等方面有着广泛的应用。

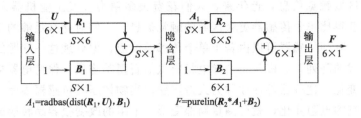

$$A_1 = \text{radbas}(\text{dist}(\boldsymbol{R}_1, \boldsymbol{U}), \boldsymbol{B}_1) \qquad F = \text{purelin}(\boldsymbol{R}_2 * A_1 + \boldsymbol{B}_2)$$

图 3-24　传感器的 RBF 神经网络解耦模型

由于多维力/力矩信息之间的非线性关系，因此可以用到 SVR 的方法。支持向量机 SVR 的解耦的基本思想是：取传感器的标定试验数据作为支持向量机的输入输出样本数据，把传感器的输入和输出样本序列 $\{x_i, y_i\}$ 视为一组，则选择的训练样本集 D 可以表示为

$$D = \{(x_1, y_1), (x_2, y_2), \cdots, (x_k, y_k)\}, x \in \mathrm{R}^n, y \in \mathbf{R} \qquad (3\text{-}16)$$

样本集内的训练样本，经过转换函数 $\boldsymbol{\phi}(x)$ 转换至高维向量空间，转换函数表达式为

$$\boldsymbol{\phi}(x) = \{\varphi(x_1), \varphi(x_2), \cdots \varphi(x_k)\} \qquad (3\text{-}17)$$

于是求解非线性的问题，转换成为求解线性问题。因此，高维向量空间内部创建的线性函数，可以表示为

$$f(x_i) = \boldsymbol{\omega} \cdot \boldsymbol{\phi}(x_i) + b \qquad (3\text{-}18)$$

式中，$\boldsymbol{\omega} = (w_1, w_2, \cdots, w_m)$ 指代高维空间的权值；b 指代偏置量。根据支持向量机原理的结构风险最小化学习原则，需要查找最优的权值向量 $\boldsymbol{\omega}$ 和偏置量 b，并且保证满足目标项 $\|\boldsymbol{\omega}\|^2/2 + cR_{\text{emp}}$。$\|\boldsymbol{\omega}\|^2$ 则表示参数模型的复杂度大小；c 表示正则化参数；R_{emp} 表示函数值误差项。

3.1.4　压觉传感器

压觉传感器实际是接触传感器的引申。压觉传感器又称为压力觉传感器，可分为单一输出值压觉传感器和多输出值的分布式压觉传感器。压觉传感器可用各种压力传感器如压阻式传感器、压电式传感器或半导体力敏器件，与信号处理电路制在一起，构成集成压敏传感器。其中压阻式传感器和电容式传感器使用最多。特别是硅电容压觉传感器得到广泛应用。目前，压觉传感器主要有如下几类：

① 利用某些材料的内阻随压力变化而变化的压阻效应，制成压阻器件，将它们密集配置成阵列，即可检测压力的分布。如压敏导电橡胶或塑料等。

② 利用压电效应器件，如压电晶体等，将它们制成类似人的皮肤的压电薄膜，感知外界压力。它的优点是耐腐蚀、频带宽和灵敏度高等，但缺点是无直流响应，不能直接检测静态信号。

③ 利用半导体力敏器件与信号电路构成集成压敏传感器。常用的有三种：压电型（如 ZnO/Si-IC）、电阻型 SIR（硅集成）和电容型 SIC。其优点是体积小、成本低、便于同计算机接口，缺点是耐压负载差、不柔软。

④ 利用压磁传感器、扫描电路与针式差动变压器式接触觉传感器构成压觉传感器。压磁器件有较强的过载能力，但体积较大。

为了获得大区域触觉信息，近年来，人们花费很多精力开发工业机器人触觉阵列传感器，这种阵列能获得比单个传感器更大区域的触觉信息。人们对此有足够的重视，压觉传感器发展得也很快。阵列传感器可以由若干单个传感器组成，但处理这一问题的最好方法是构成一个由电极组成的阵列，电极与柔性导电材料（如石墨基物质）保持电器接触，导电材料的电阻随压力而变化。这种器件往往称为人造皮肤。当物体压在传感器表面上时，将引起局部变形，测出连续的电阻变化，就可测量局部变形。电阻的改变很容易转换成电信号，其幅值正比于施加在材料表面上某一点的力。如图 3-25 所示是由导电橡胶制成的触觉阵列（压觉）传感器的示意图。如图 3-25(a) 所示的结构是由条状的导电橡胶排成网状，每个棒上附一层导体引出，送到扫描电路。如图 3-25(b) 所示的结构则是由单向导电橡胶和印刷电路板组成的，电路板上附有条状金属箔，两块板上的金属条方向互相垂直。

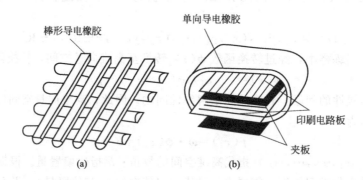

图 3-25　导电橡胶制成的触觉阵列（压觉）传感器的示意图

凡是阵列式传感器，都需要配有矩阵式扫描电路，如图 3-26 所示为阵列式传感器扫描电路的原理图。

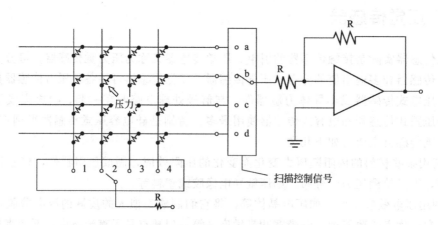

图 3-26　阵列式传感器扫描电路原理图

如图 3-27 所示是一种用半导体技术支撑的高密度智能压觉传感器。采用静电作用把硅基片粘贴在玻璃衬底上，用二氧化硅（SiO_2）作电容极板与基片间的绝缘膜，将每行上的电容板连接起来，但行与行之间是绝缘的。行导线在槽里垂直地穿过硅片；金属列线水平地分布在硅片槽下的玻璃板上，在单元区域扩展成电容电极，这样就形成一个 xy 平面的电容阵列。阵列上覆盖有带孔的保护盖板，盖板上有一块带孔的表面覆盖有薄膜层的垫片，垫片上开有槽沟，以减少局部作用力的扩展。盖板与垫片的孔相连通，在孔中填满传递力的物质，如硅胶。传感器的灵敏度取决于硅膜片厚度和极板的几何尺寸。

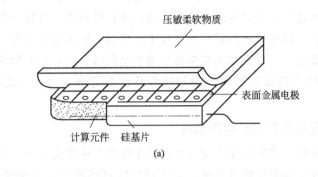

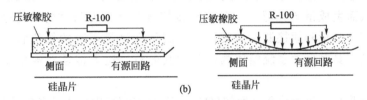

图 3-27 半导体高密度智能压觉传感器

3.1.5 滑觉传感器

滑觉传感器是主要用于检测机器人与抓握对象间滑移程度的传感器。为了在抓握物体时确定一个适当的握力值，需要实时检测接触表面的相对滑动，然后判断握力，在不损伤物体的情况下逐渐增加力量，滑觉检测功能是实现机器人柔性抓握的必备条件。通过滑觉传感器可实现识别功能，对被抓物体进行表面粗糙度和硬度的判断。如图 3-28 所示，当用手爪抓取处于水平位置的物体时，手爪对物体施加水平压力，垂直方向作用的重力会克服这一压力使物体下滑。

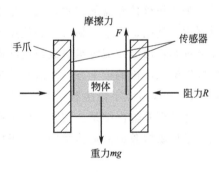

图 3-28 抓取物体时受力分析

如果把物体的运动约束在一定面上的力，即垂直作用在这个面的力称为阻力 R（如离心力和向心力垂直于圆周运动方向且作用在圆心方向）。考虑面上有摩擦时，还有摩擦力 F 作用在这个面的切线方向阻碍物体运动，其大小与阻力 R 有关。静止物体刚要运动时，假设 μ_0 为静止摩擦系数，则 $F \leqslant \mu_0 R$（$F = \mu_0 R$ 称为最大摩擦力）；设运动摩擦系数为 μ，则运动时，摩擦力 $F = \mu R$。假设物体的质量为 m，重力加速度为 g，将如图 3-28 所示的物体看作是处于滑落状态，则手爪的把持力 f 为了把物体束缚在手爪面上，垂直作用于手爪面的把持力 f 相当于阻力 R。当向下的重力 mg 比最大摩擦力 $\mu_0 f$ 大时，物体会滑落。重力 $mg = \mu_0 f$ 时的把持力 $f_{\min} = mg/\mu_0$，称为最小把持力。

滑觉传感器可看作是触觉传感器的一个子分类。根据测量物理量和在多种滑动检测方法上应用的不同，将已用于实践的滑觉传感器分为三类。

（1）基于位移检测的滑觉传感器

通过检测手指与物体的相对运动来检测滑动，如比较感光元件捕捉到的一系列影像检测是否发生相对位移等，这类传感器通常应用在工业机器人的末端执行器上。尽管价格低廉且对物体的粗糙度不敏感，但很难集成在需要穿戴手套的假手上，且视觉系统和位移触觉传感器的集成要求系统具有较高的影像处理和软件算法的计算能力，不适用于假手的控制系统中。

（2）基于微振动检测的滑觉传感器

机械手接触试品时，传感器受到接触压力发生形变产生电荷，形成阶跃式触觉信号。机械手在提升试品过程中如果夹持力不够，试品相对传感器滑动，引起橡胶表面微振动，产生交变电荷，从而生成滑觉信号。这是将机械信号转化为电信号的换能过程。测量振动的方法可分为直接测量和间接测量两类。直接测量即测量振动的幅值和频率，如加速度计；间接测量则需要对振动系统施加载荷并对其分析。这类传感器根据原理不同又可分为以下几类。

① 三维加速度传感器集成于多感知皮肤 HEX-O-SKIN 中构成了多传感器信息网的一部分，能检测冲击、滑动和物体的粗糙度，具有成本低、尺寸小和功耗低的优点，现已应用于人形机器人上，具有潜在的应用于假手的价值。

② 压阻材料作为滑觉传感器，是在半导体材料的基片上添加扩散电阻制成的。它的基片为主要的测量器件，而扩散电阻则在内部以电桥的方式连接。如果基片因为外界的压力而发生变形，那么其内部的电阻就会产生变化，所以可以检测到外界的压力。硅片和锗片通常被用来制作该传感器的基片，尤其是以硅片材料做成的压阻传感器用途日益广泛。压阻式传感器由于其制造简单、易弯曲和使用灵活等优点被广泛集成于机器人手上。其基本结构及工作原理是：两电极交替盘绕成螺旋结构，放置在环氧树脂玻璃或柔软纸板基底上，力敏导电橡胶安装在电极的正上方。在滑觉传感器工作过程中，通过检测正负电极间的电压信号并通过 ADC（模拟数字转换器）将其转换成数字信号，采用 DSP（数字信号处理）芯片进行数字信号处理并输出结果，判断物体是否产生滑动。如图 3-29 所示是日本电气通信大学研制的基于压敏橡胶的滑觉传感器应用于机械手滑觉测量的试验及基本原理。

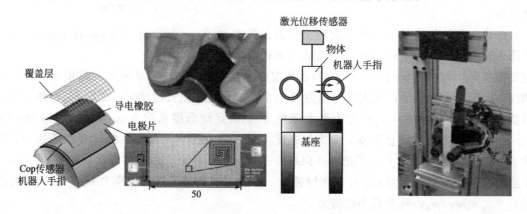

图 3-29　基于压敏橡胶的滑觉传感器的应用试验及基本原理

③ 在压电式传感器中，应用最广的压电材料为 PVDF 和锆钛酸铅压电陶瓷（PZT）。日本大阪大学的学者 Koh Hosodaa 等研制了一种软指尖，如图 3-30 所示。它由两种不同硬度的硅胶层构成，每层包含随机放置的两种传感器，6 个应变片和 6 个 PVDF，共 24 个感受器。靠近皮肤层的应变片感知皮肤与物体间的局部静应变，而内层的应变片感知整个手指的受力，PVDF 对感知瞬间和快速变化的应变较为敏感。

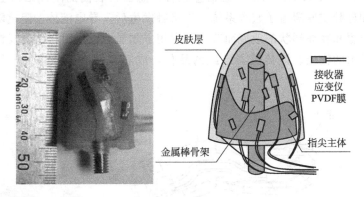

图 3-30　带有滑觉传感器的软指尖

④ 电容传感器技术在机器人手上有广泛应用，如意大利科学家制作的人形机器人 icub、Willow Garage 公司设计的机器人平台 PR2 手爪。PR2 手爪及其传感器如图 3-31 所示。在 PR2 手上对覆盖有硅胶保护层的电容式传感器阵列采集的数据，实时进行一阶离散巴特沃斯滤波处理，以模拟人手 FAII（潘申尼小体）感受器的快速自适应性，并结合加速度计检测物体与环境的接触状态，通过对高频滤波数据的分析，滑动事件能够得到实时高速响应。

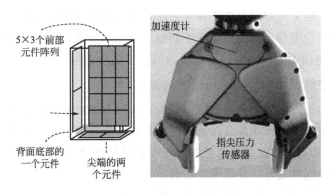

图 3-31　PR2 手爪及其传感器

⑤ 运用光电原理来检测滑动。光电传感器的原理为，将传感器与接触物体之间的振动信号变为光信号，然后使用内部的电子器件把该光信号进一步变为电信号，然后经过后续信号采集和处理电路来检测滑动。

光纤布拉格光栅（FBG）是通过全息干涉法或者相位掩膜法将一小段光敏感的光纤暴露在光强周期分布的光波下，利用光纤材料光敏性造成折射率的永久变化，在纤芯内形成折射率周期变化的空间相位光栅。FBG 具有易波分复用和空分复用、体积小、损耗小、抗电磁干扰强等优点，目前广泛用于对温度、压力等的监测，且解调系统正朝着微型化、芯片化方向发展，结合 FBG 的优点研制新型滑觉传感器有重要的意义。

（3）基于三维力信息的滑觉传感器

基于三维力信息的滑觉传感器能够实时计算接触点处的法向力和切向力。一种柔性三维力阵列式触觉传感器 BioTac，为多模态信息融合传感器，表面的刚性结构上分布了一些电极，导电液体和硅胶皮肤覆盖了整个系统。当接触发生后，导电液体的阻抗随着力的幅值和方向、接触点位置和物体形状的改变而改变。利用卡尔曼滤波器对传感器反馈的力数据进行处理，并转换成力的输出。该传感器已经商品化，成功应用在了 Shadow 手上，如图 3-32 所示。

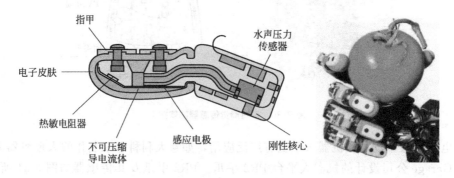

图 3-32　BioTac 传感器及其在 Shadow 手上的应用

3.1.6　触觉传感器的信号检出与重构

由于智能机器人触觉传感器仍处于发展之中，新型材料不断地应用于传感器的制作中，所以，传感器信号的检出与重构方法也在不断地发展。本小节以触觉传感器最常用的材料导电橡胶和 PVDF 压电薄膜为例，探讨传感器的信号检出与重构。

（1）导电橡胶触觉传感器的信号检出与重构

导电橡胶，又称为力敏导电橡胶和压阻橡胶，以其良好的柔韧性、可靠性以及较低廉的价格被越来越多的研究者选作压阻式传感器的敏感材料。压阻橡胶是将各种导电料（金属粉末、炭黑、纳米线/管等）分散在胶体状的硅橡胶材料中固化加工而成的一种复合型导电高分子材料。除具备导电性之外，导电橡胶还具有优良的压阻效应、良好的环境密封性以及屏蔽功能，目前导电橡胶已经成为用量最大的一种导电复合材料。

压阻橡胶的导电机理主要有宏观的导电通道理论和微观量子隧道效应理论。导电通道理论认为将各种导电颗粒混入绝缘性的高分子材料中，材料的导电性随导电填料浓度的变化规律大致相同，当导电填料和橡胶形成的复合材料中导电材料用量增加到某一临界值时，电阻率急剧下降，变化值可达 10 个数量级以上。超过这一临界值以后，电阻率随浓度的变化又趋缓慢，电阻率发生突变的导电填料浓度为渗流阈值，在此区域内，导电填料用量的微小增加就会导致导电材料相互接触形成网络链或者减小导电粒子的间隙，使得电阻率显著降低，如图 3-33 所示。

隧道效应理论认为复合材料在导电填料用量较低时，导电填料间距较大，具有一定势能的势垒，而微观粒子穿过势垒的现象就称为隧道效应。隧道效应现象几乎仅仅发生在距离很接近的导电粒子之间，间隙过大的导电填料之间仍然没有电流传导行为，而外界的压力能够起到减小间隙的作用，引起隧道效应。

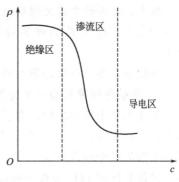

图3-33　导电复合材料中电阻率
与导电填料浓度的关系

以上两种理论都可以用来揭示导电橡胶的压阻特性，即压阻橡胶具有很好的力学性能，外力的作用不仅可以改变橡胶的外部形态，复合材料的压力与电阻关系的研究对于柔性压力传感器的制作至关重要。下面介绍几种常见的压力—电阻关系模型。

1）负压阻效应关系模型

研究发现聚合物的电阻随着单轴压力的增加而减小。为了解释这一现象，采用导电路径这一概念来描述导电复合材料的微观结构。每条导电路径是由导电填料微粒构成的。复合材料的总电阻是由相邻的导电微粒之间的电阻决定的。基于隧道电流理论，复合材料的总电阻可以通过以下公式计算

$$R = \left(\frac{L}{N}\right)\left(\frac{8\pi hs}{3\alpha^2 \gamma e^2}\right)\exp(\gamma s) \tag{3-19}$$

式中，L 为形成一条导电路径的导电填料微粒数目；N 为导电路径数目；h 为普朗克常数；s 为绝缘层的厚度；α^2 为有效横截面积；e 为电子电荷量。γ 可以通过以下公式描述

$$\gamma = \frac{4\pi}{h}\sqrt{2m\varphi} \tag{3-20}$$

式中，φ 为相邻导电微粒之间的势垒高度；m 为电子质量。

当外力施加到导电复合物表面时，由于导电填料和高分子绝缘基体材料的压缩系数不同，绝缘层的厚度（导电微粒间隙）减小，聚合物的电阻减小。综合分析单轴压力、内部导电颗粒位置变化、材料内部张力、高分子绝缘基体材料压缩模量、导电填料粒径、导电填料的体积分数等因素之间的关系，获得压力-电阻关系模型为

$$\frac{R(\sigma)}{R(0)} = \left(1-\frac{\sigma}{M}\right)\times\exp\left\{-\frac{4\pi}{h}\sqrt{2m\varphi}\times D\times\left[\left(\frac{\pi}{6\times\phi}\right)^{\frac{1}{3}}-1\right]\times\frac{\sigma}{M}\right\} \tag{3-21}$$

式中，σ 为所施加的外力；$R(\sigma)$ 为外力施加时导电复合物的电阻；$R(0)$ 为零压时导电复合物的电阻；D 为导电填料粒径；ϕ 为导电填料的体积分数；M 为高分子绝缘基体材料压缩模量。

该数学模型可以解释导电复合物的电阻随施加外力的增加而单调减小。

2）正压阻效应关系模型

研究结果显示导电复合物的电阻随着施加外力的增加而增大。通过分析外界压力下导电填料粒子间的分离、复合材料变形引起的导电路径的破坏，以及与导电路径数目之间的关系，得到下面的结论

$$\ln R = \ln R_0 + \ln[1 + (\Delta l / l_0)] + \sum[A_i \times (\Delta l / l_0)^i] \qquad (3\text{-}22)$$

式中，R 为外力施加时导电复合物的电阻；R_0 为零压时导电复合物的电阻；Δl 为待测样品的形变；l_0 为待测样品的初始厚度，l_0 为整数；$A_i = \gamma S_0$，S_0 是导电粒子间初始距离。

该数学模型可以解释导电复合物的电阻随施加外力的增加而单调增加。

3）压敏导线橡胶检测系统的基本配置

在 3.1.4 小节中提到，为了获得大区域的触觉信息，通常将多个传感器单元组合成传感器阵列，如图 3-25 所示。为了检测传感器阵列表面的力的大小及位置，需要将每个传感单元的电阻值逐个读取出来。传感单元间通过公用行列 ITO 导线连接，所以要将电路设计成能够对每个行列 ITO 导线单独选通，则传感单元的电阻可以采用扫描电路逐行逐列扫描读取，检测框图如图 3-34 所示。将每个传感单元可看作为一个可变电阻，电阻的大小随传感单元上所施加外力大小的改变而改变。由于各传感单元之间用绝缘衬垫隔离，并且传感单元在未施加外力时，电阻足够大，可以近似看作绝缘，因此在电路扫描过程中，传感单元间是隔离的，且无串扰。

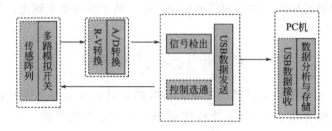

图 3-34　检测系统的基本配置

在外力的作用下，传感单元因所受压力不同而产生不同的阻值变化，进而产生不同的电压值。传感单元的电阻值 R_x 可以通过式(3-23) 得出。

$$R_x = R_f \times \frac{V_x}{V_{\mathrm{DD}} - V_x} \qquad (3\text{-}23)$$

式中，R_f 为参考电阻；V_x 为传感单元的电阻电压；V_{DD} 为电源电压。

根据导电橡胶的压阻特性关系能够将采样数据换算成相对应的压力值。根据采样时序和采样的数据顺序，可以精确区分各个压力信号的位置。采样数据转换后的压力值和各个信号的位置，可以精确还原为传感阵列表面的压力分布状况及轮廓信息。其检测电路的基本配置包含四个部分。

① 传感单元。多路模拟切换器为双向多路模拟开关，它可以控制传感阵列的敏感单元的选通，实现同一时间内只有一个传感单元信号选入并检测。

② 信号调理单元。采集到的数据经过信号调理单元的 R-V 转换和 A/D 转换后从传感单元的电阻改变转换为了能被单片机识别的电压信号。

③ 控制单元。通过单片机输出控制敏感单元的巡回选通，通过 A/D 采样实现传感阵列信号检出，最后通过 USB 总线定时发送传感信号。

④ 数据转换处理系统。该单元可实现 USB 总线数据接收以及数据存储和分析，将得到的信息能够以二维或者三维图解的方式展现出来。

（2）PVDF压电薄膜的传感原理及信号检出

PVDF是一种含氟聚合物，极化之后有很强的压电特性，经过多年的发展已经成为最具潜力的聚合物压电材料。如图3-35所示，将PVDF薄膜沿 x 方向单轴拉伸，沿 z 方向极化，处理之后可作为压电传感元件使用。使用时，薄膜表面受力产生的微振动会使其携带的电荷量发生变化，通过放大和处理转化为电压信号，即可为控制系统提供反馈信息。

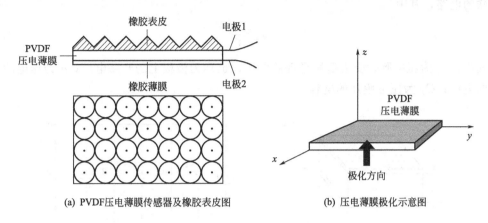

(a) PVDF压电薄膜传感器及橡胶表皮图   (b) 压电薄膜极化示意图

图 3-35 PVDF 压电薄膜与极化

1）PVDF 压电薄膜的传感原理

压电方程反映了晶体电学量和力学量之间的相互关系。处理后的薄膜压电应变常数矩阵为

$$\boldsymbol{d} = \begin{bmatrix} 0 & 0 & 0 & 0 & d_{15} & 0 \\ 0 & 0 & 0 & d_{24} & 0 & 0 \\ d_{13} & d_{23} & d_{33} & 0 & 0 & 0 \end{bmatrix} \tag{3-24}$$

此时外加电场为零，其压电方程表示为

$$D_i = d_{ij} T_j \quad (i=1\sim3, j=1\sim6) \tag{3-25}$$

式中，T_j 为应力，N/m^2；D_i 为电位移，C/m^2。

当作用在 PVDF 微单元上的应力发生变化时，传感器两极产生的电荷为

$$\Delta q = \sum_{j=1}^{3} d_{3j} \Delta \sigma_j \tag{3-26}$$

式中，Δq 为单位面积上电荷变化；d_{3j} 为微单元各方向的压电常数；j 为施加的作用力的方向，$\Delta \sigma_j$ 为各方向应力变化。

面积为 s 的 PVDF 压电薄膜传感器接入放大电路在 t 时刻的电荷总量为

$$Q(t) = Q(t_0) + \iint_s \left[\int_0^t \sum_{j=1}^{3} d_{3j} \frac{\partial \sigma(x,y,t)}{\partial t} \mathrm{d}t \right] \mathrm{d}x \, \mathrm{d}y - \int_0^t \frac{Q(t)}{R_i C} \mathrm{d}t \tag{3-27}$$

式中，$Q(t_0)$ 为初始时刻 t_0 时的初始电荷总量；$\sigma(x, y, t)$ 为传感器上一点 (x, y) 在 t 时刻受到的应力。

若 PVDF 只受垂直方向作用力，即仅 d_{33} 起作用且压力在传感器表面上均匀分布，初始电荷量为零，则

$$Q(t) = s \cdot d_{33} \cdot \mathrm{e}^{\frac{t}{\tau}} \cdot U(t) \tag{3-28}$$

式中，$U(t)$ 为阶跃函数；$\tau = R_i C$ 为响应时间常数。由此可得，当触觉阶跃力作用时，传感器输出的电压信号为先上升到最大电压后随时间常数 τ 成指数衰减。滑觉信号则为微小阶跃力连续接触和分离产生。

2）传感器信号调理电路

PVDF 压电薄膜的等效电路如图 3-36 所示，通常将压电元件等效为一个电荷源与电容相并联的电路，其中

$$e_a = \frac{q}{C_a} \tag{3-29}$$

式中，e_a 为压电膜片受力后所呈现的电压，也称为极板上的开路电压；q 为压电膜片表面上的电荷；C_a 为压电膜片的电容。

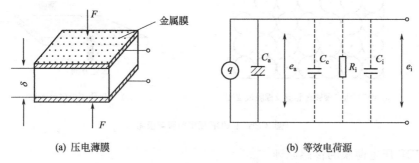

(a) 压电薄膜　　　　　　　(b) 等效电荷源

图 3-36　PVDF 压电薄膜及等效电路

压电传感器总是在有负载的情况下工作，设 C 为负载的等效电容，C_c 为压电传感器与负载间的连接电缆的分布电容，R_i 为负载的输入电阻，R_a 为传感器本身的漏电阻，则压电传感器接负载后等效电荷源电路中的等效电容为

$$C = C_a + C_c + C_i \tag{3-30}$$

等效电阻为

$$R_0 = \frac{R_a R_i}{R_a + R_i} \tag{3-31}$$

分析表明压电传感器适用于动态信号的测量，但测量信号频率的下限受 $R_0 C$ 的影响，上限则受压电传感器固有频率的限制。压电传感器的输出，理论上应当是压电膜片表面上的电荷 q。根据图 3-36(b) 可知实际测试中往往是取等效电容 C 上的电压值，作为压电传感器的输出。压电传感器的输出信号很弱小，必须进行放大后才能显示或记录。由前述分析知道，压电传感器要求后接的负载必须有高输入阻抗，因此压电式传感器后面的放大器必须具有以下两个主要功能：

① 阻抗转换功能。必须先将高输入阻抗转换为低阻抗输出，然后才能接入通用的放大、检波等电路及显示记录仪表。

② 放大传感器输出的微弱信号。压电传感器后面配接的以阻抗变换为第一功能的放大器称为前置放大器。

如图 3-37 所示是传感器-电缆-电荷放大器系统的等效电路图。当略去传感器的漏电阻 R_a 和电荷放大器的输入电阻 R_i 影响且放大器开环增益足够大时，输出电压与传感器的电荷

量成正比，即

$$e_y \approx -\frac{q}{C_f} \tag{3-32}$$

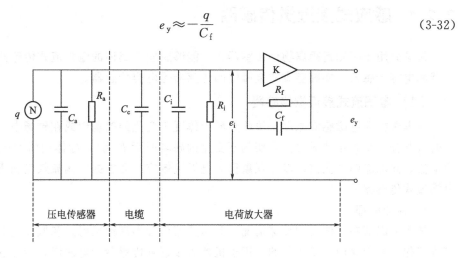

图 3-37 传感器-电缆-电荷放大器系统的等效电路图

3.2 机器人接近觉传感器

接近觉、接触觉和滑觉传感器之间的区别并不十分明显，接近觉传感器是机器人用以探测自身和周围物体之间相对位置和距离的传感器。人类没有专门的接近觉，如果仿照人的功能使机器人具有接近觉将非常复杂，所以给机器人设计了专门的接近觉传感器。为准确抓取部件，对机器人接近觉传感器的精度要求是非常高的。这种传感器主要有以下几点作用。

① 发现前方障碍物，限制机器人的运动范围，改变路径或停止，以避免与障碍物发生碰撞。

② 在接触对象物前得到必要信息，比如与物体的相对距离、相对倾角，以便为后续动作做准备。

③ 获取物体表面各点间的距离，从而得到有关对象物表面形状的信息。

可用于机器人接近觉测量的硬件构成方式如图 3-38 所示。根据感知范围（或距离），接近觉传感器大致可分为三类：感知近距离物体（毫米级）的有磁力式（感应式）、气压式、电容式等；感知中距离（大致 30cm 以内）物体的有红外光电式；感知远距离（30cm 以外）物体的有超声波式和激光式。视觉传感器也可作为接近觉传感器。

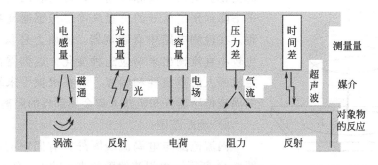

图 3-38 接近觉传感器硬件构成方式

3.2.1 感应式接近觉传感器

常见的用于感知近距离物体传感器有：能够感应金属体的电涡流式传感器、霍尔效应传感器和电容传感器，能够感应非金属体的传感器是电容传感器。

（1）电涡流式接近觉传感器

根据法拉第电磁感应原理，块状金属导体置于变化的磁场中或在磁场中作切割磁感线运动时（与金属是否块状无关，且切割不变化的磁场时无涡流），导体内将产生呈涡旋状的感应电流，此电流叫电涡流，以上现象称为电涡流效应。而根据电涡流效应制成的传感器称为电涡流式传感器。

1）检测原理

按照电涡流在导体内的贯穿情况，此传感器可分为高频反射式和低频透射式两类，但从基本工作原理上来说仍是相似的。用于机器人接近觉传感器的电涡流式传感器是利用一个敏感线圈在金属导电靶中感应高频（涡流）电流，即高频反射式。根据电涡流式接近觉传感器的工作原理，被测参量可以由传感器转换为线圈的品质因数 Q 值、等效阻抗 Z 和等效电感 L 这 3 个参数，利用哪个参数并将其最后变换成为电压或电流输出要由测量电路决定。针对这 3 个参数的变化，有 3 种典型的测量电路，即 Q 值测试电路、电桥电路和谐振电路。其中 Q 值测试电路较复杂，较少采用。电桥电路比较简单，主要用于由两个电涡流式接近觉传感器组成的差动式传感器中。电涡流式接近觉传感器主要采用谐振电路。传感器产生的震荡幅度取决于金属表面跟线圈之间的距离，以及电路中的磁耦合量，其检测原理如图 3-39 所示，通过监测传感器的振荡幅度便可以获得位置。

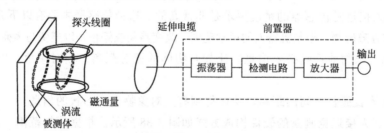

图 3-39 电涡流式接近觉传感器（监测绝对距离）

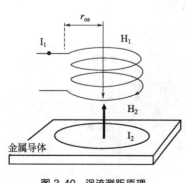

图 3-40 涡流测距原理

金属体探头远离或靠近金属感应面时均不能引起线圈 Q 值、等效阻抗 Z 和等效电感 L 的变化。所以在实际应用中，可以利用阈值电路检测电平下降到预定值处的位置来确定传感器离物体的绝对量程。在检测电路中有解调器，实质上是积分器，通过产生较小直流输出来响应这种变化。这类器件已经用于确定机器人的重复性和精度。装在机械手末端操纵装置上的涡流传感器告知机器人离金属部件的距离。

2）测距范围

涡流范围与电涡流线圈外径有固定的比例关系，如图 3-40 所示，电涡流线圈的直径越大，探测范围就越大，但分辨率越低，如表 3-1 所示，是某系列电涡流传感器探头直径、线性量程以及和最小被测面之间的关系，所以，用于机器人的电涡流式接近觉传感器适用于近距离探测。

表 3-1　探头直径与量程范围

探头直径/mm	线性量程/mm	线性范围/mm	线性中点/mm	非线性误差/%	最小被测面直径/mm
$\phi5$	1	0.25～1.25	0.75	±1.0	$\phi15$
$\phi8$	2	0.50～2.50	1.50	±1.0	$\phi20$
$\phi11$	4	1.00～5.00	3.00	±1.0	$\phi30$
$\phi25$	12	1.50～13.50	7.50	±1.5	$\phi50$
$\phi50$	25	2.50～27.50	15.00	±2.0	$\phi100$

这种器件的主要缺点是必须校准用作靶体的不同金属材料（如铜和钢会产生不同的输出），所以在机器人应用中，对不同材料的被检测部件应重新校准检测器。

（2）霍尔效应传感器

霍尔效应传感器是一个换能器，将变化的磁场转化为输出电压的变化。霍尔传感器首先是适用于测量磁场，此外还可测量产生和影响磁场的物理量，例如被用于接近开关、位置测量、转速测量和电流测量设备。

霍尔效应传感器的基本原理是：当电流垂直于外磁场通过导体时，载流子发生偏转，在垂直于电流和磁场的方向会产生一附加电场，从而在导体的两端产生电势差，这一现象就是霍尔效应，这个电势差也被称为霍尔电势差。图 3-41 给出了霍尔效应原理，揭示了电流、电压和磁场之间的关系。产生的电压通常称为霍尔电压（V_H）。当不存在磁场时，电流电子的分布是均匀的，这时 V_H 是零。当施加磁场时，电流电子的分布受到干扰，并将导致与电流和施加的磁场的交叉积成比例的非零 V_H。电流通常是固定的，导致 V_H 与施加的磁场之间的直接关系。由于霍尔元件产生的电势差很小，故通常将霍尔元件与放大器电路、温度补偿电路及稳压电源电路等集成在一个芯片上，称之为霍尔传感器。

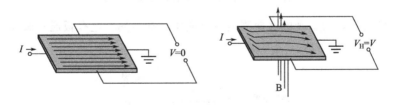

图 3-41　霍尔效应原理示意图

（3）电容式接近觉传感器

霍尔效应传感器和电涡流传感器仅能检测金属体，而电容式传感器能感应几乎所有的固体和液体材料。

1）电容感应基础

自然界中的所有物体，无论导电与否，都显示出一定的与无限远处之间（孤立导体）的电容性。通用的电容表达式分别为：

① 球形体的电容 $C_s = 4\pi\varepsilon_0 r$。

② 盘状体的电容 $C_d = 8\varepsilon_0 r$。

③ 圆柱体对平面的电容 $C_c = \dfrac{\varepsilon_0 \pi r^2}{d}$。

其中，r 为物体半径；ε_0 为真空介电常数；d 是圆柱体与平面之间的距离。③中表述的公式与平板电容的公式相似。电容器的电容大小仅与构成电容器导体的形状、相对位置、其间的电介质有关。

2）电容接近感应检测系统

根据电容变化检测接近程度的方法有很多，最常用一种是将电容器作为振荡电路的组成部分。将起振转换成输出电压，用以表示物体的出现。如图 3-42 所示，检测电极与大地之间存在一定的电容量，当被检测物体接近检测电极时，由于检测电极加有电压，检测电极就会受到静电感应而产生极化现象，被测物体越靠近检测电极，检测电极上的感应电荷就越多。由于检测电极上的静电电容为 $C = Q/V$，所以随着电荷量的增多，检测电极电容 C 随之增大。由于振荡电路的振荡频率 $f = \dfrac{1}{2\pi\sqrt{LC}}$，与电容成反比，所以当电容 C 增大时，振荡电路的振荡减弱，甚至停止振荡。振荡电路的振荡与停振这两种状态被检测电路转换为开关信号后向外输出。

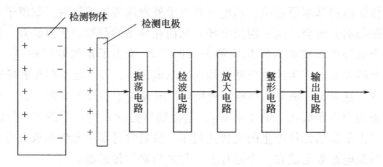

图 3-42　电容式接近觉传感检测导体电路

但需要注意的是，为了既能够探测金属也能探测非金属，电极板通常做成外壳与设备的机壳相连接，如图 3-43 所示。

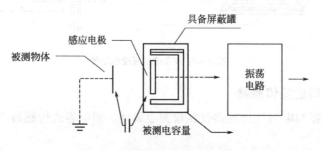

图 3-43　电容式接近觉传感器结构

当有物体移向传感器时，无论物体是否为导体，由于它的接近，总要使电容的介电常数发生变化，从而使电容量发生变化，使得和测量头相连的电路状态也随之发生变化，由此便可控制传感器的状态。被检测物体可以是导电体、介质损耗较大的绝缘体（例如人体、动物等），可以是接地的，也可以是不接地的。

3.2.2 红外接近觉传感器

红外接近觉传感器的接近感应实现是应用传感器探测红外发光二极管向外发射红外信号，根据物体阻挡反射回来的红外能量的多少来判断与物体之间的距离。红外传感器的优点在于其发送器和接收器都很小，因此，能够将其安装在机器人末端执行器等位置。

（1）红外光强接近传感原理

如图 3-44 所示是红外光强法接近觉的测量原理。由红外发光管发射经过调制的信号，红外光敏管接收经目标物反射的红外调制信号，接收装置也可采用 CCD（电荷耦合器件）。设输出信号 V_{out} 代表反射光强度的电压输出，则 V_{out} 与探头至工件间距离 x 之间的函数关系为

$$V_{out} = f(x, p) \tag{3-33}$$

式中，p 为工件的反射系数。

当工件为 p 值一致的同类目标物时，x 和 V_{out} 一一对应。典型的响应为非线性曲线，如图 3-45 所示，x 距离的推算根据预先对各种目标物的接近觉测量试验数据通过插值得到。

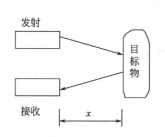

图 3-44 红外光强法接近觉测量原理

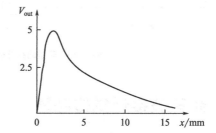

图 3-45 接近度相应曲线

反射系数 p 与目标物表面颜色、粗糙度等有关。目标物颜色接近黑色或透明时，反射光很弱，所以针对不同目标，接近的感觉不同，那么用这种传感器测量距离是相当复杂的。红外光强法接近觉对大多数目标能找到接近的感觉，如果不强调接近的精确距离，这种简单的测距系统用作机器人的接近觉是完全能够胜任的。

（2）红外接近感应方案设计

根据红外接近传感器原理可知，基于红外信号的接近感测通常需要两个部件来构成光学前端：一个红外 LED 和一个光传感器。红外 LED 向被感测物体射出一束红外信号，一部分信号会反射回来，被红外 CMOS（互补型金属氧化物半导体）光传感器探测到。通过信号调理和模数转换，被数字化的红外信号可以由微处理器或 MCU（微控制单元）进行后处理，用于各种各样的接近感测用途。

一个典型的红外接近感测系统是由一个光学前端、模拟混合信号处理电路和一定的机械结构组成的。要做出一个有效的设计，重要的一点是理解接近感测的原理、电路构建模块、机械设计考量、接近感测算法和典型的接近特性。

如图 3-46 所示为典型的数字环境光和接近传感器中的电路功能框图。光敏二极管阵列是信号调理和采集光学前端的部件。集成的 ADC 可以把捕获的光信号转换成数字化的数据流，送给 MCU 进行后处理，实现不同的应用目的。不同的配置指令可以通过 I²C 接口写入。用户还可通过同一个数字接口读出环境光和接近距离的数据流。中断功能直接送到 MCU，由 MCU 控制一个红外 LED 驱动器，按照接近探测循环期间编程设定和控制的时钟周期，为发射红外信号提供所需的前向电流。

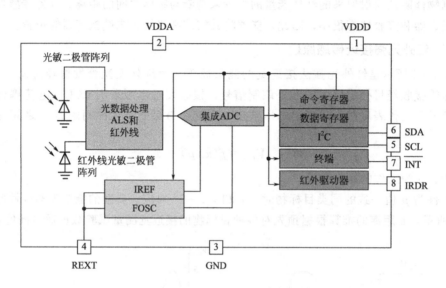

图 3-46 典型的红外接近觉传感器功能框图

3.2.3 超声波接近觉传感器

前面讨论的各种接近觉传感器的响应均和被检测物体的材料有密切的关系。超声波接近觉传感器对材料的依赖性大为降低，同时还可以进行比较精确的距离测量。本小节将讨论超声波接近觉传感器的结构和工作原理，并说明如何使用它们来确定目标物的接近程度。超声波接近觉传感器已在移动式机器人中用于确定障碍物的距离，以检验前进道路上的障碍物，避免碰撞。有时，也被用于大型机器人的夹手上。

超声波探测原理是基于超声波能够在物体上得到反射的原理。金属、木材、混凝土、玻璃、橡胶和纸等可以反射近乎 100％ 的超声波，因此可以很容易利用超声波发现这些物体。超声波在传播过程中具有温度效应和衰减。声音传播随温度的不同而有所不同，传播到空气中的超声波强度随距离的变化成比例地减弱，这是因为衍射现象所导致的在球形表面上的扩散损失，也是因为介质吸收能量产生的吸收损失。超声波的频率越高，衰减率就越高，波的传播距离也就越短。

超声波传感器亦称超声波换能器或超声波探头。主要是由压电晶片构成，既可发射超声波，也可接收超声波。压电晶片可采用石英晶片或压电陶瓷片如碳酸钡片。压电陶瓷片的灵敏度高，但热稳定性不及石英晶片。压电效应具有可逆性，给压电晶片施加周期性变化的电压时就会发生形变，产生振动，发出超声波。反之，当压电晶片受力后会产生电荷，形成电压，因此它可以接收超声波。超声波传感器的外形和内部结构如图 3-47 所示。由图可见，超声波传感器是由压电晶片、锥形共振盘、金属丝网罩等构成。其中，压电晶片是传感器的核心。锥形共振盘主要是使发射与接收超声波的能量集中，并使传感器有一定的辐射角。金属网罩则起到保护作用，但不影响超声波的发射与接收。

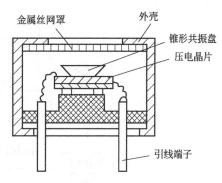

图 3-47　超声波传感器结构

　　根据超声波传播理论，当目标物的尺寸小于超声波波长的一半时，超声波将发生绕射现象，只有当目标物尺寸大于波长的一半时，超声波才发生反射，所以测量的目标首先得满足大于波长一半的条件才能展开超声波测距。超声波测距方法一般包括：相位检测法、峰值检测法和脉冲回波法（也称渡越时间法）。这几种方法目前最常用的是脉冲回波法，其特点是测量精度高且测量范围大。

　　脉冲回波法具体测量过程为：向空气中发射超声波，声波遇到被测物体时反射回来。最常用的是回声探测，即在声速已知的情况下，通过测量超声波回声所经历的时间来获得距离，其原理如图 3-48 所示。

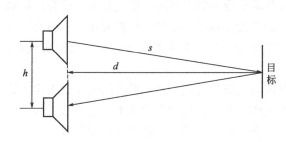

图 3-48　脉冲回波法超声测距原理图

　　已知声速为 c，测出第一个回波到达的时间与发射波的时间差 t，利用 $s=\dfrac{1}{2}tc$，即可算得传感器与发射点之间的距离 s，测量距离为

$$d=\sqrt{s^2-\left(\frac{h}{2}\right)^2} \tag{3-34}$$

当 $s\gg h$ 时，则 $d\approx s$；如果采用收发通体传感器，$h=0$，则 $d=s=\dfrac{1}{2}tc$。

　　超声波测距传感器通过超声波发射装置向外发出超声波，超声波能量在谐振频率 $f_0=40\mathrm{kHz}$ 时最大，因此发射的中心频率一般为 40kHz，接收器接收到反射过来的超声波，利用发射与接收之间的时间差来测算出距离长度。超声波发射器向外面某一个方向发射出超声波信号，在发射超声波时刻的同时开始计时，传播途中遇到障碍物就会立即反射传播回来，超声波接收器在收到反射波的时刻就立即停止计时。这种计算时间的方法都是假设声速一定，但是，实际上声速是变化的，它会随着温度、湿度和气压等空气条件而变化。而在这些因素中，温度对声速的影响是最大的，远远超过其他因素。声速与温度的关系可以表示为

$$V=331.4\sqrt{1+T/273} \tag{3-35}$$

　　可以采用温度传感器设计温度补偿模块对这部分误差进行补偿。如室温下，不考虑温度补偿，常见测量系统原理框图如图 3-49 所示。

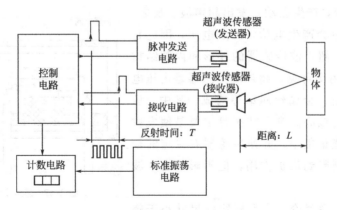

图 3-49 超声波测距系统原理框图

3.2.4 激光接近觉传感器

与红外传感器原理类似，激光传感器应用技术属于光电半导体技术，运用激光二极管发波，而后接收回波来辨识物体的距离。红外线技术适合短距离运用，激光技术则适合长距离范畴。机器人用激光接近觉传感器的基本原理即激光雷达测距原理。目前激光雷达测距广泛用于移动机器人避障、前车碰撞警示等。在有源测距仪中，激光测距雷达的精度相对较高，方向性好，而且基本不受环境可见光变化的影响。

传统的雷达是以微波和毫米波波段的电磁波为载波的雷达。激光雷达则是以激光作为载波，可以用振幅、频率和相位来搭载信息作为载体。激光雷达测距的基本原理是通过测量激光发射信号和激光回波信号的往返时间来计算目标的距离。首先，激光雷达发射激光束，该激光束击中障碍物后被反射回来并被激光接收系统接收和处理，激光器发射时刻和反射回来被接收时刻之间的时间差，即激光飞行的时间。根据飞行时间，可以计算障碍物的距离。根据测定时间方法的不同，激光雷达测距原理分为：脉冲法测距和相位法测距，其中脉冲法测距是直接测时间，而相位法测距则是间接测时间。

（1）脉冲法测距

脉冲式激光测距仪原理如图 3-50 所示。由激光发射系统发出一个持续时间极短的脉冲激光，经过待测距离 L 后，被目标物体反射，反射的脉冲激光信号被激光接收系统中的光电探测器接收，时间间隔电路通过计算激光发射和回波信号到达之间的时间 t，得出目标物体与发射出的距离 L。光速为 c，那么测距公式为

$$L = tc/2 \tag{3-36}$$

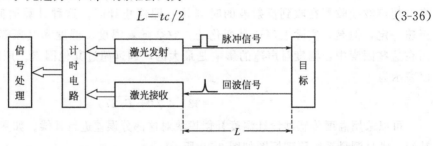

图 3-50 脉冲式激光测距仪原理

脉冲法测距的精度取决于：激光脉冲的上升沿、接收通道带宽、探测器信噪比和时间间隔精确度。

（2）相位法测距

相位式激光测距仪是用无线电波段的频率，对激光束进行幅度调制并测定调制光往返测线一次所产生的相位延迟，再根据调制光的波长，换算此相位延迟所代表的距离，即用间接方法测定出调制光往返测线所需的时间，如图 3-51 所示。

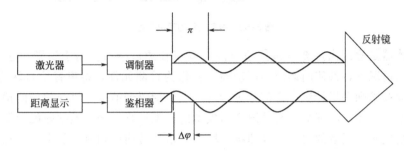

图 3-51　相位式激光测距原理

假设 f 为调制频率，N 为光波往返过程的整数周期，$\Delta\varphi$ 为总的相位差，则间隔时间 t 还可以表示为

$$t = \left(N + \frac{\Delta\varphi}{2\pi}\right)\frac{1}{f} \tag{3-37}$$

则测距公式为

$$L = \frac{1}{2}ct = \frac{c}{2f}\left(N + \frac{\Delta\varphi}{2\pi}\right) \tag{3-38}$$

3.3　其他外传感器

除上文所述的机器人外传感器以外，很多机器人还具有听觉、味觉、嗅觉和视觉传感器。人类对外界信息的感知 80% 来自于视觉，所以将机器人视觉感知作为重要的一章在第 4 章单独进行介绍。

3.3.1　机器人听觉传感器

听觉传感器是人工智能装置，是机器人中必不可少的部件，是利用语音信号处理技术制成的。机器人由听觉传感器实现人-机对话。一台机器人不仅能听懂人讲的话，而且能讲出人能听懂的语言，赋予机器人这些智慧和技术统称语音处理技术，前者为语言识别技术，后者为语音合成技术。具有语音识别功能的传感器称为听觉传感器。

语音识别技术，也被称为自动语音识别（Automatic Speech Recognition，ASR），其目标是将人类语音中的词汇内容转换为计算机可读的输入，例如按键、二进制编码或者字符序列。语音识别就好比机器的听觉系统，它让机器通过识别和理解，把语音信号转变为相应的

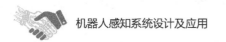

文本或命令，其理论模型如图 3-52 所示。

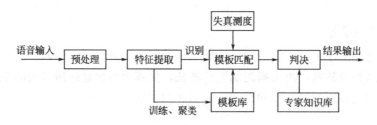

图 3-52　语音识别的理论模型

听觉传感器是检测出声波（包括超声波）或声音的传感器。用于识别声音的信息传感器，在所有的情况下，都使用话筒等振动检测器作为检测元件，将声音信号转换成电信号。机器人的听觉技术则是指针对声音信息进行处理，包括语音消噪、语音信号的预处理和特征提取、语音模型的建立和训练、测试语音与模型的匹配计算，最后根据匹配计算的结果采用某种判决准则判断说话者的内容，也即将一段语音信号转换成相对应的文本信息。

（1）语音信号预处理

作为语音识别的前提与基础，语音信号的预处理过程至关重要。在最终进行模板匹配的时候，是将输入语音信号的特征参数同模板库中的特征参数进行对比。因此，只有在预处理阶段得到能够表征语音信号本质的特征参数，才能够将这些特征参数进行匹配，进行识别率高的语音识别。

首先需要对声音信号进行滤波与采样，此过程主要是为了排除非人体发声以外频率的信号与 50Hz 电流频率的干扰，该过程一般是用一个带通滤波器，设定上下截止频率进行滤波，再将原有离散信号进行量化处理实现的；之后需要平滑信号的高频与低频部分的衔接段，从而可以在同一信噪比条件下对频谱进行求解，使得分析更为方便快捷；再进行分帧加窗操作是为了将原有频域随时间变化的信号具有短时平稳特性，即将连续的信号用不同长度的采集窗口分成一个个独立的频域稳定的部分以便于分析，此过程主要是采用预加重技术；最后还需要进行端点检测工作，也就是对输入语音信号的起止点进行正确判断，主要是通过短时能量（同一帧内信号变化的幅度）与短时平均过零率（同一帧内采样信号经过零的次数）来进行大致的判定。

（2）声学特征提取

完成信号的预处理之后，随后进行的就是整个过程中极为关键的特征提取的操作。将原始波形进行识别并不能取得很好的识别效果，频域变换后提取的特征参数用于识别，而能用于语音识别的特征参数必须满足以下几点。

① 特征参数能够尽量描述语音的根本特征。

② 尽量降低参数分量之间的耦合，对数据进行压缩。

③ 应使计算特征参数的过程更加简便，使算法更加高效。

基音周期、共振峰等参数都可以作为表征语音特性的特征参数。所谓基音周期，是指声带振动频率（基频）的振动周期，因其能够有效表征语音信号特征，因此从最初的语音识别研究开始，基音周期检测就是一个至关重要的研究点。所谓共振峰，是指语音信号中能量集中的区域，因其表征了声道的物理特征，并且是发音音质的主要决定条件，因此同样是十分重要的特征参数。

（3）声音信号模板匹配

声音信号模板匹配是利用声学模型、语言模型将输入的声音信息进行分析、匹配，为进一步判断语音信息内容奠定基础。

① 声学模型。声学模型是语音识别系统中非常重要的一个组件，对不同基本单元的区分能力直接关系到识别结果的好坏。语音识别本质上是一个模式识别的过程，而模式识别的核心是分类器和分类决策的问题。对于孤立词、中小词汇量识别，动态时间规整（DTW）分类器具有良好的识别效果，是语音识别中很成功的匹配算法。但是，在大词汇量非特定人语音识别的时候，DTW 识别效果就会急剧下降，这时候使用隐马尔科夫模型（HMM）进行训练识别效果就会有明显提升，由于在传统语音识别中一般采用连续的高斯混合模型（GMM）来对状态输出密度函数进行刻画，因此又称为 GMM-HMM 构架。同时，随着深度学习的发展，通过深度神经网络来完成声学建模，形成所谓的 DNN-HMM 构架来取代传统的 GMM-HMM 构架，在语音识别上也取得了很好的效果。

下面对高斯混合模型和隐马尔科夫模型进行简要介绍。

对于一个随机向量 x，如果它的联合概率密度函数符合式（3-39），则称它服从高斯分布，并记为 $x \sim N(\mu, \boldsymbol{\Sigma})$，其中，$\mu$ 为分布的期望，$\boldsymbol{\Sigma}$ 为分布的协方差矩阵，D 为 x 的维数。

$$p(x) = \frac{1}{(2\pi)^{D/2} |\boldsymbol{\Sigma}|^{1/2}} \exp\left[-\frac{1}{2}(x-\mu)^{\mathrm{T}} \boldsymbol{\Sigma}^{-1}(x-\mu)\right] \tag{3-39}$$

高斯分布有很强的近似真实世界数据的能力，同时又易于计算，因此被广泛地应用在各个学科之中。但是，仍然有很多类型的数据不好被一个高斯分布所描述。这时候可以使用多个高斯分布的混合分布来描述这些数据，由多个分量分别负责不同潜在的数据来源。此时，随机变量符合密度函数式（3-40）。

$$p(x) = \sum_{m=1}^{M} \frac{c_m}{(2\pi)^{D/2} |\boldsymbol{\Sigma}_m|^{1/2}} \exp\left[-\frac{1}{2}(x-\mu_m)^{\mathrm{T}} \boldsymbol{\Sigma}_m^{-1}(x-\mu_m)\right] \tag{3-40}$$

式中，M 为分量的个数，通常由问题规模来确定。

一般认为数据服从混合高斯分布所使用的模型为高斯混合模型。高斯混合模型被广泛地应用在很多语音识别系统的声学模型中。考虑到在语音识别中向量的维数相对较大，所以我们通常会假设混合高斯分布中的协方差矩阵 $\boldsymbol{\Sigma}_m$ 为对角矩阵。这样既大大减少了参数的数量，同时又可以提高计算的效率。

隐马尔可夫模型是马尔可夫链的一种，它的状态不能直接观察到，但能通过观测向量序列得到。一个离散的随机序列，概率符合马尔可夫性质，即将来状态和过去状态独立，则称其为一条马尔可夫链。若转移概率和时间无关，则称其为齐次马尔可夫链。马尔可夫链的输出和预先定义好的状态一一对应，对于任意给定的状态，输出是可观测的，没有随机性。如果我们对输出进行扩展，使马尔可夫链的每个状态输出为一个概率分布函数。这样的话马尔可夫链的状态不能被直接观测到，只能通过受状态变化影响的符合概率分布的其他变量来推测。我们称这种以隐马尔可夫序列假设来建模数据的模型为隐马尔可夫模型。对应到语音识别系统中，使用隐马尔可夫模型来刻画一个音素内部子状态变化，以解决特征序列到多个语音基本单元之间对应关系的问题。

② 语言模型。语言模型主要是刻画人类语言表达的方式习惯，着重描述了词与词在排列结构上的内在联系。在语音识别解码的过程中，在词内转移参考发声词典、词间转移参考语言

模型，好的语言模型不仅能够提高解码效率，还能在一定程度上提高识别率。语言模型分为规则模型和统计模型两类，统计语言模型用概率统计的方法来刻画语言单位内在的统计规律，其设计简单实用而且取得了很好的效果，已经被广泛用于语音识别、机器翻译、情感识别等领域。

最简单却又最常用的语言模型是 N 元语言模型（N-gram Language Model，N-gram LM）。N 元语言模型假设当前在给定上文环境下，当前词的概率只与前 $n-1$ 个词相关。于是词序列 w_1，$\cdots$，w_m 的概率 $P(w_1, \cdots, w_m)$ 可以近似为

$$P(w_i \mid w_{i-(n-1)}, \cdots, w_{i-1}) = \frac{\text{count}(w_{i-(n-1)}, \cdots, w_{i-1}, w_i)}{\text{count}(w_{i-(n-1)}, \cdots, w_{i-1})} \tag{3-41}$$

为了得到式(3-41) 中的每一个词在给定上文下的概率，需要一定数量的该语言文本来估算。可以直接使用包含上文的词对在全部上文词对中的比例来计算该概率，即

$$P(w_1, \cdots, w_m) = \prod_{i=1}^{m} P(w_i \mid w_1, \cdots, w_{i-1})$$

$$\approx \prod_{i=1}^{m} P(w_i \mid w_{i-(n-1)}, \cdots, w_{i-1}) \tag{3-42}$$

式(3-42) 是式(3-41) 的极大似然估计。

对于在文本中未出现的词对，需要使用平滑方法来进行近似，如 Good-Turing 估计法或 Kneser-Ney 平滑法等。

（4）语音的判断

语音信息内容的判断过程实质是语音数字信息的解码过程，即利用解码器通过训练好的模型对语言进行解码，获得最可能的词序列，或者根据识别中间结果生成识别网格以供后续组件处理。

3.3.2 机器人味觉传感器

随着食品药品制造工业技术的发展，味觉传感器用于食品添加剂、食品的功能评价、代谢综合征预防和医药筛选等方面的巨大应用与开发前景，使得关于机器人味觉传感器的研究和开发成为科学家关注的焦点之一。电子味觉传感器是一种具有一系列系统的设备，能够检测单一味觉物质以及复杂的物质混合物。这种传感系统被称为人工味觉系统（电子舌）、味觉传感系统、电子味觉传感器阵列系统。味觉芯片或仿生传感器阵列系统的多通道味觉传感器被认为是以类似于人类生物味觉感知的方式来确定味觉的。电子舌是在研究人体味觉器官结构和机理的基础上，为了更精确地感受和研究味道而诞生的电子仿生检测设备，汲取生理学、生物化学、生物电子学、细胞生物学、分子生物学、生物信息学等多学科的研究成果，是集仿生技术、电化学技术、传感器测试技术、电子技术、测控技术、信息技术和计算机技术等多学科相结合的研究领域。

（1）味觉的产生

水溶性呈味物质作用于味觉器官便产生味觉。人类的味觉感受器主要是覆盖在舌面上的味蕾。每一个味蕾由味觉细胞组成，根据功能，可将味觉细胞分为味觉受体细胞、支持细胞和基底细胞。味觉细胞顶端的味毛是由味蕾的表面孔伸出的味觉感受的关键部位，味觉细胞的其余表面全为扁平而不与外界通透的沟状细胞包裹，受体的微绒毛只有通过味蕾尖端小孔

道才能与口中唾液接触，故味刺激物质需具有一定的水溶性，才能随唾液进入味蕾孔穴，吸附于受体膜表面上，产生味感。

（2）味觉的电生理特性和传导机制

味觉受体细胞具有神经元的性质，当味质刺激超过阈值时，将化学信号转化为电信号，细胞膜去极化引起电压门控 Ca^{2+} 通道打开，Ca^{2+} 进入，触发神经递质释放，刺激神经纤维并引发动作电位，这个动作电位携带着味觉信息，经过神经纤维的编码、传导到达大脑，人对味觉进行感知并做出相应的反应。细胞膜上存在多种离子通道，包括电压门控离子通道和非选择性阳离子通道，它们又各自包括许多种离子通道。

（3）味觉传感技术与系统

味觉传感技术即电子舌由低选择性、非特异性的交互敏感传感器阵列和模式识别系统组成。传感器阵列对液体试样做出响应并输出信号，信号经计算机系统进行数据处理和模式识别后，得到反映样品味觉特征的结果。这种技术也称为人工味觉识别技术。与普通的化学分析方法相比，其不同在于传感器输出的并非样品成分的分析结果，而是一种与试样某些特征有关的信号模式，这些信号通过具有模式识别能力的计算机分析后能得出对样品味觉特征的总体评价。如图 3-53 所示是味觉传感系统的原理框图，图 3-53（a）表达的是人类生物味觉系统，图 3-53（b）描述的是人工味觉识别系统的构成。

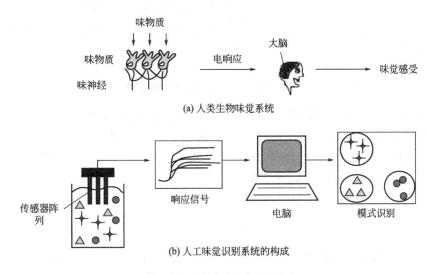

(a) 人类生物味觉系统

(b) 人工味觉识别系统的构成

图 3-53 味觉传感系统原理框图

1）传感器阵列

针对味觉特性的不同，在技术上构建一个味觉传感器的途径是多种多样的，原理上主要是采用化学传感器。构建一个适合于特定研究对象的交互感应的传感器阵列的技术途径也是多种多样的，但基本上都是通过对传感器表面修饰不同的化学材料来实现的。味觉传感器综合了多种传感器的制作方法，构造出了既可对液体中的离子进行识别，又可对液体中的分子进行识别的传感器。在人工感觉技术中，传感器的交互感应能力是一项重要的性能指标，它定义了特定传感器在一个含有各种物质的环境中信号变化的倾向性。由于这一特性，许多不同的样品可以被分析，并且在一个复杂体系中所获得的信息量要远远多于采用经典选择性传感器所获得的量。

以韩国科学家开发的基于叉指式电容（IDC）的味觉传感器阵列为例，探讨味觉传感器阵列的工作原理与技术。该味觉传感系统基于电容原理，采用四个 IDC 传感元件，使用四种不同类型的脂质，如油酸（OA）、磷酸二辛酯（DOP）、甲基三辛基氯化铵（TOMAC）和顺式油基伯胺（OAm），结合到聚氯乙烯（PVC）、苯基膦酸二辛酯（DOPP）和四氢呋喃（THF）中，制造了四种介电材料的 IDC。然后，这些介电材料通过旋涂分别沉积在交叉电极上，以产生阵列的四个 IDC 味觉传感元件。

如图 3-54 所示，将传感膜放置在集成开发环境（IDE）上形成一个电容器，叉指式传感器的工作原理是基于两个平行板电容器的电动力学原理。为了在电极之间产生电场，在正极和负极端子之间施加交流电压源。产生的电场穿透被测材料（MUT），进而改变传感器的阻抗。图 3-54 分别显示了两个平行板电容器和一个叉指式传感器的电场配置。由于传感器的行为类似于电容器，其电容电抗是 MUT 的函数；因此，当味觉物质与 IDC 的传感膜（即电介质材料）发生反应时，IDC 的介电常数发生变化，进而改变传感器的电容电抗。因此，通过测量电容电抗的变化或 IDE 上的电压，可以观察到传感器的变化。

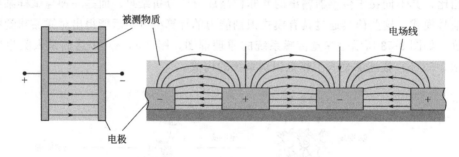

图 3-54　平行板电容器（左）和共面叉指传感器（右）的电场

如图 3-55(a) 所示是叉指阻抗电池平面结构的配置，如图 3-55(b) 所示是该阻抗电池浸入电解液时的简化等效电路，其是一个由两个双层电容器（C_{DL}）与介质溶液电阻（R_{Sol}）串联，该电阻又与介质电容器（C_{Cell}）并联的电路，其中，引线电阻 R_{Lead} 是连接线的串联电阻之和。介质的电阻 R_{Sol} 用作传感元件，是电解液电导率 σ_{Sol} 和电池常数 K_{Cell} 的函数，如下式所示

$$R_{Sol} = \frac{K_{Cell}}{\sigma_{Sol}} \tag{3-43}$$

图 3-55(b) 的等效电路如图 3-55(c) 所示，由图 3-55(c) 可知，阻抗 Z_1 和 Z_2 可以表示成

$$Z_1 = \frac{1}{2\pi f C_{Cell}} \tag{3-44}$$

$$Z_2 = \frac{1 + \pi f R_{Sol} C_{Cell}}{\pi f C_{Cell}} \tag{3-45}$$

式中，f 是信号频率。

总阻抗为

$$Z_T = 2R_{Lead} + Z_P \tag{3-46}$$

$$Z_P = \frac{Z_2}{1 + \dfrac{Z_1}{Z_2}} = \frac{Z_2}{1 + 2\pi f C_{Cell} Z_2} \tag{3-47}$$

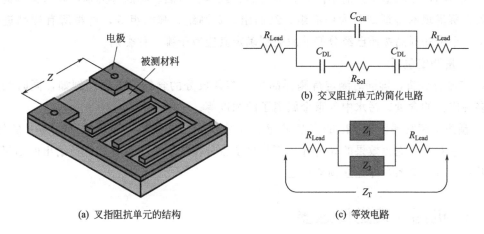

图 3-55　叉指阻抗单元及等效电路

当信号是低频信号时，$Z_P \approx Z_2$；当信号是高频信号时，$Z_P \approx R_{Sol}$，则由式（3-47）可得

$$Z_P = \frac{R_{Sol}}{1 + 2\pi f C_{Cell} R_{Sol}} \qquad (3\text{-}48)$$

IDC 传感器两端的电压可以用以下等式表示

$$V_C = I_C Z_P \qquad (3\text{-}49)$$

式中，I_C 是通过 IDC 传感器的恒定电流。

通过 IDC 的电压变化可表示为

$$\Delta V_C = I_C \Delta Z_P \qquad (3\text{-}50)$$

2）人工味觉系统模式识别

人工味觉系统模式识别方法主要采用了统计模式识别方法（如主成分分析、聚类分析、判别分析等）、人工神经网络模式识别方法、模糊识别方法等。统计方法要求有已知的响应特性解析式，而且常需进行线性化处理，由于味觉传感器阵列的响应机理较为复杂，给响应特性的近似及线性化处理带来了一定的难度，难以建立精确的数学模型，从而限制了其识别精度。人工神经网络方法则可以处理较为复杂的非线性问题，而且能抑制漂移和减少误差，因此得到较广泛的应用。

3）人工味觉技术的应用

目前，人工味觉技术主要用于两种类型的分析，即定性鉴别和定量测定。

① 定性鉴别包括：

a. 区分、辨别、鉴别不同种类的样品，即根据样品之间存在的差异对样品进行简单的区分，其目的是为了说明样品是不同的、是存在可分辨的差异的。例如，对不同品种饮品，如果汁、牛奶、茶、酒等样品的简单辨别区分。

b. 分类或聚类、分级、识别，即根据样品之间存在的差异特征及大小对样品进行种类划分或等级划分，并在此基础上将所有样品中的每一个样品划归于应所属的类别，同时建立各类别的判断准则，将一个未知样品按照其所具有的特性特征及预先建立好的判断准则确定其应所属的类别或等级，即识别过程。分级包括产品质量的优劣等级、合格与否及真伪。例如，所有的酒样按酿造工艺的不同可分为白酒、红酒、黄酒、啤酒等类别，将采集到的酒样根据各自所呈现的特征划分为白酒组、红酒组、黄酒组、啤酒组等，再将所有样品进行归类，将一个未知样品按照已经分好的酒类别确定其应属于哪一种类别。

② 定量测定包括：

a. 多成分分析，即同时测定待测样品中的多种成分的含量或浓度。例如，同时测定食品中多种成分的含量、污水中各重金属离子的浓度等。

b. 预测由感官评价员给出的产品的感官评分结果。例如，对于食品甜度差异的评价、制药工业中对苦味掩盖效果的评价等，可将电子舌分析的结果与感官评价员给出的结果相比较，并建立对应关系，即建立预测模型。

3.3.3　机器人嗅觉传感器

机器嗅觉是一种模拟生物嗅觉工作原理的新颖仿生检测技术。机器人嗅觉系统通常由交叉敏感的化学传感器阵列和适当的计算机模式识别算法组成，可用于检测、分析和鉴别各种气味。其原理是气味分子被机器嗅觉系统中的传感器阵列吸附，产生电信号；生成的信号经各种方法加工处理与传输；将处理后的信号经计算机模式识别系统做出判断。

从工程意义上来说，嗅觉传感器被称为电子鼻，能够识别和检测复杂嗅味和挥发性成分。电子鼻根据各种不同的气味测到不同的信号，将这些信号与经学习建立的数据库中的信号加以比较，进行识别判断，因而它具有人工智能。所以，嗅觉传感器可用于识别气味，鉴别产品真伪，控制从原料到工艺的整个生产过程，从而使产品质量获得保证。

（1）人工嗅觉系统（电子鼻）的基本技术原理

人类及哺乳动物的嗅觉系统是由嗅觉受体、嗅球、大脑皮层组成。其中，嗅觉受体感受空气中不同的气味分子，在鼻腔中经过初步处理后，传到嗅球；然后，气味信息在嗅球中经过加工，传到大脑皮层；最后，气味信息通过在大脑皮层中解码，并进行判别。电子鼻作为一种仿生嗅觉系统，其基本结构与生物嗅觉系统类似，由感知气味信息的传感器阵列单元、处理气味信息的信号预处理单元和分析气味信息的模式识别单元组成。典型的电子鼻系统与基本生物嗅觉系统的结构如图 3-56 所示。

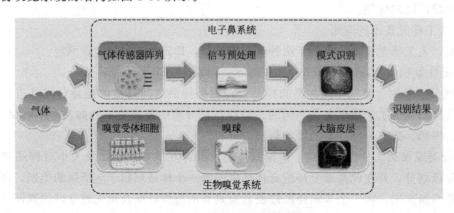

图 3-56　电子鼻系统与生物嗅觉系统的结构

（2）气体传感器阵列

气体传感器模拟生物嗅觉系统的嗅觉受体细胞，其中的特殊材料或者特殊结构获取气味信息，通过一些物理化学反应，将获取的信息转化为相应的电信号，即传感器的响应信号。电子鼻的性能在很大程度上取决于所选择的传感器，则其应具有良好的交叉灵敏性、选择性、可靠性和鲁棒性，且要满足响应快速、恢复时间短、可重复性好等要求。

气体传感器阵列由部分特性不同的多种气敏传感器组成，气敏传感器将气体的化学性质转换成电信号。到目前为止，已经有成百上千种气敏传感器。按照工作原理的不同，常见的典型的气敏传感器包括金属氧化物半导体型、电化学型、导电聚合物型、催化燃料型、光化学型、光吸收型、脂涂层型、碳纳米材料型、生物传感器等，具体见图 3-57。目前应用最广泛的主要是：金属氧化物半导体型、电化学型、导电聚合物型。

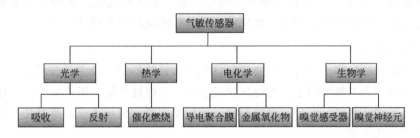

图 3-57 气敏传感器的种类

评价气敏传感器性能的指标主要有：灵敏度、选择性、响应时间和恢复时间。灵敏度衡量气敏传感器对目标气体可探测的最小气体浓度，对于还原气体可定义为 R_a/R_g，对于氧化气体则定义 R_g/R_a，其中 R_a 是参考气体（如空气）作用下气敏传感器的阻值，而 R_g 则是目标气体作用下气敏传感器的阻值。灵敏度越大，即可探测目标气体的浓度下限阈值越小，气敏传感器的检测能力越强。选择性衡量的是气敏传感器对气体混合物中某种特定气体物质的检测能力，选择性越强则气敏传感器抗干扰能力越强，气敏传感器检测目标气体的能力越强。一般来说，气敏传感器对某一类具有相似化学属性的气体具有不同程度的灵敏度，亦称交叉灵敏度。响应时间衡量的是气敏传感器对某种气体的响应快慢，响应时间短意味着气敏传感器的性能越好。恢复时间则是在传感器完成检测后，通过惰性气体或清洁空气吹扫传感器表面的气体物质，使得传感器响应曲线回归初始状态所需的时间。响应时间和恢复时间越短，传感器检测周期越短，传感器的检测效率越高。

气体敏感材料的发展对气体传感器至关重要，以生物嗅觉系统研究为基础，从器件结构出发研究气体传感器是一个比较新的研究方向。目前常见的传感器结构有多孔聚合物骨架结构、零维纳米颗粒、一维纳米线和纳米管、二维超薄膜和多层膜以及三维纳米介孔材料等。

（3）信号预处理

在电子鼻系统中，信号预处理主要包含传感器响应信号的滤波、基线校正、数据归一化标准化处理和特征选择提取四部分，其中前三部分属于数据预处理部分。其目的是从传感器响应中提取有用信息，为后续的多元模式识别提供数据准备。

电子鼻系统的传感器阵列一般放置于密封的气室内部。在向气室内部注入目标气体前，向气室内持续地通入参考气体（通常是纯净空气），使传感器获得一个相对稳定的基线。之后注入目标气体，一定时间后再次通入参考气体移除目标气体，使传感器恢复基线。这是大部分商用和实验室用电子鼻的测试流程。简单的基线校正方法已经在实践中被证明是一种非常有效的移除部分系统漂移的方法。

电子鼻原始信号的维度由传感器数量和每个传感器的采样点数量决定，通常超过几万维，然而这些信息中存在大量的冗余和噪声。如果直接对原始信息进行建模，模型则过于复杂，效率很低且容易出现过拟合现象，因此对原始数据进行降维成为人工嗅觉系统信息挖掘的必要步骤之一。降维的过程也就是特征提取的过程，寻找有效特征是人工嗅觉系统信息挖掘技术研究的重点之一。降维的目的是最大限度地提取有效信息，剔除冗余信息以及噪声。

特征选择和系统优化通常是息息相关的。在电子鼻仪器设计阶段，通过搜寻最优的特征子集可以得到最优的传感器子集（如果传感器的某个特征被选入最优特征子集，则该传感器进入最优传感器子集），从而对传感器阵列的传感器组成进行优化。此外，特征选择还可以用于传感器工作参数的寻优，如金属氧化物半导体传感器的加热温度。

（4）模式识别

对获取的数据进行算法分析，以实现对目标气体最终的定性及定量分析。常用的定性分析方法有：聚类、人工神经网络、支持向量机、Fisher 线性判别分析等算法。常用的定量分析算法有：人工神经网络、支持向量回归机、超限学习机、偏最小二乘等算法。具体的分析方法请参考相应的文献。

本章对机器人外部常用传感器原理与应用进行了详细介绍和分析。机器人的触觉系统主要包括接触觉、力觉、压觉和滑觉，本章分别对其所用传感器的原理进行了分析，并对其应用范围进行了阐述和说明；然后对各种机器人接近觉传感器的原理和用途进行了详细介绍；最后对机器人的听觉、味觉和嗅觉传感器的原理进行了分析。

第4章
机器人视觉系统

人类想要实现一系列的基本活动，如生活、工作、学习，就必须依靠自身的器官。除大脑以外，最重要的就是眼睛了。人类视觉所具有的强大功能和完美的信息处理方式引起了智能机器人研究者的极大兴趣，人们希望以生物视觉为蓝本研究出一个人工视觉系统用于机器人中，期望机器人拥有类似人类感受环境的能力。机器人要对外部世界的信息进行感知，就要依靠各种传感器。就像人类一样，在机器人的众多感知传感器中，视觉系统提供了大部分机器人所需的外部详尽的信息。因此视觉系统在机器人技术中具有重要的作用。机器人视觉系统就是利用机器代替人眼来进行各种测量和判断。它是计算科学的一个重要分支，综合了光学、机械、电子、计算机软硬件等方面的技术，并涉及计算机、图像处理、模式识别、人工智能、信号处理、光机电一体化等多个领域。

4.1 机器人视觉概述

机器人视觉是通过计算机模拟人类视觉功能，让机器获得相关视觉信息和加以理解，可分为"视"和"觉"两部分原理。"视"是将外界信息通过成像来显示成数字信号反馈给计算机，需要依靠一整套的硬件解决方案，包括光源、相机、图像采集卡、视觉传感器等。"觉"则是计算机对数字信号进行处理和分析，主要是软件算法。

（1）机器人视觉系统构成

传统的视觉系统由光源、镜头、摄像机、图像采集卡和机器视觉软件构成，如图4-1所示。从20世纪60年代以来，机器视觉系统的发展经历了三个阶段，即基于模拟相机的视觉系统、基于数码相机的视觉系统和基于智能摄像机的视觉系统。图4-1就是基于模拟相机的传统机器视觉系统。

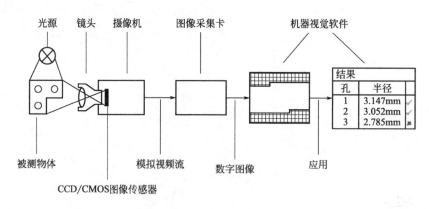

图 4-1　传统机器视觉系统的构成

随着大规模集成技术的发展，将图像采集部分集成到摄像机中，构成了基于数字相机的机器视觉系统。随着微纳电子技术的发展，计算机内存体积不断缩小，计算能力不断地提高，最终将图像采集卡、机器视觉软件全部集成到摄像机中，构成了基于智能摄像机的机器视觉系统。所以，应用智能相机构成机器视觉系统硬件大多根据需求在选择相机的基础上，重点考虑光源和镜头的选择，在此基础上可实现三维或全景成像。因此，目前针对机器视觉应用的研究重点则集中在了图像分析处理的软件算法上。

（2）机器人视觉

机器人视觉广义上称为机器视觉，其基本原理与计算机视觉类似。计算机视觉研究视觉感知的通用理论，研究视觉过程的分层信息表示和视觉处理各功能模块的计算方法。而机器视觉侧重于研究以应用为背景的专用视觉系统，只提供与执行某一特定任务相关的景物描述。

机器人视觉硬件主要包括图像获取和视觉处理两部分，而图像获取则由照明系统、智能视觉传感器、高速计算机系统等组成。应用于机器人的视觉技术可分为单目视觉系统、双目视觉系统、多目视觉系统和 RGB-D（深度图像）视觉系统，后三种使图像具有了深度信息，这些视觉亦可称为 VO（视觉里程计）。在机器人和计算机视觉问题中，视觉里程计就是通过分析处理相关图像序列来确定机器人的位置和姿态的。上述视觉系统的视觉信息主要指二维彩色摄像机信息，在有些系统中还包括三维激光雷达采集的信息。当今，由于数字图像处理和计算机视觉技术的迅速发展，越来越多的研究者采用摄像机作为全自主用移动机器人的感知传感器。这主要是因为原来的超声波或红外传感器感知信息量有限，鲁棒性差，而视觉系统则可以弥补这些缺点。

现实世界是三维的，而投射于摄像镜头上的图像则是二维的，视觉处理的最终目的就是要从感知到的二维图像中提取有关的三维世界信息。视觉信息能否正确、实时地处理直接关系到机器人运动速度、路径跟踪，以及对障碍物的壁碰，对系统的实时性和鲁棒性具有决定性的作用。

（3）机器人视觉的关键技术

机器人视觉主要研究用计算机来模拟人的视觉功能从客观实物的图像中提取信息，进行处理并加以理解，最终用于实际检测、测量和控制。一个典型工业机器视觉应用系统包括光源、光学系统、图像捕捉系统、图像数字化模块、数字图像处理模块、智能判断决策模块和机械控制执行模块。具体过程是：首先采用 CCD 或 CMOS 摄像机或其他图像拍摄装置将目标转换成图像信号，然后转变成数字化信号传送给专用的图像处理系统，根据像素分布、亮度和颜色等信息，进行各种运算来抽取目标的特征，根据预设的容许度和其他条件输出判断结果。

1）光源

光源即照明是影响机器视觉系统输入的重要因素，在机器视觉系统中，获得一张高质量的可处理的图像是至关重要的。系统之所以成功，首先要保证图像质量好，特征明显。一个机器视觉项目之所以失败，大部分情况是由于图像质量不好、特征不明显引起的。要保证好的图像，必须选择一个合适的光源，因为它直接影响输入数据的质量和至少 30% 的应用效果。由于没有通用的机器视觉照明设备，所以针对每个特定的应用实例，一定选择相应的照明装置，以达到最佳效果。光源选型的基本要素如下所述。

① 对比度。对比度定义为在特征与其周围的区域之间有足够的灰度量区别。好的照明应该能够保证需要检测的特征突出于其他背景。

② 亮度。当有两种光源的时候，最佳的选择是更亮的那个。当光源不够亮时，可能有三种不好的情况出现。第一，相机的信噪比不够；由于光源的亮度不够，图像的对比度必然不够，在图像上出现噪声的可能性也随即增大；第二，光源的亮度不够，必然要加大光圈，从而减小了景深；第三，当光源的亮度不够的时候，自然光等随机光对系统的影响会特别大。

③ 鲁棒性。另一个测试好光源的方法是看光源是否对部件的位置敏感度最小。

所以好的光源需要能够使需要寻找的特征非常明显，除了是摄像头能够拍摄到部件外，好的光源应该能够产生最大的对比度、足够的亮度且对部件的位置变化不敏感。

目前理想的视觉光源有高频荧光灯、光纤卤素灯、氙气灯、LED 光源。应用最多是 LED 光源，下面详细介绍几种常见的 LED 光源。

① 环形光源。LED 灯珠排布成环形与圆心轴成一定夹角，有不同照射角度、不同颜色等类型，可以突出物体的三维信息，解决多方向照明阴影问题。图像出现灯影情况可选配漫射板，让光线均匀扩散。

应用：螺纹尺寸缺陷检测、IC 定位字符检测、电路板焊锡检查和显微镜照明等。

② 条形光源。LED 灯珠排布成长条形。多用于单边或多边以一定角度照射物体。突出物体的边缘特征，可根据实际情况多条自由组合，照射角度与安装距离需有较好自由度。适用较大结构被测物。

应用：电子元件缝隙检测、圆柱体表面缺陷检测、包装盒印刷检测和药水袋轮廓检测等。

③ 同轴光源。同轴光源的结构是经面光源采用分光镜设计，适用于粗糙程度不同、反光强或不平整的表面区域，检测雕刻图案、裂缝、划伤、低反光与高反光区域分离、消除阴影等。需要注意的是同轴光源经过分光设计有一定的光损失需要考虑亮度，并且不适用于大面积照射。

应用：玻璃和塑料膜轮廓和定位检测、IC 字符及定位检测、晶片表面杂质和划痕检测等。

④ 圆顶光源。LED 灯珠安装在底部通过半球内壁反射涂层漫反射均匀照射物体。图像

整体的照度十分均匀，适用于反光较强金属、玻璃、凹凸表面、弧形表面的检测。

应用：仪表盘刻度检测、金属罐字符喷码检测、芯片金线检测和电子元件印刷检测等。

⑤ 背光源。LED 灯珠排布成一个面（底面发光）或者从光源四周排布一圈（侧面发光）。常用于突出物体的外形轮廓特征，适用于大面积照射，背光源一般放置于物体底部需要考虑机构是否适合安装，在较高的检测精度下可以加强光平行性来提升检测精度。

应用：机械零件尺寸及边缘缺陷的测量、饮料液位及杂质检测、手机屏漏光检测、印刷海报缺陷检测和塑料膜边缘接缝检测等。

⑥ 点光源。高亮 LED，体积小，发光强度高。多与远心镜头配合使用，属于非直接同轴光源，检测视野较小。

应用：手机内屏隐形电路检测、MARK 点定位、玻璃表面划痕检测和液晶玻璃底基校正检测等。

⑦ 线光源。高亮 LED 排布，采用导光柱聚光，光线呈一条亮带，通常用于线阵相机，采用侧向照射或底部照射，线光源也可以不使用聚光透镜让光线发散增加照射面积，也可在前段添加分光镜，转变为同轴线光源。

应用：液晶屏表面灰尘检测、玻璃划痕及内部裂纹检测和布匹纺织均匀检测等。

2）图像确定和摄像机输出信号

机器人视觉系统实际上是一个光电转换装置，即将传感器所接收到的透镜成像，转化成计算机能处理的电信号。摄像机按照不同芯片类型划分成两类：CCD 摄像机和 CMOS 摄像机。两者的区别在于传统 CCD 摄像机由半导体单晶材料构成，CMOS 摄像机由金属氧化物的半导体材料构成。一般来说，CCD 传感器在灵敏度、分辨率以及噪声控制等方面均优于CMOS 传感器，而 CMOS 传感器则具有低成本、低耗电以及高整合度的特性。不过，随着CCD 与 CMOS 传感器技术的进步，两者的差异有逐渐缩小的态势，例如 CCD 传感器持续在耗电量上做改进，以期应用于移动通信市场，CMOS 传感器则持续改善分辨率与灵敏度的不足，以期应用于更高阶的影像产品市场。

被测物的图像通过一个透镜聚焦在敏感元件上，传感器将可视图像转化为电信号，便于计算机处理。选取机器人视觉系统中的摄像机应根据实际应用的要求，其中摄像机镜头参数是一项重要指标。对于工业镜头选择，在确定客户需求的基础上，重点考虑以下几点。

① 视野范围、光学放大倍数及期望的工作距离，在选择镜头时，要选择比被测物体视野稍大一点的镜头，以利于运动控制。

② 景深要求。对于对景深有要求的项目，要尽可能使用小的光圈，在允许的条件下尽可能选用低倍率镜头。

③ 芯片大小和相机接口相对应。例如 2/3" 镜头支持最大的工业相机靶面为 2/3"（就是 CCD 的大小），它不能支持 1in（长度单位，$1\text{in} \approx 2.54\text{cm}$）以上的工业相机。

最后还要考虑安装空间，要留有一定的余地。

3）图像处理技术

机器人视觉系统中，视觉信息的处理技术主要依赖于图像处理方法，它包括图像增强、数据编码和传输、平滑、边缘锐化、分割、特征提取、图像识别和理解等内容。经过这些处理后，输出图像质量得到相当程度的改善，既改善了图像视觉效果，又便于计算机对图像进行分析、处理和识别。

（4）机器人视觉系统的结构形式

在工业应用领域，最具有代表性的机器人视觉系统就是机器人手眼系统。根据成像单元安装方式不同，机器人手眼系统分为两大类：随动成像眼在手系统（Eye-in-Hand，or Hand-Eye）与固定成像眼看手系统（Eye-to-Hand），如图4-2所示。

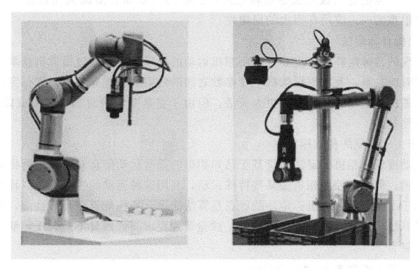

(a) 眼在手机器人系统　　　　　　　(b) 眼看手机器人系统

图4-2　机器人手眼系统的结构形式

① Eye-in-Hand（EIH）系统。摄像机安装在机器人手部末端（End-Effector），在机器人工作过程中随机器人一起运动。Eye-in-Hand系统在工业机器人中应用比较广泛，随着机械手接近目标，摄像机与目标的距离也会变小，摄像机测量的绝对误差会随之降低。

② Eye-to-Hand（ETH）系统。该系统的摄像机安装在机器人本体外的固定位置，在机器人工作过程中不随机器人一起运动。Eye-to-Hand系统在人形机器人、带机械臂的移动式机器人中具有广泛的应用前景。

4.1.1　机器视觉基本理论

通常机器人视觉系统获取的场景图像是灰度图像，即三维场景在二维平面上的投影。此时，场景三维信息只能通过灰度图像或图像序列分析有关的场景和投影几何知识来恢复，与机器视觉相关的基本理论有：视觉系统标定理论和方法、视觉系统的位姿估计、视觉信息处理方法及理论。

（1）摄像机标定

计算机视觉的基本任务之一是从摄像机获取的图像信息出发计算三维空间中物体的几何信息，并由此重建和识别物体，而空间物体表面某点的三维几何位置与其在图像中对应点之间的相互关系是由摄像机成像的几何模型决定的，这些几何模型参数就是摄像机参数。在大多数条件下，这些参数必须通过试验与计算才能得到，这就是标定过程。无论是在图像测量还是机器视觉应用中，相机参数的标定都是非常关键的环节，其标定结果的精度及算法的稳

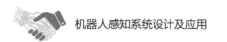

定性直接影响相机工作产生结果的准确性。目前摄像机标定方法主要有以下三种。

1）传统相机标定方法

传统相机标定方法需要使用尺寸已知的标定物，通过建立标定物上坐标已知的点与其图像点之间的对应，利用一定的算法获得相机模型的内外参数。根据标定物的不同可分为三维标定物和平面型标定物。该方法标定精度高，但在场景未知和摄像机任意运动的一般情况下，其标定很难实现，应用有很大的局限性。

2）摄像机自标定法

目前出现的自标定算法中主要是利用相机运动的约束，即仅通过摄像机获取的图像序列本身特征的对应关系，及利用摄像机本身参数之间的约束关系建立约束方程标定内参数，而与场景和摄像机的运动无关，应用更为灵活。但由于它是基于绝对二次曲线或曲面的方法，其算法鲁棒性差。

3）基于主动视觉的相机标定法

基于主动视觉的相机标定法是指基于已知相机的某些运动信息对相机进行标定。该方法不需要标定物，但需要控制相机做某些特殊运动，利用这种运动的特殊性可以计算出相机内部参数。基于主动视觉的相机标定法的优点是算法简单，往往能够获得线性解，故鲁棒性较高；缺点是系统的成本高、试验设备昂贵、试验条件要求高，而且不适合于运动参数未知或无法控制的场合。

（2）机器人视觉系统的位姿估计

位姿是位置和姿态的总称，用来描述物体或目标之间的变换关系。在 3D 空间中，位姿包含 6 个自由度，2D 空间则仅包含 3 个自由度。位姿估计是指求解目标本体坐标系相对于参考坐标系的变换关系的过程。若关心的目标是物体，则位姿估计是求解物体的位姿参数。同样，若关心的目标是摄像机，则求解的是摄像机的位姿参数，摄像机位姿参数也称为摄像机外参数。进行位姿估计时，通常都假设摄像机内参数已知。位姿估计方法层出不穷，包括飞行器导航与着陆、空间目标交会对接、机器人导航定位、增强现实、变形测量等领域都涉及位姿估计的问题。

（3）视觉信息处理

视觉过程是获取场景作业图像，进行预处理、特征提取及分析，最后反馈于解决实际工作问题的过程。视觉信息处理属于没有反馈的三个阶段，包括：

① 低级处理。图像到图像的过程，如增强处理，对比度增强。

② 中级处理。图像到特征的过程，从图像视频中提取视觉信息特征，如图像分割、运动检测、目标分类和人的跟踪等。

③ 高级处理。涉及图像分析中被识别物体的总体理解，以及执行与视觉相关的识别函数等，如图像理解、语义解释等。

针对不同的应用场景，使用以上信息处理方法的部分或全部，最终实现对目标实体的反馈与控制。

4.1.2　成像几何基础

在图像采集中需要将客观世界的 3D 场景投射到摄像机的 2D 像平面上，这个投影可用成像变换描述。最常用的成像变换是几何透视变换，其特点是随着 3D 场景与摄像机之间的距离变换，像平面上的投影也发生变换。在有些场合（特别如场景与摄像机之间的距离很大时）也用正交投影变换近似透射变换，此时场景在像平面上的投影并不随 3D 场景与摄像机之间的距离变化而变化。

成像变换涉及不同坐标系统之间的变换，因为图像采集最终目的是要得到计算机中的数字图像。随着智能机器人的发展，机器人的位置，即成像视点的确定也是目标跟踪的重要理论基础。视觉成像所涉及的成像几何理论知识主要有以下几点。

（1）射影几何

射影几何提供了比通常的欧氏几何更为一般的理论，它不但是测量和工程制图的理论根据，而且也是计算机视觉理论的基础，是学习视觉成像、模型化视觉问题、视觉理论分析必不可少的工具。

在空间几何中，常用的点、线、面等几何元素，它们的表示在欧氏几何中非常明确。采用非齐次或欧氏坐标：三维空间下，点由它的三个坐标表示 $X=(x, y, z)$；线 L 的方向表示为 $l=[m_x, m_y, m_z]$；空间平面的法向量 $n=[n_x, n_y, n_z]$ 将欧氏空间扩充，引入实数组 (x', y', z', w) 来表示，且令

$$\frac{x'}{x}=w, \frac{y'}{y}=w, \frac{z'}{z}=w(w\neq 0) \tag{4-1}$$

称 (x', y', z', w) 这样的数组为点的齐次坐标或射影坐标。习惯上，射影坐标的变量名是在变量名上加符号"～"以区分欧氏坐标，如空间点的射影坐标 $\widetilde{X}=[x, y, z, w]^T$。

通常，n 维射影空间由 $n+2$ 个基点定义，空间任意点坐标可用一相差非零比例因子的 $n+1$ 维齐次向量表示。如果 $w=0$ 时，称为无穷远点。空间的射影变换用相差一非零比例因子的 $(n+1)\times(n+1)$ 矩阵表示。

在射影平面几何里，无穷远点 $\widetilde{X}_\infty=(x, y, 0)$，无穷远点没有欧氏坐标。平面上所有无穷远点构成的集合称为无穷远直线。由于所有无穷点满足 $0\times x+0\times y+1\times 0=0$。可知，无穷远直线的齐次坐标为 $l_\infty=(x, y, 0)$。在射影几何里的对偶原理中，如点和直线互为对偶元素，还有叉积、共点线的交比，共线点的交比运算是射影平面，也是图像平面的像点和像线的重要分析运算方法。空间景物成像的物理过程是将欧氏几何空间的点、线等几何元素经过中心投影射影变换于图像平面，即物体平面点到像点之间的变换是射影变换。

（2）成像变换和摄像机模型

成像变换是物体空间和图像空间之间的坐标变换关系，涉及不同坐标系统之间的变换，涉及的坐标系有：相机坐标系、图像坐标系、像素坐标系和世界坐标系。如图 4-3 所示，给出了相机与图像之间的坐标关系，也就是针孔相机成像原理。如图 4-4 所示，给出了四个坐标系之间的坐标关系。其中，$O_w - X_w Y_w Z_w$ 表示世界坐标系，描述相机的位置；$O_C - X_C Y_C Z_C$ 表示相机坐标系，光心为原点；xOy 为图像坐标系，光心为图像中点；uv 为像素坐标系，原点为图像左上角；P 为世界坐标系中的一点，即为场景中真实的一点；P_1 是图像中的成像点，在图像坐标系中的坐标为 (x, y)，在像素坐标系中的坐标为 (u, v)；f 是相机焦距，等于 O 与 O_C 的距离。构建世界坐标系只是为了更好地描述相机的位置在哪。

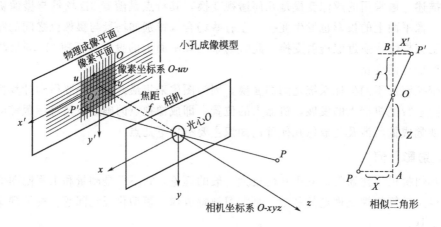

图 4-3 相机与图像坐标系

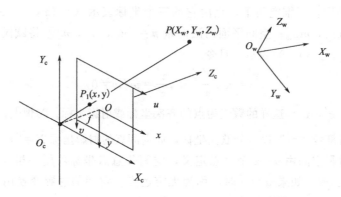

图 4-4 成像坐标变换原理

1) 世界坐标系与相机坐标系

一个现实中的物体如何在图像中成像，就是几个坐标系的转换过程。从世界坐标系变换到相机坐标系属于刚体变换，即物体不会发生形变，只需要进行旋转和平移，如图 4-5 所示，R 表示旋转矩阵，T 表示偏移向量。于是，从世界坐标系到相机坐标系，涉及旋转和平移，绕着不同的坐标轴旋转不同的角度，得到相应的旋转矩阵。

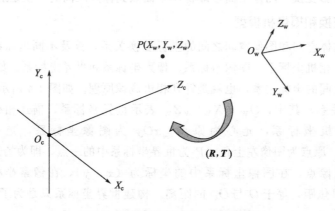

图 4-5 世界坐标系与相机坐标系的转换

设世界坐标系绕 X 轴旋转 ω，绕 Y 轴旋转 φ，绕 Z 轴旋转 θ，得到由绕右手笛卡尔坐标确定的旋转矩阵表示为

$$\boldsymbol{R}=\boldsymbol{R}_\omega\boldsymbol{R}_\varphi\boldsymbol{R}_\theta=\begin{bmatrix}1 & 0 & 0\\ 0 & \cos\omega & -\sin\omega\\ 0 & \sin\omega & \cos\omega\end{bmatrix}\begin{bmatrix}\cos\varphi & 0 & \sin\varphi\\ 0 & 1 & 0\\ -\sin\varphi & 0 & \cos\varphi\end{bmatrix}\begin{bmatrix}\cos\theta & -\sin\theta & 0\\ \sin\theta & \cos\theta & 0\\ 0 & 0 & 1\end{bmatrix}$$

$$=\begin{bmatrix}\cos\varphi\cos\theta & -\cos\varphi\sin\theta & \sin\varphi\\ \sin\omega\sin\varphi+\cos\omega\sin\theta & -\sin\omega\sin\varphi\sin\theta+\cos\omega\cos\theta & -\sin\omega\cos\varphi\\ -\cos\omega\sin\varphi\cos\theta+\sin\omega\sin\theta & \cos\omega\sin\varphi\sin\theta+\sin\omega\cos\theta & \cos\omega\cos\varphi\end{bmatrix} \quad (4\text{-}2)$$

于是可以得到 P 点在相机坐标系中的坐标

$$\begin{bmatrix}X_c\\ Y_c\\ Z_c\end{bmatrix}=\boldsymbol{R}\begin{bmatrix}X_w\\ Y_w\\ Z_w\end{bmatrix}\boldsymbol{T}\Rightarrow\begin{bmatrix}X_c\\ Y_c\\ Z_c\\ 1\end{bmatrix}=\begin{bmatrix}\boldsymbol{R}_{3\times3} & \boldsymbol{T}_{3\times1}\\ \boldsymbol{0} & 1\end{bmatrix}\begin{bmatrix}X_w\\ Y_w\\ Z_w\\ 1\end{bmatrix} \quad (4\text{-}3)$$

其中，$\boldsymbol{R}$ 为 3×3 的矩阵，$\boldsymbol{T}$ 为 3×1 的矩阵。

2）相机坐标系与图像坐标系

从相机坐标系到图像坐标系，属于透视投影关系，从 3D 转换到 2D。如图 4-6 所示是相机坐标系与图像坐标系的转换关系，图中，$\triangle ABO_c\sim$ $\triangle OCO_c$，$\triangle PBO_c\sim\triangle P_1CO_c$，于是有

$$\frac{AB}{OC}=\frac{AO_c}{OO_c}=\frac{PB}{P_1C}=\frac{X_c}{x}=\frac{Z_c}{f}=\frac{Y_c}{y} \quad (4\text{-}4)$$

则 $x=f\dfrac{X_c}{Z_c}$，$y=f\dfrac{Y_c}{Z_c}$，单位为 mm，得到如下关系式

$$Z_c\begin{bmatrix}x\\ y\\ z\end{bmatrix}=\begin{bmatrix}f & 0 & 0 & 0\\ 0 & f & 0 & 0\\ 0 & 0 & 1 & 0\end{bmatrix}\begin{bmatrix}X_c\\ Y_c\\ Z_c\\ 1\end{bmatrix} \quad (4\text{-}5)$$

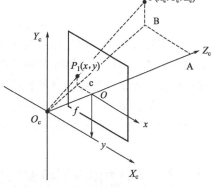

图 4-6　相机坐标与图像坐标系

此时投影点 P_1 的单位还是 mm，并不是像素（pixel），需要进一步转换到像素坐标系。

3）图像坐标系与像素坐标系

像素坐标系和图像坐标系都在成像平面上，只是各自的原点和度量单位不一样，如图 4-7 所示。图像坐标系的原点为相机光轴与成像平面的交点，通常情况下是成像平面的中点或者叫 principal point。图像坐标系的单位是 mm，属于物理单位，而像素坐标系的单位是 pixel，通常描述一个像素点都是几行几列。所以二者之间的转换如下

$$\begin{cases}u=\dfrac{x}{\mathrm{d}x}+u_0\\ v=\dfrac{y}{\mathrm{d}y}+v_0\end{cases} \quad (4\text{-}6)$$

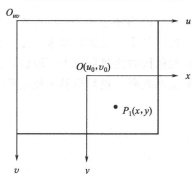

图 4-7　图像坐标系与像素坐标系

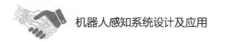

进而有

$$
\begin{bmatrix} u \\ v \\ 1 \end{bmatrix} = \begin{bmatrix} \dfrac{1}{\mathrm{d}x} & 0 & u_0 \\ 0 & \dfrac{1}{\mathrm{d}y} & v_0 \\ 0 & 0 & 1 \end{bmatrix} \begin{bmatrix} x \\ y \\ 1 \end{bmatrix} \tag{4-7}
$$

其中，$\mathrm{d}x$ 和 $\mathrm{d}y$ 表示每一列和每一行分别代表多少毫米，即 $1\mathrm{pixel} = \mathrm{d}x \ \mathrm{mm}$。

那么通过上面四个坐标系的转换就可以得到一个点从世界坐标系转换到像素坐标系的过程，如下式所示

$$
\begin{aligned}
Z_C = \begin{bmatrix} u \\ v \\ 1 \end{bmatrix} &= \begin{bmatrix} \dfrac{1}{\mathrm{d}x} & 0 & u_0 \\ 0 & \dfrac{1}{\mathrm{d}y} & v_0 \\ 0 & 0 & 1 \end{bmatrix} \begin{bmatrix} f & 0 & 0 & 0 \\ 0 & f & 0 & 0 \\ 0 & 0 & 1 & 0 \end{bmatrix} \begin{bmatrix} \boldsymbol{R} & \boldsymbol{T} \\ \boldsymbol{0} & 1 \end{bmatrix} \begin{bmatrix} X_W \\ Y_W \\ Z_W \\ 1 \end{bmatrix} \\
&= \underbrace{\begin{bmatrix} f_x & 0 & u_0 & 0 \\ 0 & f_y & v_0 & 0 \\ 0 & 0 & 1 & 0 \end{bmatrix}}_{\text{相机内参}} \underbrace{\begin{bmatrix} \boldsymbol{R} & \boldsymbol{T} \\ \boldsymbol{0} & 1 \end{bmatrix}}_{\text{相机外参}} \begin{bmatrix} X_W \\ Y_W \\ Z_W \\ 1 \end{bmatrix}
\end{aligned} \tag{4-8}
$$

在实际应用中，通过标定相机的内外参数即可获得物体的三维坐标与像素坐标之间的对应关系。式(4-8) 中的相机内参可由经典的张正友标定获得，相机外参标定可采用 PNP 算法的位姿估计法。通过最终的转换关系来看，一个三维中的坐标点的确可以在图像中找到一个对应的像素点。但反过来，通过图像中的一个点找到它在三维中对应的点必须要知道等式左边的 Z_C 值，也即要获取图像的深度信息，这就是三维重建的基本问题。

4.2　图像的获取和处理技术

机器视觉是通过光学装置和非接触传感器自动地接收和处理一个真实场景的图像，通过分析图像获得所需信息或用于控制机器运动的装置，可以看出智能图像处理技术在机器视觉中占有举足轻重的地位。

智能图像处理是指一类基于计算机的自适应于各种应用场合的图像处理和分析技术，其本身是一个独立的理论和技术领域，但同时又是机器视觉中的一项十分重要的技术支撑。具有智能图像处理功能的机器视觉，相当于人们在赋予机器智能的同时为机器按上了眼睛，使机器能够"看得见""看得准"，可替代甚至胜过人眼进行测量和判断，使得机器人视觉系统可以实现高分辨率和高速度的控制。

4.2.1　视觉模型

利用视觉所直觉的客观事物具有多种特性，对于它们的光刺激，人类的视觉系统会产生

不同形式的反应，所以和视觉相关的理论有光度学和色度学。

（1）亮度适应

光度学是定量描述可见光波能量引起的主观亮度，也称为感知明亮度，人眼对不同频率的光的灵敏程度用视见函数 $\phi(\lambda)$（又叫视见率）来描述，$\phi(\lambda)$ 采用间接比较测量获得，等价于传感器函数。由于数字图像是以亮度集合的形式显示的，视觉系统区分不同亮度的能力在表达图像处理结果时是很重要的。实验表明，人眼主观感受到的物体亮度（简称主观亮度）与进入人眼的光强成对数关系。但主观亮度并不完全由物体本身的亮度所决定，还与背景亮度有关。

在相同亮度的刺激下，由于背景亮度不同，人眼所感受到的主观亮度不同，这种效应称为同时对比度（同时对比效应）。如图 4-8 所示，图中所有位于中心的正方形都有完全一样的亮度，但由于它们处于亮度不同的背景中，因此给人们的主观感觉是不同的，当同时观察图中的方块和背景时，似乎最右侧的方块的亮度要高于其它两块，最左面的亮度最低，这就是所谓的同时对比效应。

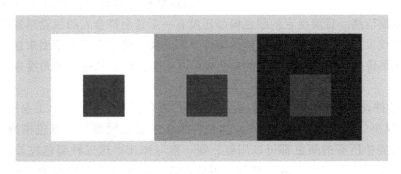

图 4-8　同时对比度

（2）颜色视觉模型

图像分类是计算机视觉中的基本应用，色彩空间可以显著影响分类的准确性。某些类别的图像在特定颜色空间中能够更好地表示。颜色是外来的光刺激作用于人的视觉器官而产生的主观感觉，因而物体的颜色不仅取决于物体本身，还与光源、周围环境的颜色，以及观察者的视觉系统有关。

1）颜色基础

颜色的实质是一种光波。它的存在是因为有三个实体：光线、被观察的对象以及观察者。人眼识别的颜色是把颜色当作由被观察对象吸收或者反射不同波长的光波形成的。例如，在一个晴朗的日子里，人眼所看到阳光下的某物体呈现红色时，那是因为该物体吸收了其他波长的光，而把红色波长的光反射到人眼里。当然，人眼所能感受到的只是波长在可见光范围内的光波信号。当各种不同波长的光信号一同进入眼睛的某一点时，视觉器官会将它们混合起来，作为一种颜色接受下来。同样在对图像进行颜色处理时，也要进行颜色的混合，但要遵循一定的规则，即要在不同颜色模式下对颜色进行处理。

颜色可分为无彩色（中性色）和彩色，无彩色一般指黑、白和从白到黑的中性灰色，其量度为亮度；彩色的量度为亮度和主波长。表面色从白到黑之间的过渡可分为白—中灰—灰—中黑—黑。其中反射率大于 95% 的可视为白；反射率小于 0.05% 的可视为黑，也看作非

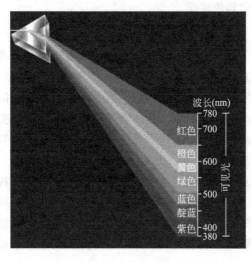

图 4-9　色彩的渐变

光源。同时从三棱镜的分色可知，颜色的渐变为红—橙—黄—绿—蓝—靛—紫，如图 4-9 所示。其中红与橙之间的差异小，红与黄之间的差异变大，红与绿之间的差异更大，但红与紫之间的差异又变小了，这种现象称为颜色的牛顿环。颜色的相互作用反映了颜色的对立机制。

2）颜色模型

为了科学、定量地描述和使用颜色，人们提出了各种颜色模型。颜色模型（颜色空间）就是用一组数值来描述颜色的数学模型。但没有哪一种颜色模型能够解析所有颜色问题，因为颜色是人的视觉系统对可见光的感知结果，感知到的颜色由光波的波长决定。人眼对于颜色的观察和处理是一种生理和心理现象，其机理还没有完全搞清楚。目前现有的颜色模型还没有一个完全符合人的视觉感知特性、颜色本身的物理特性或发光物体和光反射物体的特性。因此我们使用不同的模型来描述不同的颜色特征。在彩色图像处理中，选择合适的彩色模型是很重要的。从应用的角度来看，彩色模型可分为两类。

① 面向硬件设备的彩色模型　面向硬件设备的彩色模型也称为颜色工业模型。

a. RGB 模型。最典型、最常用的面向硬件设备的彩色模型是三基色模型，即 RGB 模型。因为自然界中所有的颜色都可以用红、绿、蓝（RGB）这三种颜色波长的不同强度组合而得，这就是人们常说的三基色原理。因此，这三种光常被人们称为三基色或三原色。电视、摄像机和彩色扫描仪都是根据 RGB 模型来工作的。RGB 颜色模型建立在笛卡尔坐标系统里，其中三个坐标轴分别代表 R、G、B，如图 4-10 所示，RGB 模型是一个立方体，在正方体的主对角线上，各原色的强度相等，产生由暗到明的白色，也就是不同的灰度值。（0，0，0）为黑色，（1，1，1）为白色。正方体的其他六个角点分别为红、黄、绿、青、蓝和品红。

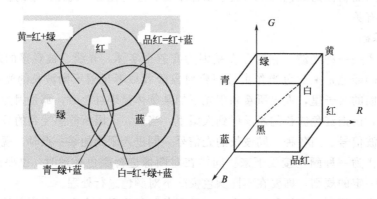

图 4-10　RGB 模型

b. CMY 模型。CMY 模型主要用于彩色打印，图像处理中几乎没用到过。CMY 模型

与 RGB 模型之间可以通过简单的转换得到，其中假定所有的颜色值都已经被标准化到 [0，1] 范围内，具体转换公式如下

$$
\begin{bmatrix} C \\ M \\ Y \end{bmatrix} = \begin{bmatrix} 1 \\ 1 \\ 1 \end{bmatrix} - \begin{bmatrix} R \\ G \\ B \end{bmatrix} \tag{4-9}
$$

因为 CMY 所组合的颜色不是纯黑，所以为了产生真正的黑色，一般在模型 CMYK 里面加入的 K 即代表黑色。

c. YCrCb 模型。YCrCb 彩色模型是一种彩色传输模型。YCrCb 模型中，Y 指亮度分量，Cr 指红色色度分量，而 Cb 指蓝色色度分量。人的肉眼对视频的 Y 分量更敏感，因此在通过对色度分量进行子采样来减少色度分量后，肉眼将察觉不到图像质量的变化。YCrCb 模型常用于肤色检测中。RGB 转换 YCrCb 公式为

$$
\begin{cases} Y = 0.299R + 0.587G + 0.114B \\ Cb = 0.564(B - Y) \\ Cr = 0.713(R - Y) \end{cases} \tag{4-10}
$$

YCrCb 转换 RGB 公式为

$$
\begin{cases} R = Y + 1.402Cr \\ G = Y - 0.344Cb - 0.714Cr \\ B = Y + 1.772Cb \end{cases} \tag{4-11}
$$

与 YCrCb 模型类似的其他颜色工业模型还有 YIQ 模型和 YUV 模型，主要用于彩色电视信号传输标准。在三种彩色模型中，Y 分量均代表黑白亮度分量，其余分量用于显示彩色信息。这样，只需要利用 Y 分量进行图像显示，彩色图形就转换为灰度图像。

② 面向视觉感知的彩色模型　以上的彩色模型是从色度学或硬件实现角度提出来的，如给定一个彩色图像，人眼很难判定其中的 RGB 分量。色调 H、饱和度 S、亮度 I 三要素来描述彩色空间能更好地与人的视觉特性相匹配，这使面向视觉感知的彩色模型比较方便。这些模型既与人类颜色视觉感知比较接近，又独立于显示设备。

a. HSI 模型。HSI 模型是常见的面向彩色处理的模型。HSI 模型是双棱锥结构，如图 4-11 所示。

• 色调 H（Hue）：与光波的波长有关，它表示人的感官对不同颜色的感受，如红色、绿色、蓝色等，也可表示一定范围的颜色，如暖色、冷色等。H 的值对应指向该点的矢量与 R 轴的夹角。

• 饱和度 S（Saturation）：表示颜色的纯度，纯光谱色是完全饱和的，加入白光会稀释饱和度。饱和度越大，颜色看起来就会越鲜艳，反之亦然。三角形中心的饱和度最小，越靠外，饱和度越大。

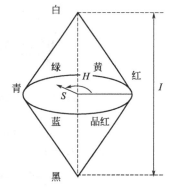

图 4-11　HIS 颜色模型

• 亮度 I（Intensity）：对应成像亮度和图像灰度，是颜色的明亮程度。模型中间截面向上变白（亮），向下变黑（暗）。

HSI 模型的建立基于两个重要的事实：I 分量与图像的彩色信息无关；H 和 S 分量与

人感受颜色的方式是紧密相连的。这些特点使得 HSI 模型非常适合彩色特性检测与分析。

在图像处理和计算机视觉中，大量算法都可在 HSI 色彩空间中方便地使用，它们可以分开处理而且是相互独立的。因此，在 HSI 色彩空间可以大大简化图像分析和处理的工作。HSI 色彩空间和 RGB 色彩空间只是同一物理量的不同表示法，因而它们之间存在着转换关系。假设 RGB 模型的 R、G、B 值的取值范围为 $[0,1]$，HSI 模型的三个分量亮度（I），色调（H），饱和度（S）的计算公式如下

$$\begin{cases} I = \dfrac{1}{3}(R+G+B) \\ S = 1 - \dfrac{3[\min(R,G,B)]}{(R+G+B)} \\ H = \begin{cases} \theta, & B \leqslant G \\ 360 - \theta, & B > G \end{cases} \end{cases} \tag{4-12}$$

其中，$\theta = \arccos\left\{\dfrac{\dfrac{1}{2}[(R-G)+(R-B)]}{[(R-G)2+(R-B)(G-B)]^{\frac{1}{2}}}\right\}$

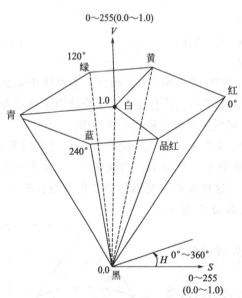

$0{\sim}255(0.0{\sim}1.0)$

图 4-12　HSV 模型

b. HSV 模型。HSV 模型比 HSI 模型更与人类对颜色的感知接近。H 代表色调，S 代表饱和度，V 代表亮度值。HSV 模型的坐标系统可以是圆柱坐标系统，但一般用六棱锥来表示，如图 4-12 所示，与 HSI 模型比较相似。它包含 RGB 模型中 $R=1$，$G=1$，$B=1$ 的三个面，所代表的颜色较亮。色调 H 由绕 V 轴的旋转角给定。红色对应于角度 0°，绿色对应于角度 120°，蓝色对应于角度 240°。在 HSV 颜色模型中，每一种颜色和它的补色相差 180°。饱和度 S 取值从 0 到 1 可以通过比较 HSI、HSV 与 RGB 空间的转换公式，来比较 HSI 与 HSV 的区别。

RGB 空间转换 HSV 空间的公式为

$$H = \begin{cases} \arccos\left\{\dfrac{(R-G)+(R-B)}{2\sqrt{(R-G)^2+(R-B)(G-B)}}\right\}, B \leqslant G \\ 2\pi - \arccos\left\{\dfrac{(R-G)+(R-B)}{2\sqrt{(R-G)^2+(R-B)(G-B)}}\right\}, B > G \end{cases} \tag{4-13}$$

$$S = \dfrac{\max(R,G,B) - \min(R,G,B)}{\max(R,G,B)} \tag{4-14}$$

c. Lab 模型。Lab 色彩模型是由明度（L）和有关色彩的 a，b 等三个要素组成。L 表示明度（Luminosity），a 表示从洋红色至绿色的范围，b 表示从黄色至蓝色的范围。L 的值域由 0 到 100，$L=50$ 时，就相当于 50% 的黑；a 和 b 的值域都是由 +127 至 -128。其

中，$+127a$ 就是红色，过渡到 $-128a$ 变成绿色；$+127b$ 就是黄色，过渡到 $-128b$ 变成蓝色；所有的颜色就以这三个值交互变化所组成。Lab 颜色模式包含了人眼睛能看到的所有颜色，此色彩模式与光线和设备无关，并且处理速度与 RGB 模式同样快，比 CMYK 模式快很多。如果想在数字图形的处理中保留尽量宽阔的色域和丰富的色彩，最好选择 Lab 模型。

4.2.2　图像预处理技术

机器视觉的图像处理系统对现场的数字图像信号按照具体的应用要求进行运算和分析，根据获得的处理结果来控制现场设备的动作。通常使用时域或频域滤波的方法来去除图像中的噪声；采用几何变换的办法来校正图像的几何失真；采用直方图均衡、同态滤波等方法来减轻图像的彩色偏离。总之，通过这一系列的图像预处理技术，对采集的图像进行"加工"，为机器视觉应用提供更好、更有用的图像。一般的预处理流程为图像灰度化、几何变换和图像增强。

（1）图像的灰度化

对彩色图像进行处理时，我们往往需要对三个通道依次进行处理，花费的时间将会很长。因此，为了达到提高整个应用系统处理速度的目的，需要减少所需处理的数据量。图像灰度变换的主要作用是：改善图像的质量，使图像能够显示更多的细节，提高图像的对比度（对比度拉伸）；有选择地突出图像感兴趣的特征或者抑制图像中不需要的特征；有效地改变图像的直方图分布，使像素的分布更为均匀。图像的灰度化为之后的图像分割、图像识别和图像分析等操作做准备。

灰度图像上每个像素的颜色值又称为灰度，指黑白图像中点的颜色深度，范围一般从 0 到 255，白色为 255，黑色为 0。所谓灰度值是指色彩的浓淡程度，灰度直方图是指一幅数字图像中，对应每一个灰度值统计出具有该灰度值的像素数。灰度就是没有色彩，RGB 色彩分量全部相等。如果是一个二值灰度图像，它的像素值只能为 0 或 1，灰度级为 2。一个 256 级灰度的图像，如果 RGB 三个量相同时，如：RGB（100，100，100）代表灰度为 100，RGB（50，50，50）代表灰度为 50。

现在大部分的彩色图像都是采用 RGB 颜色模式，处理图像的时候，要分别对 RGB 三种分量进行处理，实际上 RGB 并不能反映图像的形态特征，只是从光学的原理上进行颜色的调配。在图像处理中，常用的灰度化方法有分量法、最大值法、平均值法和加权平均值法。

1）分量法

该方法是将彩色图像中的三分量的亮度作为三个灰度图像的灰度值，可根据应用需要选取一种灰度图像

$$Gray_1(i,j)=R(i,j)$$
$$Gray_2(i,j)=G(i,j) \tag{4-15}$$
$$Gray_3(i,j)=B(i,j)$$

2）最大值法

该方法是将彩色图像中的三分量亮度的最大值作为灰度图的灰度值，其数学表达形式是

$$Gray(i,j) = \max\{R(i,j), G(i,j)B(i,j)\} \tag{4-16}$$

3）平均值法

该方法是将彩色图像中的三分量的亮度求平均得到一个灰度值

$$Gray(i,j) = [R(i,j) + G(i,j) + B(i,j)]/3 \tag{4-17}$$

4）加权平均值法

根据重要性和其他指标，将三个分量以不同的权值进行加权平均。由于人眼对绿色敏感度最高，对蓝色敏感度最低，根据经验，按下式对 RGB 三分量进行加权平均能得到较合理的灰度图像。

$$Gray(i,j) = 0.3R(i,j) + 0.59G(i,j) + 0.11B(i,j) \tag{4-18}$$

如图 4-13 所示是利用以上方法对 Lena 的图片进行灰度化处理的结果，在实际应用中根据需要选择合适的方法。

图 4-13　四种处理方法的灰度化的实现

（2）图像的几何变换

包含相同内容的两幅图像可能由于成像角度、透视关系乃至镜头自身原因所造成的几何失真而呈现出截然不同的外观，这就给观测者或是图像识别程序带来了困扰。通过适当的几何变换可以最大限度地消除这些几何失真所产生的负面影响，有利于在后续的处理和识别工作中将注意力集中于子图像内容本身，更确切地说是图像中的对象，而不是该对象的角度和位置等。因此，几何变换常常作为其他图像处理应用的预处理步骤，是图像归一化的核心工作之一。

　　图像的几何变换是将一幅图像中的坐标映射到另外一幅图像中的新坐标位置，它不改变图像的像素值，只是改变像素所在的几何位置（平移、镜像、旋转）和形状变换（比例缩放、错切），使原始图像按照需要产生位置、形状和大小的变换。

（3）图像增强

　　图像增强的目的是改善图像的视觉效果或使图像更适合于人或机器的分析处理。图像增强的思路通常是根据某一指定的图像及其实际场景需求，借助特定的增强算法或者算法集合来强化图像的有效信息或者感兴趣信息，抑制不需要的信息或者噪声。需要强调的是图像增强不会增加图像数据中的信息量，而是增加所选择特征的动态范围，从而使这些特征检测或识别更加容易。

　　随着数字图像处理技术的发展，出现了众多的图像增强算法，应用比较广泛的图像增强算法有直方图均衡（HE）算法、小波变换算法和基于色彩恒常性理论的 Retinex 算法等。

　　1）直方图均衡算法

　　直方图均衡算法是最基本的图像增强算法，它的原理简单、易于实现、实时性好。直方图均衡化处理的中心思想是把原始图像的灰度直方图从比较集中的某个灰度区间变成在全部灰度范围内的均匀分布。直方图均衡化就是对图像进行非线性拉伸，重新分配图像像素值，使一定灰度范围内的像素数量大致相同。直方图均衡化最终把给定图像的直方图分布改变成"均匀"的直方图分布。简单来说，直方图均衡化是使用图像直方图对对比度进行调整的图像处理方法。其目的在于提高图像的全局对比度，使亮的地方更亮，暗的地方更暗。适用于背景和前景都太亮或者太暗的图像，在这里首先讨论标准直方图均衡算法。

　　假设 $I \in I(i, j)$ 代表灰度级为 L 的图像，$I(i, j)$ 代表坐标位置 (i, j) 处的灰度值，$I(i,j) \in [0, L-1]$，图像 I 灰度级的概率密度函数定义为

$$p(k) = \frac{n_k}{N}(k = 0, 1, \cdots, L-1) \tag{4-19}$$

式中，N 为像素点的总数；n_k 为灰度级为 k 的像素点的个数。

图像 I 灰度级的累积分布函数定义为

$$c(k) = \sum_{i=0}^{k} p(i)(k = 0, 1, \cdots, L-1) \tag{4-20}$$

　　标准直方图均衡算法通过累积分布函数将原始图像映射为具有近似均匀灰度级分布的增强图像，相应的映射关系为

$$f(k) = (L-1) \times c(k) \tag{4-21}$$

　　标准直方图均衡算法的原理简单，实时性好。但增强后的图像亮度不均，且会出现因灰度级合并而导致的部分细节信息的丢失。研究人员在此基础上对直方图均衡算法进行了改进，针对标准直方图均衡算法会使增强后的图像亮度不均匀这一缺点，提出了基于亮度均值保持的 BBHE 算法；针对标准直方图均衡算法易造成图像信息丢失的问题，提出 DSIHE 算法使增强图像具有较大的信息熵。最大亮度双直方图均衡（MMBEBHE）算法同样属于双直方图均衡算法的一种，选取的阈值使得增强图像的亮度均值和原始图像的亮度均值误差最小；基于对数函数映射的直方图均衡（LMHE）算法将对数函数作为直方图均衡算法的累计分布函数，对数函数符合人眼视觉特性的韦伯-费希纳（Weber-Fechner）规律。针对直方图均衡算法中累计分布函数的改进算法还有二维空域信息熵的直方图均衡（SEHE）算法。

2）基于小波变换图像增强算法

小波变换具有良好的时频局域化特性。图像在经过小波变换后，主要能量集中在低通子带，强边缘、弱边缘和噪声集中在带通子带，强边缘同尺度所有方向上为系数较大的值，弱边缘在同尺度的有些方向上为系数较大的值，噪声则在同尺度所有方向上都为系数较小的值。小波变换图像增强的基本思路：先对图像进行小波变换得到变换后小波系数，对噪声系数进行去除，同时对边缘信息进行增强，最后进行小波逆变换得到增强图像。小波变换图像增强算法容易放大图像中的噪声，如何有效地抑制噪声是需要解决的一个关键性问题。

3）基于色彩恒常性理论的 Retinex 算法

Retinex 是视网膜（Retina）和大脑皮层（Cortex）两个单词合成的缩写。Retinex 理论是由 E. H. Land 等人提出的，该理论认为人类感知到物体的颜色和亮度是光与物质相互作用的结果，人眼感知到物体的颜色和亮度是由物体表面的反射特性决定的，而与投射到人眼的光谱特性无关。

Retinex 理论的基本内容为：物体的颜色是由物体对长波（红）、中波（绿）和短波（蓝）光线的反射能力决定的，而不是由反射光强度的绝对值决定的；物体的色彩不受光照非均性的影响，具有一致性，即 Retinex 理论是以色感一致性（颜色恒常性）为基础的。如图 4-14 所示，观察者所看到的物体的图像 S 是由物体表面对入射光 L 反射得到的，反射率 R 由物体本身决定，不受入射光 L 变化影响。

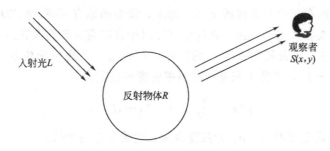

图 4-14　基于 Retinex 理论图像增强

Retinex 理论的基本假设是原始图像 S 是光照图像 L 和反射率图像 R 的乘积，即可表示为下式的形式

$$S(x,y)=R(x,y)\times L(x,y) \tag{4-22}$$

基于 Retinex 的图像增强的目的就是从原始图像 S 中估计出光照 L，从而分解出 R，消除光照不均的影响，以改善图像的视觉效果，正如人类视觉系统那样。

4.2.3　视觉图像特征提取

视觉图像的特征提取其实质就是对图像内容的学习与理解，它是人工智能必须经历的一个过程。图像理解是研究用计算机系统解释图像，实现类似人类视觉系统理解外部世界的一门科学，所讨论的问题是为了完成某一任务需要从图像中获取哪些信息，以及如何利用这些信息获得必要的解释，图像理解的研究涉及和包含了获取图像的方法、装置和具体的应用实现。图像理解在很大程度上依赖于对图像中物体的识别和感知，它是获取图像语义信息的基础。要想正确识别图像中的物体,其关键性问题即为图像的语义分割。对图像进行分割后,将图像分成了若干个区域,包括不同特征的物体和背景,其中可能包含某些形状,如长方形、圆、曲线及任意形状的区域。分割完成后,下一步就是用数据、符号、形式语言来表示这些具有不同特征的区域,这就是图像描述。以特征为基础进行区别或分类是计算机理解景物的基础。

(1)图像语义分割

计算机视觉与机器学习研究者对图像语义分割问题越来越感兴趣。图像的语义分割是指根据事先定义的抽象语义,为图像中的每个像素赋予相应的类别标签,使图像中不同的语义区域被区分开来,越来越多的应用场景需要精确且高效的分割技术,如自动驾驶、室内导航、虚拟现实与增强现实等。这个需求与视觉相关的各个领域及应用场景下的深度学习技术的发展相符合,包括语义分割及场景理解等。图像语义分割就是按照应用要求,把图像分成各具特征的区域,并从中提取出感兴趣目标。图像中常见的特征有灰度、彩色、纹理、边缘和角点等。如图 4-15 所示,从图像上来看,需要将实际的场景图分割成下面的分割图,不同颜色代表不同类别。

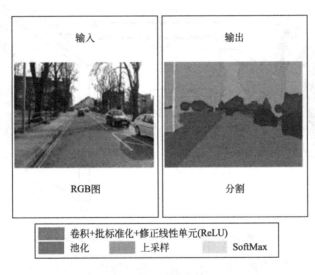

图 4-15 图像分割

例如,智能移动机器人的场景理解、智能视频监控中的运动目标提取,对汽车装配流水线图像进行分割,分成背景区域和工件区域,提供给后续处理单元对工件安装部分的处理。图像分割多年来一直是图像处理中的难题,至今已有种类繁多的分割算法,但是效果往往并不理想。近来,人们利用基于神经网络的深度学习方法进行图像分割,其性能胜过传统算法。

1)传统分割方法

传统的分割方法是利用数字图像处理、拓扑学、数学等方面的知识来进行图像分割的方法,主要有基于阈值的分割方法、区域生长法、分水岭算法和基于边缘检测的分割方法。

2)基于深度学习的分割

传统的图像分割方法只发现边缘(线条和曲线)或渐变等元素,却从未完全按照人类感知的方式提供像素级别的图像理解。深度学习技术，尤其是基于卷积神经网络的深度学习技术，在诞生伊始便被试图应用在图像的语义分割任务中。利用深度学习方法的图像语义分割在处理图像时，可具体到像素级别，也就是说，该方法会将图像中每个像素分配到某个对象类别。在早期研究阶段，研究者将事先经过训练的卷积神经网络作为图像特征的提取器与分类器，通过采用从某个像素及其周围像素构成的像素块提取到的特征表达，来判断该像素的语义类别。而全卷积网络（FCN）的出现则正式开启了基于卷积神经网络的语义分割技术研究的浪潮，奠定了卷积神经网络在语义分割任务中的举足轻重的地位。

① 基于全卷积网络（FCN）的图像分割　FCN 对图像进行像素级的分类，从而解决了语义级别的图像分割（semantic segmentation）问题。与经典的卷积神经网络（CNN）在卷积层之后使用全连接层得到固定长度的特征向量进行分类（全连接层＋softmax 输出）不同，FCN 可以接受任意尺寸的输入图像，采用转置卷积层对最后一个卷积层的 feature map 进行上采样，使其恢复到输入图像相同的尺寸，从而可以对每个像素都产生一个预测，同时保留了原始输入图像中的空间信息，最后在上采样的特征图上进行逐像素分类。如图 4-16 所示是语义分割所采用的全连接网络的结构。

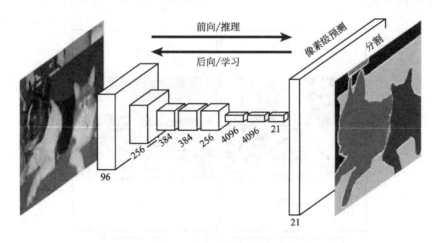

图 4-16　基于卷积神经网络的训练示意图

② 基于定制化网络的图像分割技术　随着基于深度学习的语义分割模型与方法推陈出新，语义分割的质量被不断地提升。但在模型性能提升的同时，模型本身的规模也不断膨胀，纵然有高性能的 GPU 计算平台支持，其巨大的计算量也使得模型进行语义分割的速度相当缓慢。与此同时，语义分割技术在工程实践中扮演着愈发重要的角色，越来越多的实际应用对于模型的推理速度与计算资源消耗提出了更为苛刻的要求。例如，用于增强现实的可穿戴设备、自动驾驶设备与低功耗移动计算平台等，它们要求模型能够在计算资源极为有限的条件下获得快速甚至是实时的语义分割推理。这些现实需求驱使着专家们不断尝试通过设计高效率的神经网络结构，填补这道横亘在需求与现实之间的鸿沟。然而，面对无穷无尽的个性化的需求，有限数量的专家成为无法突破的现实瓶颈。因此基于定制化网络的图像分割技术成为语义分割技术迈向实用的重要一步。

如图 4-17 所示，对于不同类型的约束条件，例如不同计算平台（GPU、CPU 等）下的模型推理速度，模型的理论计算复杂度以及模型的参数规模，基于定制化网络的图像分割技术可以高效地针对这些个性化的约束条件，在无需专家参与的情况下设计出经过充分权衡语义分割性能与约束条件的全卷积神经网络结构。

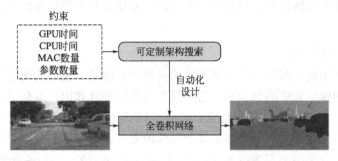

图 4-17　基于定制化网络图像分割技术

经过标准化的语义分割任务的训练，该自动设计的神经网络可以在满足约束条件的情况下，取得超越专家手工设计神经网络的语义分割性能。经实际测试，在 GPU 平台模型推理速度的约束下，自动设计的全卷积神经网络可以在仅使用一块 NVIDIA（英伟达）TITAN Xp GPU 的情况下，实现一秒内对多达 108 幅 2048×1024 分辨率的图像进行语义分割，并同时超越现有的实时语义分割模型的性能（72.3% mIoU）。

（2）图像描述

图像的描述是对图像各组成部分的性质和彼此之间关系的描述。区域描述是在图像中感兴趣的区域被分割出来后，对各个分割区域特点的描述，如形状、凹凸度等，关系描述则是研究把这些区域组织为一个有意义的结构。为了让计算机有效地识别分割出来的目标，有必要对各区域、边界的属性和相关关系用简洁明确的数值和符号进行表示，这样在保留原图像或图像区域重要信息的同时，能进一步减少描述区域的数据量。这些从原始图像中产生的数值、符号或者形状称为图像的特征，其反映了原图像最重要的信息和主要特征。把这些表征图像特征的一系列符号称为描述子。对描述子的基本要求是它们对图像的大小、旋转和平移等变化不敏感，即只要图像内容不变，仅仅产生几何变化，描述图像的描述子将是唯一的。

对图像的描述分为区域内部描述和区域外描述。区域内部描述主要方法为：矩描述子、拓扑描述子和模板匹配。区域的外形边界描述方法主要有：傅里叶描述子、小波轮廓描述子和霍夫变换。

4.3　机器人的视觉

客观世界在空间上是三维的，因此机器人视觉感知从根本上说应该是对三维世界的感知。但现有大多数图像采集装置所获取的图像本身是在二维平面上。要从图像认识世界，就要从二维图像中恢复三维空间信息。

4.3.1　立体视觉

从 4.1 节针对机器人视觉关键技术的分析中已经了解到关于具有获取深度信息能力的视

觉系统。深度图是一种基本的具有场景信息的图像，图中每个像素的值代表了场景中对应该位置物体点的高程（图像采集器与物体的距离）。深度图直接反映了景物可见表面的几何形状。深度图像经过坐标转换可以计算为点云数据，有规则及必要信息的点云数据也可以反算为深度图像数据。

（1）双目立体视觉

双目视觉是利用两个相隔一定距离的摄像机同时获取同一场景的两幅图像，通过立体匹配算法找到两幅图像中对应的像素点，随后根据三角原理计算出视差信息，而视差信息通过转换可用于表征场景中物体的深度信息。如图 4-18 所示为平行式双目立体视觉成像系统的简化模型，两个相机光心之间的距离定义为基线距离 B，空间中的一点 $P(X_c, Y_c, Z_c)$ 在左右两相机的成像点坐标分别为 (X_{left}, Y_{left}) 和 (X_{right}, Y_{right})，摄像机坐标系统和世界坐标系统重合，像平面与世界坐标系的 XY 平面也是平行的。在这样的条件下，P 点的 Z 坐标对两个摄像机坐标系统都是一样的。如果摄像机坐标系统和世界坐标系统不重合，可借助 4.1.2 小节中的方法先进行坐标的平移和旋转使其重合再投影。

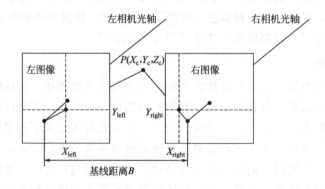

图 4-18　平行双目成像

由图 4-18 可得 P 点在左右两个像面的 X 坐标可表示为

$$\begin{cases} X_{left} = f \dfrac{X_c}{Z_c} \\ X_{right} = f \dfrac{X_c - B}{Z_c} \end{cases} \tag{4-23}$$

由视差：$D = X_{left} - X_{right}$，可以得到

$$Z_c = f\left(1 - \frac{B}{D}\right) \tag{4-24}$$

式（4-24）把物体与像平面的距离 Z_c（即 3D 信息中的深度）与视差（像坐标 X_{left} 和 X_{right} 的差）直接联系了起来，视差的大小与深度有关，所以视差中包含了 3D 物体的空间信息。

接下来考虑两个摄像机光轴会聚时的情况。如图 4-19 所示，其中图 4-19（a）为原理图，图 4-19（b）为简化的分析模型。CCD1 和 CCD2 为两台视觉传感器，O_1 和 O_2 分别为两视觉传感器的光心，并以 CCD1 的光心 O_1 为原点建立坐标系 $O_1 - xyz$，定义沿 O_1 与 O_2 的连

线方向为系统 x 轴方向，B 为 CCD1 和 CCD2 之间的基线距，点 $P(x，y，z)$ 为待测目标点，P' 为测量目标点在 xO_1z 平面上的投影点，$(X_1，Y_1)$ 和 $(X_2，Y_2)$ 分别为目标点 P 在两视觉传感器图像平面上的投影点坐标；ω_1 和 ω_2 分别为两视觉传感器的水平投影角；β_1 和 β_2 分别为两视觉传感器的俯仰角；α_1 和 α_2 分别为两视觉传感器光轴与基线间夹角；f_1 和 f_2 分别为两视觉传感器的有效焦距。为了简化双目视觉测量模型的后续分析过程，建立基于 xO_1z 平面投影的数学模型。如图 4-19（b）所示，为测量目标点 P 在平面 xO_1z 中的投影点 P' 所对应的几何关系。将两视觉传感器水平摆放，以 CCD1 的坐标系为标准，则标准坐标系中的点 P 坐标为

$$
\begin{cases}
x = \dfrac{B\cot(\omega_1+\alpha_1)}{\cot(\omega_1+\alpha_1)+\cot(\omega_2+\alpha_2)} \\[3mm]
y = \dfrac{zY_1}{f_1}\times\dfrac{\cos\omega_1}{\sin(\omega_1+\alpha_1)}=\dfrac{zY_2}{f_2}\times\dfrac{\cos\omega_2}{\sin(\omega_2+\alpha_2)} \\[3mm]
z = \dfrac{B}{\cot(\omega_1+\alpha_1)+\cot(\omega_2+\alpha_2)}
\end{cases}
\tag{4-25}
$$

其中，$\tan\omega_1=\dfrac{X_1}{f_1}$，$\tan\omega_2=\dfrac{X_2}{f_2}$，$\tan\beta_1=\dfrac{Y_1}{f_1}\times\cos\omega_1$，$\tan\beta_2=\dfrac{Y_2}{f_2}\times\cos\omega_2$。

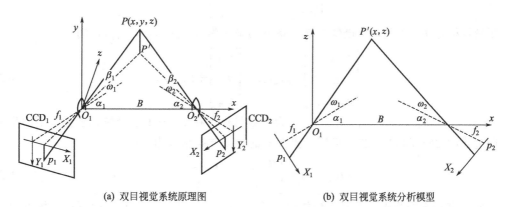

(a) 双目视觉系统原理图　　　　　　　　(b) 双目视觉系统分析模型

图 4-19　会聚双目成像

由以上的推导可以看出，物点的三维坐标与视差能够直接联系起来，如果两摄像机的有效焦距相同，那么物点的深度坐标为 $z=-X_1X_2\dfrac{B}{fD}$。

（2）多目视觉系统

为解决双目立体视觉系统中匹配多义性，提高匹配精度，进一步发展出多目视觉的方法。在大尺寸三维测量中，为了实现测量完整性的最终目的，需要在测量空间中布置多个测量单元，共同构成一个完整的多视觉测量网络，对测量结构体实施三维测量。在一个完整的多视觉测量网络中，其测量原理是基于双目立体视觉系统的视差原理，为了系统描述测量目标、二维图像以及视觉传感器的空间变换关系，需要建立完整的测量网络坐标系，其中包括：图像坐标系 XOY、摄像机坐标系 $O\text{-}xyz$、世界坐标系 $O\text{-}X_\mathrm{W}Y_\mathrm{W}Z_\mathrm{W}$ 及测量目标点坐标系 $X_\mathrm{P}OY_\mathrm{P}$，多视觉测量网络模型如图 4-20 所示。为了简化计算，将测量系统模型中的世

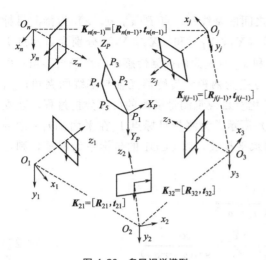

图 4-20　多目视觉模型

界坐标系 $O\text{-}X_WY_WZ_W$ 与第一个测量点位上的摄像机坐标系 $O\text{-}xyz$ 置于重合。假设测量对象结构上随机分布 5 个特征标志点，定义特征标志点 P_1 作为测量目标点坐标系的坐标原点。在测量过程中，摄像机坐标系视为一个过渡参考系，通过将测量目标的信息建立在摄像机坐标系下，再将测得的坐标信息归一到世界坐标系下，从而获得测量结构体的全局三维信息。

假设测量目标点 P_i（$1 \leqslant i \leqslant 5$）在第一个摄像机坐标系下的坐标为（$x_{i1}$，$y_{i1}$，$z_{i1}$），在第二个摄像机坐标系下的坐标为（$x_{i2}$，$y_{i2}$，$z_{i2}$），两坐标系间的旋转矩阵为 $\boldsymbol{R}_{21}$，平移矩阵为 $\boldsymbol{t}_{21}$，则两摄像机的矩阵转换为

$$\begin{bmatrix} x_{i1} \\ y_{i1} \\ z_{i1} \end{bmatrix} = \boldsymbol{R}_{21} \begin{bmatrix} x_{i2} \\ y_{i2} \\ z_{i2} \end{bmatrix} + \boldsymbol{t}_{21} \tag{4-26}$$

测量目标点 P_i 在第 n 个摄像机坐标系下的坐标为（x_{in}，y_{in}，z_{in}），则

$$\begin{bmatrix} x_{i(n-1)} \\ y_{i(n-1)} \\ z_{i(n-1)} \end{bmatrix} = \boldsymbol{R}_{n(n-1)} \begin{bmatrix} x_{in} \\ y_{in} \\ z_{in} \end{bmatrix} + \boldsymbol{t}_{n(n-1)} \tag{4-27}$$

其中，$[x_{i(n-1)}, y_{i(n-1)}, z_{i(n-1)}]$ 为测量目标点在第 $n-1$ 个摄像机坐标系下的坐标。通过式（4-26）和式（4-27）可知，摄像机的位姿转换矩阵为

$$\boldsymbol{K}_{n(n-1)} = \begin{bmatrix} \boldsymbol{R}_{n(n-1)} & \boldsymbol{t}_{n(n-1)} \\ 0 & 1 \end{bmatrix} \tag{4-28}$$

由此，多视觉网络中在任意摄像机坐标系 $O\text{-}x_jy_jz_j$（$2 \leqslant j \leqslant n$）下的测量目标点 P_i 在世界坐标系下的空间坐标为

$$\begin{bmatrix} X_{Wi} \\ Y_{Wi} \\ Z_{Wi} \\ 1 \end{bmatrix} = \boldsymbol{K}_{j1} \begin{bmatrix} x_{ij} \\ y_{ij} \\ z_{ij} \\ 1 \end{bmatrix} \tag{4-29}$$

根据上述模型可以针对任意待测目标点求解其三维坐标信息，具体通过确定多视觉网络中的摄像机位姿变换矩阵，再对图像平面上的投影点进行匹配，结合双目立体视觉原理，可以得出目标点的空间三维信息。

（3）特征提取

利用多视点的视差确定三维信息，其关键的一步是确定场景中同一物点在不同图像中的对应关系。解决该问题的方法之一是选择合适的图像特征并进行匹配，图像特征提取是图像分析与图像识别的前提，是将高维的图像数据进行简化表达最有效的方式。图像特征可以包

括颜色特征、纹理特征、形状特征以及局部特征点等。其中局部特征点具有很好的稳定性，不容易受外界环境的干扰。但又因其是图像特征的局部表达，只能反映图像上具有的局部特殊性，所以它只适合于对图像进行匹配、检索等应用，对于图像理解则不太适合。

对于局部特征点的检测，通常使用局部图像描述子来进行。斑点与角点是两类局部特征点。斑点通常是指与周围有着颜色和灰度差别的区域，如草原上的一棵树或一栋房子。它是一个区域，所以它比角点的抗噪能力要强，稳定性要好。而角点则是图像中物体的拐角或者线条之间的交叉部分。

1）斑点检测方法

斑点检测的方法主要包括利用高斯拉普拉斯算子（LOG 算子）检测的方法，以及利用像素点 Hessian（黑塞）矩阵（二阶微分）及其行列式值的方法（DOH）。

DOH 方法就是利用图像点二阶微分 Hessian 矩阵，Hessian 矩阵行列式的值，同样也反映了图像局部的结构信息。与 LOG 相比，DOH 对图像中的细长结构的斑点有较好的抑制作用。

无论是 LOG 还是 DOH，它们对图像中的斑点进行检测，其步骤都可以分为以下两步：

① 使用不同的生成或模板，并对图像进行卷积运算。

② 在图像的位置空间与尺度空间中搜索 LOG 与 DOH 响应的峰值。

2）SIFT（尺度不变特征变换）

尺度不变特征转换（Scale-invariant Feature Transform，SIFT）是一种电脑视觉的算法，用来侦测与描述影像中的局部性特征，它在空间尺度中寻找极值点，并提取出其位置、尺度和旋转不变量。该描述子具有非常强的稳健性。

SIFT 算法步骤：

① 构建 DOG 尺度空间。模拟图像数据的多尺度特征，大尺度抓住概貌特征，小尺度注重细节特征。通过构建高斯金字塔，每一层用不同的参数 σ 做高斯模糊（加权），保证图像在任何尺度都能有对应的特征点，即保证尺度不变性。

② 关键点搜索和定位。确定是否为关键点，需要将该点与同尺度空间不同 σ 值的图像中的相邻点比较，如果该点为 max（最大）或 min（最小），则为一个特征点。找到所有特征点后，要去除低对比度和不稳定的边缘效应的点，留下具有代表性的关键点（比如，正方形旋转后变为菱形，如果用边缘做识别，条边就完全不一样，就会错误；如果用角点识别，则稳定一些）。去除这些点的好处是增强匹配的抗噪能力和稳定性。最后，对离散的点做曲线拟合，得到精确的关键点的位置和尺度信息。

③ 方向赋值。为了实现旋转不变性，需要根据检测到的关键点的局部图像结构为特征点赋值。具体做法是用梯度方向直方图。在计算直方图时，每个加入直方图的采样点都使用圆形高斯函数进行加权处理，也就是进行高斯平滑。这主要是因为 SIFT 算法只考虑了尺度和旋转不变性，没有考虑仿射不变性。通过高斯平滑，可以使关键点附近的梯度幅值有较大权重，从而部分弥补没考虑仿射不变性产生的特征点不稳定。注意，一个关键点可能具有多个关键方向，这有利于增强图像匹配的鲁棒性。

④ 关键点描述子生成。关键点描述子不但包括关键点，还包括关键点周围对其有贡献的像素点。这样可使关键点有更多的不变特性，提高目标匹配效率。在描述子采样区域时，需要考虑旋转后进行双线性插值，防止因旋转图像出现白点。同时，为了保证旋转不变性，要以特征点为中心，在附近领域内旋转 θ 角，然后计算采样区域的梯度直方图，形成 n 维 SIFT 特征

矢量（如 128-SIFT）。最后，为了去除光照变化的影响，需要对特征矢量进行归一化处理。

（4）立体匹配

立体匹配是一种从平面图像中恢复深度信息的技术，是立体视觉研究中的关键部分。其目标是在两个或多个视点中匹配相应像素点，计算视差。根据图 4-18 的双目立体视觉三维成像原理图和式(4-24) 可知，深度值 Z 和视差 D 之间为反比关系，所以通过匹配视差 D 后便可确定深度信息 Z。双目视觉立体匹配的具体方法是通过建立一个能量代价函数，对其最小化来估计像素点的视差，求得深度。

立体匹配的输入是由经过立体校正的基准图像（Reference Image）和目标图像（Target Image），输出是与基准图像具有相同分辨率的视差图（DSI，Disparity Space Image，或称深度图，视差与深度是简单的线性变换关系）。即

$$DSI = \{(x,y,z) \mid (x',y') = (x+D,y)\} \tag{4-30}$$

式中，$(x，y)$ 为基准图像的像素坐标；坐标 z 为图像的深度；$(x'，y')$ 为目标图像的像素坐标；D 为视差（$0 < D < D_{max}$，D_{max} 为指定的最大可能视差）。

为简化起见，也把基准图像称为左图（Left Image），目标图像称为右图（Right Image）。

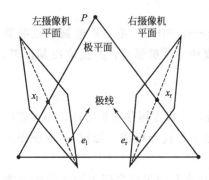

图 4-21　双目视觉极线约束校正

在实际操作中，需要通过加入一些约束条件来提高算法精度，实现接近理想状态的双目立体视觉系统，立体匹配的约束条件又称为匹配准则。立体匹配须满足极线约束、唯一性约束和几何相似性约束等，并假定满足 Lambertian 表面假设（即物理世界的成像外观与成像视角无关）、逐段平滑假设（Piecewise Smooth，即物理世界的表面是分段平滑的）等。考虑到系统中的 2 台摄像机的图像平面难以保持完全平行，如图 4-21 所示的极线约束就是通过校正，使点 P 在左右摄像机平面的映射点 x_1 和 x_r 的纵坐标相同。极线校正可以降低匹配点的搜索难度，进而提高运算速度。

一般认为，立体匹配包括以下四个部分。

① 匹配代价计算（Matching Cost Computation），匹配代价是匹配图像之间对应像素点的相似程度的表征。常用来计算匹配代价的方法有灰度差平方、灰度差的绝对值和互相关函数。

② 代价聚合（Cost Aggregation），在局部匹配算法中通常会用到匹配代价聚合来提高算法的精度。该步骤的基本思想是在色彩一致性假设的前提下，结合初始匹配代价，利用匹配点周围信息重新计算。

③ 视差计算与优化（Disparity Computation/Optimization），在局部匹配算法中，视差的计算通常采用 Wta（Winner-Take-All）准则，即选取最优匹配。全局匹配算法则是构造能量函数，通过求取能量函数最小化来确定最优视差。

④ 视差改进（Disparity Refinement），视差改进的目的是减少错误匹配的像素点，优化视差图。对于细节要求不高的区域，一般常用 WTA 准则或者能量函数最小化的方法。但对于一些要求视差值达到亚像素级（非整数视差）的场合，一般采用曲线拟合或者插值法来细化视差。

按照代价函数约束范围的差别，立体匹配算法可分为全局匹配法和局部匹配法。

全局匹配法的能量函数整合了图像中的所有像素，以尽可能多地获取全局信息。函数的表达式为

$$E_d = E_{data}(D) + \lambda E_{smooth}(D) \tag{4-31}$$

式中，$E_{data}(D)$ 为数据项，表示全部像素的匹配代价；$E_{smooth}(D)$ 为平滑项，表示相邻像素对视差值的一致性；λ 为权值参数，取正值；E_d 为全局能量函数。

根据 E_d 优化方法的不同，全局匹配法又可分为动态规划法（Dynamic Programming，DP）、置信度传播法（Belief Propagation，BP）和图割法（Graph Cut，GC）。

局部匹配法将参考图像分为若干图像块，再求取匹配图像内预期相似度最高的图像块，生成深度图。局部匹配法与全局匹配法相比，能量函数只有数据项，而没有平滑项，因此只能求取局部最优解。

手工设计的人工特征，缺乏对上下文信息的获取，经验参数的选择对匹配效果影响很大，不适合在复杂环境下应用，对于病态区域（如纹理少的区域等）往往不能得到正确的结果。深度学习通过卷积、池化、全连接等操作，对图像进行非线性变换，可以提取图像的多层特征用于代价计算，对提取的图像特征进行上采样，在过程中设置代价聚合和图像增强方法，从而实现端到端的图像匹配。利用端到端的学习策略直接根据立体像对预测视差图像。卷积神经网络（CNN）可以有效地理解语义信息，在立体匹配算法中广受关注。目前基于深度学习常用的方法有：基于监督学习的立体匹配方案和基于非监督学习的立体匹配方案。

基于监督学习一般使用激光雷达获得样本准确的视差信息作为 GroundTruth，样本的精度直接影响学习的效果。其立体匹配方案的基本思路如下所述。

① 使用 CNN 分别对左右视角图像进行特征提取，并融合多尺度特征。

② 连接左视角特征和平移的右视角特征，构建视差维度上稀疏的损失体，再使用 3DCNN 学习并根据几何上下文信息计算匹配损失。

③ 重采样损失体到原始图片尺寸，用 Softmax 函数将损失值转化为视差概率分布，并通过视差回归函数输出亚像素的预测视差。

具体过程如图 4-22 所示。

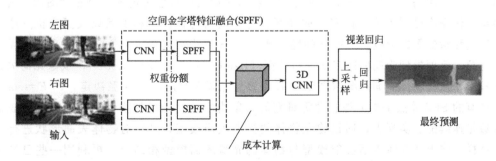

图 4-22 基于监督学习的立体匹配

基于非监督学习的立体匹配无需样本的视差真值，只需要左右图像即可，三维数据相互验证，迭代训练实现。网络结构具有两个分支，其中第一个用来计算代价，第二个用来联合滤波。具体过程如图 4-23 所示。

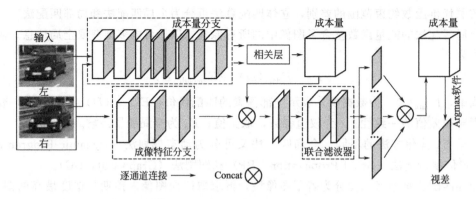

图 4-23　基于非监督学习的立体匹配

4.3.2　三维形状信息恢复

前述的立体视觉是恢复三维信息的一类重要方法，它的优点是几何关系非常明确，适用于基于视觉的三维精密测量。但缺点是需要确定双目或多目图像中的对应点，这是一个很困难的问题。另外实际中受遮挡或阴影的影响，景物的若干点有可能不出现在所有图像中，因而无法进行匹配。为了避免复杂的对应点匹配问题，也常采用通过单目图像中各种 3D 线索来恢复场景的方法，这些线索如轮廓、纹理、运动等。根据场景恢复所采用的成像方式和图像数量不同，从图像中各种 3D 线索来求解目标形状的方法常分为基于单幅图像的方法和基于多幅图像的方法，这些图像的生成均是单目图像。

（1）由阴影信息恢复形状

由阴影信息恢复形状（Shape from Shading，SFS）技术是运用单幅或者多幅图像中的物体表面的明暗信息来恢复图像的各点的表面法向量或者相对高度等参数值，以达到进一步对物体进行三维重构的目的。具体来说，3D 物体投影到 2D 图像平面上会形成不同的亮度层次，这些层次常用灰度表示，并称作阴影，根据图像中的阴影可以估计物体表面各部分的朝向。这些层次的变化分布是由光照方向和物体表面反射特性决定的。对实际图像而言，其表面点图像亮度受到了许多因素，如光源、物体表面材料性质和形状以及摄像机（或观察者）位置和参数等的影响。为简化问题，传统 SFS 方法均进行了如下假设：光源为无限远处点光源；反射模型为朗伯体表面反射模型（Lambertian Surface Model）；成像几何关系为正交投影，这样物体表面点图像亮度 E 仅由该点光源入射角 θ_i 的余弦决定，即 $E = \cos\theta_i$。

现有的 SFS 算法基本上是假设所研究的对象均为表面光滑的物体，即认为物体表面高度函数是连续的。实际上，通过建立物体的光滑表面模型，已经对物体表面形状进行了约束。这样，将上述物体表面反射模型与物体的光滑表面模型相结合，再利用一些已知条件（如关于物体表面形状的初始边值条件），就构成了 SFS 问题的正则化模型。

1）常用物体表面反射模型

① 朗伯体反射模型　朗伯体反射模型规定描述了理想条件下的漫反射物体表面特性，即反射光的强度与光源入射方向和该物体表面法向量间的夹角余弦成正比，由此可以构造出朗伯体漫反射模型

$$E = E_0 \omega \cos\theta_i \tag{4-32}$$

式中，E 表示物体表面某点的漫反射光强；E_0 为点光源强度；ω（$0<\omega<1$）表示物体表面的反射系数；θ_i 是入射光线与物体表面该点处法向量的夹角，或称为入射角（$0° \leqslant \theta_i \leqslant 90°$）。

当入射角为 $0°$ 时，光线垂直于物体表面入射，漫反射光强最大；当入射角为 $90°$ 时光线与物体表面平行，物体接收不到任何光线。如图 4-24 所示为反射模型示意图，其中，L 为光源方向，N 为物体表面法向量。假设物体表面在被照射点 P 处的梯度下的法向量为 $N=(p, q, -1)$，P 到点光源的梯度下的法向量为 $L=(p_0, q_0, -1)$，则式(4-32) 可表示为如下的向量形式

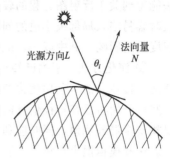

$$E = E_0 \omega \left(\frac{N \cdot L}{|N||L|} \right) \tag{4-33}$$

图 4-24　朗伯体反射模型

其中，$N \cdot L = \sqrt{p_0^2+q_0^2+1}\sqrt{p^2+q^2+1} \times \cos\theta_i$，$\cos\theta_i = \dfrac{(1+pp_0+qq_0)}{\sqrt{p_0^2+q_0^2+1}\sqrt{p^2+q^2+1}}$。

于是就可以得到归一化的像素灰度值与光源法向量和反射光法向量之间的关系

$$I(x,y) = \omega \frac{(1+pp_0+qq_0)}{\sqrt{p_0^2+q_0^2+1}\sqrt{p^2+q^2+1}} \tag{4-34}$$

② Oren-Nayar 反射模型　针对朗伯体表面假设中未考虑观测方向对反射结果的影响的问题，Oren-Nayar 提出一种更接近于真实物体表面的漫反射模型，该模型建立了入射光源方向、反射方向与物体表面粗糙度之间的复杂关系。假设物体表面是许多个微小平面组成，物体表面上一点的辐照强度可表达为

$$L_{rp} = \frac{d\Phi_r}{(da\cos\theta_a)\cos\theta_r d\omega_r} \tag{4-35}$$

式中，$d\Phi_r$ 为光辐照通量；θ_r 为微平面的法线方向与观察方向的夹角；$d\omega_r$ 为观察方向对应的立体角；da 为微平面的面积；θ_a 为极化角。

该模型主要描述了十分粗糙的表面的反射特性，认为对于表面上某一点的反射强度起决定性作用的是由表面粗糙度引起的几何影响，因此无需对局部漫反射物理特性进行准确描述。在 Oren-Nayar 模型中用朗伯体模型来估算局部反射特性，可能会使模拟结果产生偏差。

③ Phong 光照模型　镜面反射与漫反射的特性十分不同，漫反射时的光在空间的分布上是各向同性的，而镜面反射在空间上表现出强烈的方向特征。用镜面反射方向 $\overline{R}$ 和观察视线方向 $\overline{V}$ 的夹角的余弦的幂函数来模拟光滑表面反射空间分布，即 Phong 光照模型为

$$I_s = k_s I_{ps} \cos^n(\overline{R}\,\overline{V}) \tag{4-36}$$

式中，I_s 为观察者接收到的镜面反射光强度；I_{ps} 为入射光镜面反射有效光亮度；k_s 为物体表面的镜面反射系数；n 为光滑因子，其取值表示了物体表面光滑程度。

2）SFS 恢复算法

SFS 的主要任务是利用单幅影像中物体表面的明暗变化来恢复三维形状，并利用前述的简化方法。根据对问题的描述和求解过程的不同，经典的 SFS 算法分为：最小化方法、演化方法、局部分析法和线性化方法。

① 最小化方法　最小化方法将物体表面的反射图方程写成能量方程形式，并通过各种

约束条件使问题正则化，将问题转换为求泛函极值问题，利用最小化的方法进行求解。该方法考虑了亮度约束、表面光滑性约束、可积性约束、梯度约束等各种约束条件，将这些约束条件和反射图方程结合起来建立目标能量方程，并用泛函求极值的方法进行求解。最小化方法能得到关于反射图方程的较为稳定的解，然而该算法在初始条件未知的情况下，搜索最小值时容易陷入局部极小值的问题。同时，最小值方法由于计算过程中使用迭代方法使其收敛速度受到影响。其中以 Horn、Zheng 和 Chellappa 的方法应用最为广泛。

② 演化方法　根据已知点的值，沿某个路径逐步向外传播，最终获得整个表面的相对高度。传播方法常利用优化控制理论，首先找到图像中的特征点（已知点或边界条件），从这些点开始将已知特征信息向外传播，通过迭代的方法求得整个表面的解。演化方法通常可以找到全局最优值，同时能利用多种加速算法提高算法效率，常用方法包括遗传算法、快速行进法和模拟退火算法等。演化方法将光滑性假设直接融入算法中，因此可避免在最小化方法中存在的过平滑问题。然而，这类方法具有较高的计算复杂性，计算时间与图像的尺寸大小紧密相关。同时，大多数传播方法需要物体表面边界条件等先验知识。另外，图像噪声也会导致演化过程中存在粗差点，因此在处理噪声严重的图像时会产生较大误差。演化方法中以 Bichsel 和 Pentland 的最小下山法最为经典。

③ 局部分析法　局部分析法首先对物体表面的局部形状提出假设，再利用边界条件与反射图方程建立描述物体局部形状的线性偏微分方程组，并求取方程组的唯一解。局部分析法中具有代表性的有 Pentland 和 Lee-Rosenfeld 方法。这两个方法均假设图像上物体的局部表面符合球面特征，前者根据图像亮度及其一、二阶偏导信息求解表面法向量，后者根据图像亮度的一阶偏导数信息在光源坐标系下计算表面倾角及偏角。

④ 线性化方法　线性化方法是指将辐照度方程，进行线性化，从而将 SFS 问题描述为一个线性化问题，进行逼近求解的过程。该方法通常是将辐照度方程按照泰勒级数进行展开，然后舍去一次项以上的部分，近似求得方程的结果。

（2）从纹理恢复形状

利用物体表面上的纹理可以帮助确定表面的取向并进而恢复表面的形状。各种物体表面具有不同的纹理信息，这种信息由纹理元组成，根据纹理元可以确定表面方向，从而恢复出相应的三维表面。这种方法称为纹理恢复形状法（Shape from Texture，SFT）。纹理法的基本理论为：作为图像视野中不断重复的视觉基元，纹理元覆盖在各个位置和方向上。当某个布满纹理元的物体被投射在平面上时，其相应的纹理元也会发生弯折与变化。例如透视收缩变形使与图像平面夹角越小的纹理元越长，投影变形会使离图像平面越近的纹理元越大。通过对图像的测量来获取变形，进而根据变形后的纹理元，逆向计算出深度数据。

通过前述分析可知纹理在成像过程中产生的变化带有 3D 信息。形状信息的恢复是根据表面纹理或者纹理元的形变来计算图像中某点的梯度 (p, q)、高度 $z(x, y)$、表面方向 (n_x, n_y, n_z) 或者表面朝向角 (τ, β)，来恢复物体表面的形状。其中表面朝向角 (τ, β) 表示现实世界空间的物体表面上某点的法线方向，法线方向与人的观察视线方向之间的夹角定义为表面倾角 β，而在二维图像上的投影与 x 轴之间所形成的夹角定义为倾斜角 τ。关于表面倾角和倾斜角的表示含义如图 4-25 所示。从更一般的角度来讨论，不管是纹理元尺寸、形状还是相互关系的变化，都可看作是投影而产生的纹理畸变，这种畸变里含有原始 3D 世界的空间信息。在重构 3D 立体时，前提都是要对原始纹理元的尺寸、形状或相互关系有一定的先验知识，所以都是根据已知模式的畸变来重构 3D 立体。形状畸变的情况主要与两个因素有关。

① 观察者与物体之间的距离，它影响纹理元畸变后的大小。

② 物体表面的法线与视线之间的夹角，它影响纹理元畸变后的形状。

在透射投影中，第 1 个因素起作用，这是因为观察者与物体之间的距离的变化会导致图像产生放大或缩小的畸变。但是第 2 个因素在透射投影中不一定会起作用，如果物体表面是曲面，由于表面倾角在表面的变化会导致表面各部分投影的不同变化（相对距离不同）而影响畸变后的形状；但如果物体表面是平面，并不会产生影响形状的畸变。

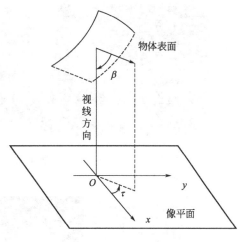

图 4-25　倾斜角和表面倾角

将纹理方法和立体视觉方法结合，称为纹理立体技术。它通过同时获取场景的两幅图像案例估计景物表面的方向，避免了复杂的对应点匹配问题。从纹理恢复形状分为四个步骤。

① 在图像上找到具有纹理元的区域。

② 确定纹理的特性。

③ 计算纹理的变化。

④ 根据纹理的变化计算表面方向。

4.3.3　智能视觉感知

智能视觉感知是机器人实现运动、作业、交互、认知等任务的重要前提和难点之一。机器人作业环境通常分为结构化环境和非结构化环境两类。结构化环境是指机器人工作的周围场所是固定的布局，非结构化环境是指环境信息难以用结构化、规则化的结构来描述的环境。非结构化环境感知在侦察卫星、无人系统、战场感知和星球探测方面具有重要的需求。而机器人视觉感知的智能性主要体现在：适应性（对非结构化环境和复杂对象的适应能力）、全面性（满足场景和目标的多样性需求）和透彻性（具备一定的认知和理解能力）。根据应用场景和任务驱动，目前机器人主要分为工业机器人和服务机器人两类。工业机器人视觉任务要求是：引导定位、物品检测、分类测量和数字标签（二维码）等。如图 4-26 所示为几种用于工业现场的智能机器人视觉系统。如图 4-27 所示的服务机器人视觉任务要求主要是 SLAM 定位（5.5.1 节）、智能导航、避障、地图重建和场景物体识别等。

通过分析机器人作业环境可知，非结构化环境下视觉感知任务的主要特点是非结构、复杂性和多样性。由于环境的非结构化，使得特征提取与表示及对信息的快速处理变得更加困难；感知数据的复杂；并且需要机器人具有利用先验知识的能力。为实现机器人视觉的前述功能，研究学者及机构引入了类脑机制构建新的视觉感知模型。类脑学习是指借鉴大脑神经系统结构和功能，以及人类认知行为（包括注意、学习、记忆等）机制的智能学习方法。类脑学习是提高机器人感知智能、作业智能等能力的重要方式，是机器人获得经验、知识和技

图 4-26　工业机器人视觉任务

图 4-27　服务机器人视觉任务

能，实现智能持续增长和进化的重要手段。

人类视觉系统在面对自然场景时具有快速搜索和定位感兴趣目标的能力，这种视觉注意机制是人们日常生活中处理视觉信息的重要机制。随着互联网带来的大数据量的传播，如何从海量的图像和视频数据中快速地获取重要信息，已经成为机器人视觉一个关键的问题。在计算机视觉任务中引入这种视觉注意机制，即视觉显著性，可以为视觉信息处理任务带来一系列重大的帮助和改善。引入视觉显著性的优势主要表现在两个方面：第一，可将有限的计算资源分配给图像视频中更重要的信息；第二，引入视觉显著性的结果更符合人的视觉认知需求。视觉显著性检测在目标识别、图像视频压缩、图像检索、图像重定向等中有着重要的应用价值。视觉显著性检测模型是通过计算机视觉算法去预测图像或视频中的哪些信息更受到视觉注意的过程。下文中主要介绍视觉显著性检测的主要理论。

（1）特征整合理论

特征整合理论，主要探讨视觉早期加工的问题，因此可看作其为一种知觉理论或模式识别的理论。该理论认为，视觉在前注意阶段，即无需集中性注意，此时视觉系统从光刺激模式中抽取特征，是一种平行的、自动化加工过程，此时的视觉系统并没有检测特征之间的关系。然后是视觉特征整合阶段（也可称为物体知觉阶段）。知觉系统把彼此分开的特征（特征表征）正确联系起来，形成能够对某一物体的表征。此阶段，要求对特征进行定位，即确定特征的边界位置在哪里。特征整合发生在视觉处理的后期阶段，是一种非自动化的、序列的处理。著名学者 Tresiman 认为视觉注意的初期，输入信息被拆分为颜色、亮度、方位和大小等特征并分别进行平行的加工，在这一过程中并不存在视觉注意机制，视网膜平行处理各种特征；在此之后，各种特征将会逐步整合，整个整合过程需要视觉注意的参与，最终形成显著性图。

按照信息驱动的来源，显著性检测模型可以分为两类：自顶向下模型和自底向上模型。前者对应于人类视觉系统中，在已有知识的前提下，或是在任务的驱动下，对外界环境自上向下的检索过程。虽然能够在全局上获得较好的结果，但在某些局部细节上会有模糊现象产生。后者对应于人类视觉系统中在图像特征及数据的驱动下，对外界环境自下而上的快速感知过程，其在局部细节上会有更加优良的效果。大多非学习模型的显著性检测使用自底向上的方法。

（2）自下而上的显著性检测

自下而上的显著性检测模型大多为非学习模型的显著性检测。通常使用颜色、亮度、纹理等低级特征或水平线、中心点等中级特征。在底层视觉显著性计算中，对比度起着重要的作用，利用图像的颜色、亮度和边缘等特征表示，判断目标区域和它周围像素的差异，进而计算图像区域的显著性。如图 4-28 所示为自下而上的注意，第 1 列浅灰色条和第 2 列的竖直摆放的条形能立即引起人的注意。

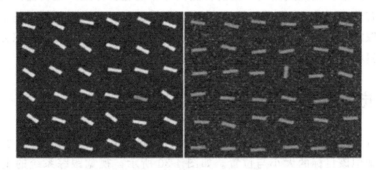

图 4-28　自下而上的注意

（3）自上而下的显著性检测

由人的认知因素决定，比如知识、预期和当前的目标，通过图像的特定特征来计算图像区域的显著性。如图 4-29 所示为自上而下的注意，监控任务下，场景中的人体能引起注意。自上而下的显著性检测模型中，特征显著性映射主要是由意志任务或者是从训练场景中学习到的先验知识引导的，一般需要利用大量包含真值的数据进行训练或者高层信息去指导特定任务下的显著性检测。

图 4-29　自上而下的注意

当面对复杂场景时，人眼通过自下而上和自上而下相结合的视觉注意机制，可以自动快速地定位显著性对象区域。但现有的算法在应用上都具有很大的局限性，现有的显著性检测算法大多只模仿一种机制，或是依据低级、中级特征自下而上检测显著性对象，或是通过机器学习提取高级特征，自上而下地生成显著性图像。然而，传统的显著性检测方法在复杂环境中由于低级特征的限制存在无法达到预期效果的问题。仅使用高级特征的深度学习模型难以对显著性对象进行定位，因此将高级特征与低级特征相结合进行检测是当前研究的趋势。

4.4 视觉跟踪系统

视觉跟踪是指对图像序列中的运动目标进行检测、提取、识别和跟踪，以获得运动目标的运动参数，如位置、速度、加速度和运动轨迹等，从而进行下一步的处理与分析，实现对运动目标的行为理解，以完成更高一级的检测任务。视觉目标跟踪是机器人视觉中的一个重要研究方向，有着广泛的应用，如：视频监控、人机交互、无人驾驶等。过去二三十年视觉目标跟踪技术取得了长足的进步，特别是最近两年利用深度学习的目标跟踪方法取得令人满意的效果，使目标跟踪技术获得了突破性的进展。

4.4.1 视觉跟踪系统构成

视觉目标（单目标）跟踪任务就是在给定某视频序列初始帧的目标大小与位置的情况下，预测后续帧中该目标的大小与位置。如图 4-30 所示，视觉跟踪系统的主要构成根据其基本任务流程包含以下几个部分。

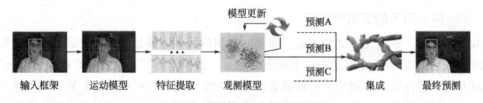

图 4-30 视觉跟踪系统的流程框图

1）运动模型（Motion Model）

生成候选样本的速度与质量直接决定了跟踪系统表现的优劣。常用的有两种方法：粒子滤波（Particle Filter）和滑动窗口（Sliding Window）。粒子滤波是一种序贯贝叶斯推断方法，通过递归的方式推断目标的隐含状态。而滑动窗口是一种穷举搜索方法，它列出目标附近的所有可能的样本作为候选样本。

2）特征提取（Feature Extractor）

鉴别性的特征表示是目标跟踪的关键之一。常用的特征被分为两种类型：手工设计的特征（Hand-crafted Feature）和深度特征（Deep Feature）。常用的手工设计的特征有灰度特征（Gray）、方向梯度直方图（HOG）、哈尔特征（Haar-like）和尺度不变特征（SIFT）等。与手工设计的特征不同，深度特征是通过大量的训练样本学习出来的特征，它比手工设计的特征更具有鉴别性。因此，利用深度特征的跟踪方法通常很轻松就能获得一个不错的效果。

3）观测模型（Observation Model）

大多数的跟踪方法主要集中在这一块的设计上。根据不同的思路，观测模型可分为两类：生成式模型（Generative Model）和判别式模型（Discriminative Model）。生成式模型通常寻找与目标模板最相似的候选作为跟踪结果，这一过程可以视为模板匹配。常用的理论方法包括：子空间、稀疏表示和字典学习等。而判别式模型通过训练一个分类器去区分目标与背景，选择置信度最高的候选样本作为预测结果。判别式方法已经成为目标跟踪中的主流方法，因为有大量的机器学习方法可以利用。常用的理论方法包括：逻辑回归、岭回归、支持向量机、多示例学习和相关滤波等。

4）模型更新（Model Update）

模型更新主要是更新观测模型，以适应目标表观的变化，防止跟踪过程发生漂移。模型更新没有一个统一的标准，通常认为目标的表观连续变化，所以常常会每一帧都更新一次模型。但也有人认为目标过去的表观对跟踪很重要，连续更新可能会丢失过去的表观信息，引入过多的噪声，因此利用长短期更新相结合的方式来解决这一问题。

5）集成方法（Ensemble Method）

集成方法有利于提高模型的预测精度，也常常被视为一种提高跟踪准确率的有效手段。可以把集成方法笼统的划分为两类：在多个预测结果中选一个最好的，或是利用所有的预测加权平均。

4.4.2 视觉跟踪方法

视觉目标跟踪方法根据观测模型是生成式模型或判别式模型可以划分为生成式跟踪方法（Generative Method）和判别式跟踪方法（Discriminative Method）。

（1）生成式跟踪方法

基于生成式模型的目标跟踪方法可定义为：先提取目标特征学习出代表目标的外观模型，通过它搜索图像区域进行模式匹配，在图像中找到和模型最匹配的区域，即为目标。生成式模型所携带的目标信息更丰富，在处理大量数据信息时更容易满足目标跟踪的评价标准和目标跟踪的实时性要求。它是智能视频监控、人机交互和智能交通等应用中的第一步，近年来在军事制导、医疗诊断、气象分析及天文检测等领域已得到广泛应用。生成式方法中最核心的问题是目标表示方法和目标模型。目标表示方法主要有稀疏表示和子空间表示方法。总的来说，基于线性表示模型的稀疏表示跟踪算法，在试验中表现出了较强的抗遮挡跟踪性能。虽然基于此类模型的算法表现出了良好的抗遮挡跟踪性能，但大多无法实现对目标的实时在线跟踪。生成式算法常用模型有混合高斯模型（GMM）、贝叶斯网络模型、马尔可夫模型（MRF）。主要跟踪算法有：增量视觉跟踪（Incremental Visual Tracking，IVT），该算法对因光照和姿态变化引起的目标外观改变的情况，具有良好的跟踪效果，但当目标因遮挡而造成外观严重改变时，无法取得良好的效果；基于分解的目标跟踪（Visual Tracking Decomposition，VTD），该算法在应对多方面的外形变化时鲁棒性好，但不能应对现实环境的多变性和复杂性；采样跟踪（Tracking by Sampling Trackers，VTS），抽样效率高，可以应对严重噪声和目标行为模糊，可以实时地反映出目标的特征，但自适应能力不强；局部无序跟踪（Locally Orderless Tracking，LOT），在目标外观发生变化时鲁棒性高，但在应对光照变化时跟踪性能较差；基于全局搜索的实时分布场目标跟踪方法，对长时间大范围遮挡、复杂背景变化和目标与背景比较相似等场景时表现出优良特性，但在因目标匹配不准确引起的跟踪漂移问题上没有得到有效的解决。

（2）判别式跟踪方法

判别式方法把跟踪问题变成一个分类的问题，通过训练分类器来区分目标和背景。以相关滤波（Correlation Filter）和深度学习（Deep Learning）为代表的判别式方法也取得了令人满意的效果。

1）相关滤波

相关滤波源于信号处理领域，相关性用于表示两个信号之间的相似程度，通常用卷积表示相关操作。那么基于相关滤波的跟踪方法的基本思想就是，寻找一个滤波模板，让下一帧的图像与滤波模板做卷积操作，响应最大的区域则是预测的目标。根据这一思想先后提出了大量的基于相关滤波的方法，如最早的平方误差最小输出和（MOSSE）利用的就是最朴素的相关滤波思想的跟踪方法。随后基于 MOSSE 有了很多相关的改进，如引入核方法（Kernel Method）的 CSK、KCF 等都取得了很好的效果，特别是利用循环矩阵计算的 KCF，跟踪速度惊人。在 KCF 的基础上又发展了一系列的方法用于处理各种挑战。如：DSST 可以处理尺度变化，基于分块的（Reliable Patches）相关滤波方法可处理遮挡，等等。但是所有上述的基于相关滤波的方法都受到边界效应（Boundary Effect）的影响。为了克服这个问题空间正则化相关滤波器跟踪（SRDCF）应运而生，在 KCF 基础上，加入惩罚项。SRDCF 利用空间正则化惩罚了相关滤波系数获得了可与深度学习跟踪方法相比的结果。

2）深度学习

因为深度特征对目标拥有强大的表示能力，深度学习在计算机视觉的其他领域，如检测、人脸识别中已经展现出巨大的潜力。但早前两年，深度学习在目标跟踪领域的应用并不顺利，因为目标跟踪任务的特殊性，只有初始帧的图片数据可以利用，因此缺乏大量的数据供神经网络学习。直到研究人员把在分类图像数据集上训练的卷积神经网络迁移到目标跟踪中来，基于深度学习的目标跟踪方法才得到充分的发展。如：CNN-SVM 利用在 ImageNet 分类数据集上训练的卷积神经网络提取目标的特征，再利用传统的 SVM 方法做跟踪。与 CNN-SVM 提取最后一层的深度特征不同的是，FCN 利用了目标的两个卷积层的特征构造了可以选择特征图的网络，这种方法比只利用最后的全连接层的 CNN-SVM 效果有些许的提升。随后 HCF、HDT 等方法则更加充分地利用了卷积神经网络各层的卷积特征，这些方法在相关滤波的基础上结合多层次卷积特征进一步提升了跟踪效果。

本章从机器人视觉系统构成出发，对机器视觉的成像几何原理、图像获取和处理技术进行了详细介绍和分析。在此基础上，详细阐述了机器人视觉系统的原理与应用技术，包括立体视觉、三维形状恢复和智能视觉感知方法和技术，并给出机器人视觉的任务要求。然后为实现机器人对运动目标的行为理解，详细阐述视觉跟踪系统的构成和跟踪方法。最后较完整地阐述了机器人视觉系统的功能要求，为机器人视觉系统设计提供了很好的素材。

第5章
机器人导航系统

在机器人系统中，自主导航是一项核心技术，是赋予机器人感知和行动能力的关键。自主移动机器人常用的导航定位方法有：惯性导航、卫星导航、声学导航定位、视觉导航定位等。其中，只有惯性导航是完全自主的，同时惯性导航系统的发展比较早，采用纯计算的方式来导航定位。即使在 GPS、北斗等卫星导航广泛应用的今天，惯性导航依然在诸多导航系统中牢牢地占据一席之地。

5.1 惯性导航系统常用传感器

惯性导航系统主要是由惯性测量单元、导航计算机以及操作显示装置等组成。惯性测量单元是惯性导航系统的硬件基础，一般包含三轴正交的陀螺仪和三轴正交的加速度计，分别用来测量载体的三自由度角运动和线加速度。为了提高惯性导航系统的精度，有时还要和其它传感器进行组合，比如：高度传感器、深度传感器、计程仪和里程计等等。其中陀螺仪和加速度计在 2.2.2 小节和 2.2.3 小节已经介绍了，这里将不再赘述，本节将主要介绍其他辅助传感器。

5.1.1 高度传感器

飞行机器人的飞行高度是机器人在空中的位置距离某一基准面的垂直高度。测量机器人高度时，所选择的基准面不同，得出的飞行高度也不相同。飞行机器人常使用的飞行高度有以下四种：相对高度，飞行机器人在空中的位置到某一既定的地面的垂直距离。在飞行机器人起飞和降落时使用相对高度；真实高度，飞行机器人在空中的位置到正下方地面目标上顶的垂直距离；绝对高度，飞行机器人在空中的位置到海平面的垂直距离；标准气压高度，飞行机器人在空中的位置到标准气压平面的垂直距离。气压式高度表可以测量飞行机器人的相对高度、绝对高度和标准气压高度，而真实高度需要用无线电高度表进行测量。

（1）气压式高度表

1）气压与高度的关系

气压是单位面积上所承受的空气柱的重量，因此，随着高度的升高，大气柱随之变短，单位面积上所承受的重量必然减轻，气压就会减小。如图 5-1 所示，在大气中取出一个气柱，设其截面面积为 ds，作用在 A 截面上的空气柱重力为 G_A，则作用在 A 截面上的大气压力 $P_A = \dfrac{G_A}{ds}$。作用在 B 截面上的空气柱重力为 G_B，则作用在 B 截面上的大气压力 $P_B = \dfrac{G_B}{ds}$。如果取 AB 段气柱的高度为 dH，柱内的空气密度为 r_H，AB 段气柱的重量 G_{AB}，则 A、B 截面上的压力差为

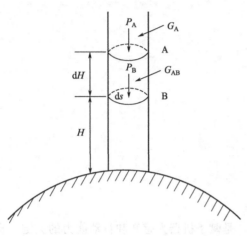

图 5-1　单位气柱压力

$$dP = P_A - P_B = \frac{-G_{AB}}{ds} = -r_H \cdot dH \tag{5-1}$$

根据式（5-1）可以求出气压随高度增加而减小的变化率，即

$$\frac{dP}{dH} = \frac{P_A - P_B}{dH} = -r_H \tag{5-2}$$

由式（5-2）可知

$$P_H = P_0 - r_H H \tag{5-3}$$

式中，H 为飞行机器人所在的位置高度；P_H 为 H 处的气压；P_0 为 $H = 0$ 处的气压。

由于 r_H 随高度的增加而减小，故 P_H 随 H 的增加而减少得更快，P_H 与 H 之间呈非线性关系，如图 5-2 所示。

2）气压式高度表的基本原理

气压式高度表根据高度升高气压降低，利用真空膜盒感受大气压力的变化进而表示飞行高度的变化。基本工作原理如图 5-3 所示，气压式高度表的敏感元件是一个真空膜盒，装在一个密封的表壳里，表壳背后有一个接头连接在飞行器的静压系统上。膜盒内部被抽成真空，压力可以认为是零。膜盒外部的压力等于飞行器周围的大气压力。当受到大气压力作用时，真空膜盒收缩并产生相应的弹

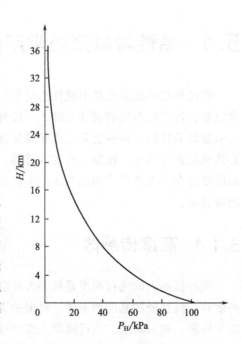

图 5-2　大气压力与高度的关系

力，当弹力与作用在膜盒上的大气压力平衡时，真空膜盒的变形一定，并带动指针指示出相应的高度。

（2）无线电高度表

无线电高度表是利用无线电波反射的原理工作的。在飞行器上安装无线电发射机和接收机。测量高度时，发射机利用发射天线向地面发射无线电波，而接收机将先后接收到由发射机直接传来的电波和经地面反射后的回波信号，将这两个无线电信号进行比较，会发现两束无线电波存在时间差，测量这个时间差就可以得出垂直高度。

发射机一般产生载波频率为 $4250 \sim 4350 \mathrm{MHz}$ 的恒幅、调频的连续波，如图 5-4 所示，频移 $\Delta F = 100 \mathrm{MHz}$，调制频率一般为 $F_\mathrm{M} = 100 \mathrm{Hz}$，即调制周期 $T_\mathrm{M} = 0.1 \mathrm{s}$。

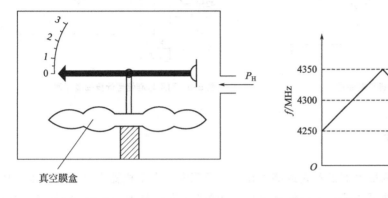

图 5-3　气压式高度表的基本工作原理　　　　图 5-4　恒幅、调频无线电信号

1）利用频差直接计算高度

如图 5-5 所示，无线电信号经发射机在 t_1 时刻发射向地面，发射频率为 f_1。在 t_2 时刻接收到回波，此刻发射波的频率变为 f_2。经地面反射回的接收波频率为 $f_\mathrm{r} = f_1$，电波经地面往返的时间差为 Δt，则

$$f_2 = f_\mathrm{r} + \frac{\mathrm{d}f}{\mathrm{d}t} \Delta t = f_1 + 2\Delta F \times F_\mathrm{M} \times \Delta t \tag{5-4}$$

在式(5-4)中，由于发射信号已知，所以可以得到 ΔF 和 F_M。而频率差 Δf 正比于飞行器的飞行高度。因此，只要测得频率差 Δf，就可以计算出飞行器的飞行高度 H。即

$$\Delta f = f_2 - f_1 = 2\Delta F \times F_\mathrm{M} \times \Delta t = \frac{4\Delta F \times F_\mathrm{M}}{c} H \tag{5-5}$$

式中，c 为无线电波在空气中的传播速度。

例如，发射信号采用的调制频率 $F_\mathrm{M} = 100 \mathrm{Hz}$，频移 $\Delta F = 100 \mathrm{MHz}$，则频率差 Δf 与飞行高度 H 之间的关系为：$\Delta f = 133H$，其中，Δf 的单位为 Hz，H 的单位为 m。即高度变化 1m，差频变化 133Hz。

2）利用基准信号计算高度

如图 5-6 所示，假设 t_1 时刻，发射波的频率为 f_1，该频率的无线电波由发射机射向地面，经地面反射后，在 t_2 时刻回到了接收机，此刻发射波的频率已经变为 f_2。发射波从发射经地面反射再回接收机的时间差为 $\Delta T = t_2 - t_1$，在 ΔT 时间内发射波的频率差为 $\Delta F = f_2 - f_1$。则 ΔF 与 ΔT 成正比。一般采用 300ft(300 英尺，1ft=0.3048m) 的高度为基准，

进行飞行器高度计算。假设飞行器的高度为 300ft，发射波从发射经过地面反射再回到接收机的时间差为 Δt，在 Δt 时间内发射信号频率变化为 Δf，则飞机的飞行高度 h 为

$$\frac{h}{300}=\frac{\Delta T}{\Delta t}=\frac{\Delta F}{\Delta f} \tag{5-6}$$

由式(5-6) 可知，只要测出 ΔF 和 Δf 就可计算出飞行器的高度。

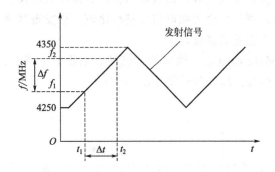

图 5-5 利用频差计算高度原理

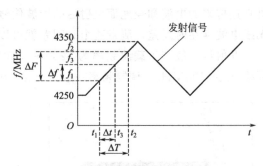

图 5-6 利用基准信号计算高度原理

5.1.2 深度传感器

深度传感器一般用于测量水下机器人或潜器在水中的深度。水下机器人多采用温度、盐度和深度测量为一体的温盐深传感器进行深度测量。如图 5-7 所示是 Valeport 公司生产的适用于水下机器人的一款快速温盐深传感器。

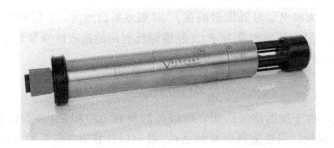

图 5-7 温盐深传感器

（1）测深原理

水下机器人在海水中深度的测量，实际上就是测量水下机器人所在位置的海水压力。通过压力传感器检测海水的压力，然后经过换算进而得到水深。水下机器人在海水中的深度与所在位置的海水压力之间的关系为

$$h=\frac{P}{\rho g} \tag{5-7}$$

式中，P 为测量点海水压力，Pa；g 为测量点的重力加速度，$\mathrm{m/s^2}$；ρ 为海水密度，$\mathrm{kg/m^3}$。

由式(5-7) 可知，当测得水下机器人所在位置的海水压力后，就可以得到水下机器人所

处位置的深度信息。

（2）测压原理

压力的测量，通常是将压力敏感元件应用于电桥中，当外界压力变化时，测量压力的敏感元件电阻的阻值也将变化，电阻阻值的变化直接反映了压力的变化。通常采用惠斯通电桥进行压力测量，如图 5-8 所示。

R_1、R_2、R_3 和 R_x 是惠斯通电桥的四个桥臂，其中 $R_1=R_2=R_3$，R_x 为压力敏感元件，当压力变化时，电桥输出的电压 V 也将变化。如图 5-8 所示，电桥供电电压采用直流电源，电压为 V_{cc}。设 R_2 两端的电压为 V_2，R_x 两端的电压为 V_x，流过 R_1 和 R_2 的电流为 I_{12}，流过 R_3 和 R_x 的电流为 I_{3x}。根据欧姆定律可得：

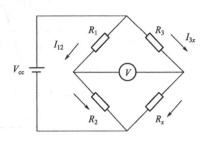

图 5-8　惠斯通电桥

$$I_{12}=\frac{V_{cc}}{R_1+R_2}, \quad I_{3x}=\frac{V_{cc}}{R_3+R_x}, \quad V_2=\frac{R_2}{R_1+R_2}V_{cc}, \quad V_x=\frac{R_x}{R_3+R_x}V_{cc}。则$$

$$V=V_2-V_x=\frac{R_2R_3-R_1R_x}{(R_1+R_2)(R_3+R_x)}V_{cc} \tag{5-8}$$

由式(5-8) 可知，当不受外部压力时，由于 $R_1=R_2=R_3=R_x$，电桥输出为零。当存在外部压力时，R_x 与 R_1、R_2、R_3 将不再相等，则输出电压 V 不为零，根据 V 的变化就可以求出所受压力的变化。

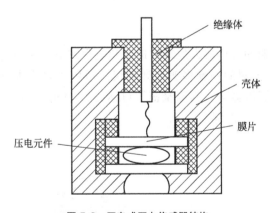

图 5-9　压电式压力传感器结构

利用惠斯通电桥原理的压力传感器主要有压电式压力传感器、应变式压力传感器和硅压阻式压力传感器。

1）压电式压力传感器

压电式压力传感器主要基于压电效应，当受到外力作用时，敏感元件产生电荷，但是电荷无法保存，一般只适用于动态测量。如图 5-9所示，压电式压力传感器主要由壳体、绝缘体、膜片和压电元件组成。其中压电元件的材料主要有石英晶体、酒石酸钾钠和磷酸二氢铵。石英晶体压电系数较小，当应力变化时产生的电场变化小，不易检测；酒石酸钠钾压电系数较大，具有较高的灵敏度，但是环境适应性较低，一般适用于室温或较低温度的环境；磷酸二氢铵环境适应性好，可适用于高温、潮湿的环境。

2）应变式压力传感器

应变式压力传感器的敏感元件为电阻应变片，主要分为金属应变片和半导体应变片。如图 5-10 所示，电阻应变片主要由基体、电阻丝、绝缘覆盖片和引出线组成。电阻应变片通常用黏合剂贴在应变基体上，当基体受到外力时，电阻应变片将发生形变，导致其阻值发生变化，进而电阻应变片两端的电压发生变化。电阻应变片的阻值通常在几十至几千欧，要根据具体的应用选取电阻应变片的阻值。阻值过小，需要的激励电流较大，容易造成零点漂移；阻值过大，抗干扰能力差，容易受到外界的干扰。

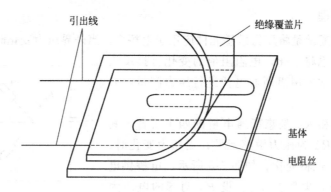

图 5-10　应变式压力传感器结构

3）硅压阻式压力传感器

硅压阻式压力传感器主要基于单晶硅的压阻效应。如图 5-11 所示，硅压阻式压力传感器主要由硅膜片、硅杯和引线等组成。其核心是一块圆形的硅膜片，利用扩散工艺在其上设置四个初始阻值相等的电阻，并接入平衡电桥。膜片两边有两个压力腔，一个是与被测系统相连的高压腔；另一个是低压腔，一般与大气相通，或者真空。当膜片两边存在压力差时，膜片产生形变，膜片上的各点产生应力。四个电阻的阻值发生变化，电桥失去平衡，输出电压，该电压与膜片两边的压力差成正比。

5.1.3　多普勒计程仪

多普勒计程仪是一种利用多普勒效应测量船舶或机器人的绝对速度和航程或对水层的速度和航程的计程仪。如图 5-12 所示，是 TRDI 公司的一款多普勒计程仪，适用于自主水下机器人、遥控水下机器人、水上无人航行器、深潜器等。其测量范围可达 $\pm 17.0\,\mathrm{m/s}$，长期测量精度可达真实速度的 $\pm 0.5\%$ 再叠加 $\pm 0.2\,\mathrm{cm/s}$ 的误差。

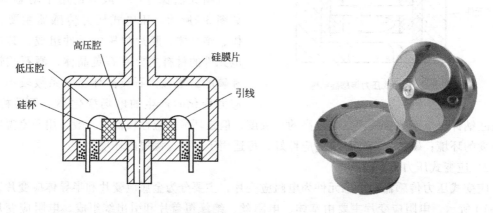

图 5-11　硅压阻式压力传感器的结构　　　　　图 5-12　多普勒计程仪

多普勒计程仪的测速器件为超声波换能器，它安装在船底壳上，以一定的水平俯角向海底或水层发射和接收超声波。

（1）多普勒效应

奥地利物理学家多普勒于1842年发现了多普勒效应，后被广泛应用于船舶速度测量、导航卫星定位、医疗检测、工业检测等。当发射源与接收体之间存在相对运动时，接收体接收到的发射源发射信息的频率与发射源发射信息的频率不相同，这种现象称为多普勒效应，接收频率与发射频率之差称为多普勒频移。声音的传播也存在多普勒效应，当声源与接收体之间有相对运动时，接收体接收的声波频率 f_R 与声源频率 f_T 存在多普勒频移 $\Delta f = f_R - f_T$。当接收体与声源相互靠近时，接收频率 f_R 大于发射频率 f_T。当接收体与声源相互远离时，接收频率 f_R 小于发射频率 f_T。若接收体与声源相互靠近或相互远离的速度为 v，声速为 c，则接收体接收声波的多普勒频移应为 $\Delta f = \dfrac{v}{c} \times f_T$。接收体将发射源的声波射向某一对象，再反射回声源后被接收的多普勒频移为 $\Delta f = 2\dfrac{v}{c} \times f_T$。

（2）单波束测速原理

多普勒计程仪的测速原理如图5-13所示。在船底安装发射超声波和接收超声波的换能器 O。发射和接收换能器 O 以水平俯角 θ 向海底发射超声波并接收反射的回波。当船舶静止不动时，换能器 O 接收的反射回波频率与发射波的频率相等，多普勒频移为零。当船舶以航速 v 航行时，航速 v 在超声波发射与接收方向的分量为 $v\cos\theta$，则换能器接收反射回波的多普勒频移为

$$\Delta f = 2\frac{v\cos\theta}{c} \times f_T \tag{5-9}$$

式中，f_T 为发射频率；θ 为波束的水平俯角。

f_T、c、θ 均为已知量，只要测出多普勒频移 Δf，即可求得船舶的航速 v。

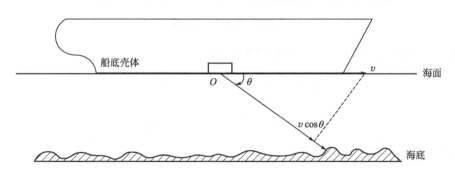

图5-13 多普勒计程仪测速原理

（3）双波束测速原理

单波束测量时只向前下方发射单一声束，这种单波束计程仪在实际使用时会因船舶颠簸和纵摇产生测速误差，故发射单一声束的多普勒计程仪不能得到广泛的应用。下面以船舶颠簸为例分析单波束测速的误差，如图5-14所示。

由于船舶上下颠簸会产生船舶垂直方向上的运动速度 u，垂向速度 u 在波束发射接收方向上的分量为 $u\sin\theta$，则在波束发射接收方向上的合成速度为 $v\cos\theta - u\sin\theta$，单波束多普勒频移公式为

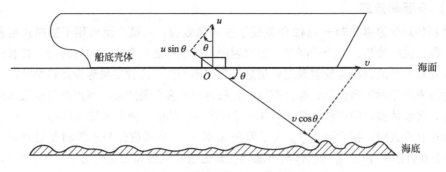

图 5-14 船舶颠簸引起单波束测速误差示意图

$$\Delta f = 2\,\frac{v\cos\theta - u\sin\theta}{c} \times f_{\mathrm{T}} \tag{5-10}$$

在船舶上下颠簸时,如果仍按式(5-9)进行测速计算,显然会产生测量误差。

为了消除这种测量误差,目前船用多普勒计程仪普遍采用双波束系统测速,即以相同的发射角分别向前和向后发射对称的超声波束,如图 5-15 所示。

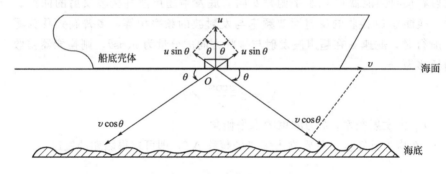

图 5-15 双波束测速原理

朝船首及船尾的超声波束的多普勒频移分别为

$$\Delta f_1 = 2\,\frac{v\cos\theta - u\sin\theta}{c} \times f_{\mathrm{T}} \tag{5-11}$$

$$\Delta f_2 = 2\,\frac{-v\cos\theta - u\sin\theta}{c} \times f_{\mathrm{T}} \tag{5-12}$$

式(5-11)减去式(5-12)得

$$\Delta f = \Delta f_1 - \Delta f_2 = 4\,\frac{v\cos\theta}{c} \times f_{\mathrm{T}} \tag{5-13}$$

由式(5-13)可知,船舶颠簸引起的垂直方向运动速度 u 的影响已完全消除。

5.1.4 里程计

随着自主移动机器人的快速发展,各种各样的自动化任务,如物体抓取、空间探索等,对移动机器人的定位提出了更高的要求,而里程计技术在其中扮演着极其重要的作用。里程计是一种利用从移动传感器获得的数据来估计物体位置随时间的变化而改变的方法。该方法被用在许多机器人系统来估计机器人相对于初始位置移动的距离。常用的里程计定位方法有轮式里程计、视觉里程计以及视觉惯性里程计。其中轮式里程计是一种最简单，获取成本最低的方法。与其它定位方法一样，轮式里程计也需要传感器感知外部信息。

轮式里程计的航迹推算定位方法主要基于光电编码器在采样周期内脉冲的变化量计算出车轮相对于地面移动的距离和方向角的变化量，从而推算出移动机器人位姿的相对变化。根据编码器输出的脉冲数就可计算出车辆的行驶速度和行驶里程。假设车轮旋转一圈里程计输出 N 个脉冲，在 Δt 时间内里程计输出的脉冲数为 n，车轮半径为 R，则车速 V 为

$$V = \frac{2\pi R n}{N \cdot \Delta t} \tag{5-14}$$

行驶里程可以按照里程计输出的脉冲进行累加，假设里程计累计输出脉冲数为 N'，则行驶里程 L 为

$$L = \frac{2\pi R N'}{N} \tag{5-15}$$

里程计的误差源一般为：转弯时左右车轮的里程差；车轮的打滑；由于车轮胎压或负载的变化造成的车轮半径变化，进而影响里程的计算。也可以采用卫星导航系统如 GPS，进行车速的测量，然后通过积分计算车辆的行驶里程。

视觉里程计是通过移动机器人上搭载的单个或多个相机的连续拍摄图像作为输入，从而增量式地估算移动机器人的运动状态。视觉里程计分为单目 VO 和双目 VO。双目 VO 的优势在于，能够精确的估计运动轨迹，且具有确切的物理单位。如在单目 VO 中，只能知道移动机器人在 x 或 y 方向上移动了 1 个单位，而在双目 VO 中则可明确知道是移动了 1cm。但是，对于距离很远的移动机器人，双目系统则会自动退化成为单目系统。

视觉惯性里程计，也叫视觉惯性系统（visual-inertial system），是融合了相机和惯性导航（5.2 节）数据实现 SLAM（5.5.1 小节）的一种算法。根据融合框架的不同又分为松耦合和紧耦合。松耦合中视觉运动估计和惯导运动估计系统是两个独立的模块，将每个模块的输出结果进行融合。紧耦合则是使用两个传感器的原始数据共同估计一组变量，传感器噪声也是相互影响的。紧耦合算法比较复杂，但充分利用了传感器数据，可以实现更好的效果，是目前研究的重点。

5.2 惯性导航系统

惯性导航系统（简称惯导系统）是一种不依赖外部信息、也不向外部辐射能量的自主式导航系统。其工作环境包括空中、地面以及水下。惯性导航系统的基本工作原理是以牛顿力学定律为基础，通过测量载体在惯性坐标系的加速度，并将该加速度对时间进行积分，然后把它变换到导航坐标系中，就能够得到在导航坐标系中的速度、姿态角和位置等信息。

5.2.1 平台式惯性导航系统

平台式惯性导航系统是具有物理稳定平台的惯性导航系统。平台式惯性导航系统的核心

是高精度的惯性陀螺稳定平台。该平台是用来隔离载体角运动对加速度测量的影响,并且能够跟踪指定的导航坐标系,为平台惯性导航系统提供导航用的测量基准。

(1) 平台式惯性导航系统的结构

如图 5-16 所示,平台式惯性导航系统一般主要由稳定平台框架及稳定控制回路、陀螺仪、加速度计、导航计算机和控制显示器组成。

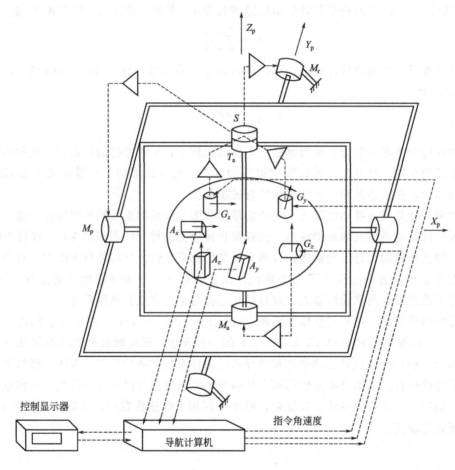

图 5-16 平台式惯性导航系统组成结构示意图

加速度计安装在稳定平台上,其输出的比力信号由导航计算机进行采集。导航计算机的功能主要包括:计算载体的实时运动参数和导航参数;计算出对平台实施控制的指令角速度,并将该指令角速度经过 D/A 变换成指令电流输入给三个陀螺仪的力矩器,以使平台跟踪所选定的导航坐标系。平台式惯性导航系统组成的各部分之间的信号传递关系如图 5-17 所示。

(2) 水平指北方位惯导系统

水平指北方位惯导系统的导航坐标系是当地的地理坐标系,由于陀螺仪是相对惯性空间稳定的,因此为了使惯性导航平台稳定在当地地理坐标系,除了需要满足舒勒调谐条件外,还需要利用陀螺仪的进动性,对陀螺仪进行施矩控制。

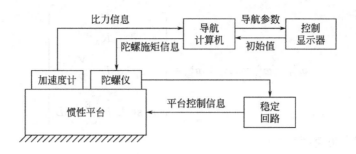

图 5-17 平台式惯性导航系统信息传递

1）平台的指令角速度

水平指北方位惯导系统的导航坐标系是地理坐标系，即理想平台坐标系 T 为地理坐标系 g。平台坐标系模拟地理坐标系，将惯性稳定平台上的三个加速度计的敏感轴定向在当地的东、北、天方位上。所以平台坐标系应该跟踪地理坐标系，即 $\omega_{i\mathrm{T}}=\omega_{ig}$。

如图 5-18 所示，地理坐标系的旋转角速度由两部分组成：跟随地球旋转的角速度 ω_{ie} 和由于运载体运动而引起的相对地球的旋转角速度 ω_{eg}，即 $\omega_{ig}=\omega_{ie}+\omega_{eg}$。

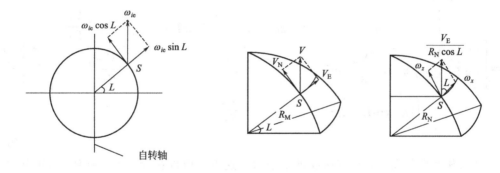

图 5-18 地理坐标系的旋转角速度

由图 5-18 可得

$$\boldsymbol{\omega}_{ie}^{\mathrm{T}}=\boldsymbol{\omega}_{ie}^{\mathrm{g}}=\begin{bmatrix} 0 \\ \omega_{ie}\cos L \\ \omega_{ie}\sin L \end{bmatrix} \tag{5-16}$$

$$\boldsymbol{\omega}_{e\mathrm{T}}^{\mathrm{T}}=\boldsymbol{\omega}_{eg}^{\mathrm{g}}=\begin{bmatrix} -\dfrac{V_{\mathrm{N}}}{R_{\mathrm{M}}} \\[2mm] \dfrac{V_{\mathrm{E}}}{R_{\mathrm{N}}\cos L}\cos L \\[2mm] \dfrac{V_{\mathrm{E}}}{R_{\mathrm{N}}\cos L}\sin L \end{bmatrix}=\begin{bmatrix} -\dfrac{V_{\mathrm{N}}}{R_{\mathrm{M}}} \\[2mm] \dfrac{V_{\mathrm{E}}}{R_{\mathrm{N}}} \\[2mm] \dfrac{V_{\mathrm{E}}}{R_{\mathrm{N}}}\tan L \end{bmatrix} \tag{5-17}$$

式中，L 为 S 点的纬度；ω_{ie} 为地球自转角速度；R_{M} 为 S 点沿子午圈的曲率半径；R_{N} 为沿卯酉圈的曲率半径，也称为主曲率半径。

所以

$$\boldsymbol{\omega}_{iT}^{T}=\boldsymbol{\omega}_{ig}^{g}=\boldsymbol{\omega}_{ie}^{g}+\boldsymbol{\omega}_{eg}^{g}=\begin{bmatrix} -\dfrac{V_N}{R_M} \\[2mm] \omega_{ie}\cos L+\dfrac{V_E}{R_N} \\[2mm] \omega_{ie}\sin L+\dfrac{V_E}{R_N}\tan L \end{bmatrix} \tag{5-18}$$

则平台的指令角速度为

$$\begin{cases} \omega_{cx}^{T}=-\dfrac{V_N}{R_M} \\[2mm] \omega_{cy}^{T}=\omega_{ie}\cos L+\dfrac{V_E}{R_N} \\[2mm] \omega_{cz}^{T}=\omega_{ie}\sin L+\dfrac{V_E}{R_N}\tan L \end{cases} \tag{5-19}$$

2）速度方程

惯性导航系统比力方程为$\dot{\boldsymbol{V}}_{eT}^{T}=\boldsymbol{f}^{T}-(2\boldsymbol{\omega}_{ie}^{T}+\boldsymbol{\omega}_{eT}^{T})\times\boldsymbol{V}_{eT}^{T}+\boldsymbol{g}^{T}$，将式（5-16）和式（5-17）代入比力方程可得

$$\begin{bmatrix} \dot{V}_E \\ \dot{V}_N \\ \dot{V}_U \end{bmatrix}=\begin{bmatrix} f_E \\ f_N \\ f_U \end{bmatrix}-\begin{bmatrix} 0 & -\left(2\omega_{ie}\sin L+\dfrac{V_E}{R_N}\tan L\right) & 2\omega_{ie}\cos L+\dfrac{V_E}{R_N} \\[3mm] 2\omega_{ie}\sin L+\dfrac{V_E}{R_N}\tan L & 0 & \dfrac{V_N}{R_M} \\[3mm] -\left(2\omega_{ie}\cos L+\dfrac{V_E}{R_N}\right) & -\dfrac{V_N}{R_M} & 0 \end{bmatrix}\begin{bmatrix} V_E \\ V_N \\ V_U \end{bmatrix}+\begin{bmatrix} 0 \\ 0 \\ -g \end{bmatrix}$$

$$\tag{5-20}$$

对于飞机和舰船而言，垂直速度远小于水平速度，所以在计算V_E和V_N时可略去V_U的影响，则

$$\begin{cases} \dot{V}_E=f_E+\left(2\omega_{ie}\sin L+\dfrac{V_E}{R_N}\tan L\right)V_N \\[2mm] \dot{V}_N=f_N-\left(2\omega_{ie}\sin L+\dfrac{V_E}{R_N}\tan L\right)V_E \end{cases} \tag{5-21}$$

所以可以求得水平速度为$V=\sqrt{V_E^2+V_N^2}$。

3）经度和纬度方程

如图 5-19 所示，纬度的变化由北向速度引起，经度的变化由东向速度，所以

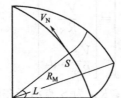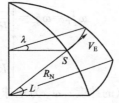

图 5-19　速度引起的经度和纬度变化示意图

$$\begin{cases} \dot{L}=\dfrac{V_{\mathrm{N}}}{R_{\mathrm{M}}} \\[3mm] \dot{\lambda}=\dfrac{V_{\mathrm{E}}}{R_{\mathrm{N}}\cos L} \end{cases} \tag{5-22}$$

4）高度计算

纯惯性平台导航系统的高度通道是发散的，一般可用外来高度信息引入阻尼。

5）水平指北方位惯导系统的优缺点

水平指北方位惯导系统的惯性平台模拟当地地理坐标系，所以航向角、俯仰角和横滚角可以从平台环架轴上直接读取，各导航参数间的关系比较简单，导航解算方程简洁，计算量较小，对计算机要求较低。但是，由式（5-19）可知，方位陀螺的指令角速度 ω_{cz}^{T} 为 $\omega_{ie}\sin L+$ $\dfrac{V_{\mathrm{E}}}{R_{\mathrm{N}}}\tan L$，随着纬度 L 的增高，对方位陀螺施加的施矩电流急剧上升，在极区 $L\approx90°$ 附近根本无法工作。同时由式（5-21）可知，在水平速度 V_{E} 和 V_{N} 解算时存在正切函数 $\tan L$，当 $L\approx90°$ 时速度中的计算误差被严重放大，甚至产生溢出。所以水平指北方位惯导系统不能在高纬度地区正常工作，一般只适用于中、低纬度地区的导航。

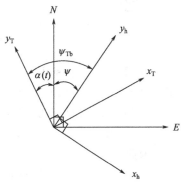

图 5-20　航向角 ψ 与平台航向角 ψ_{Tb} 和游移方位角的 $\alpha(t)$ 关系

（2）游移方位惯性导航系统

1）游移方位角

游移方位惯性导航系统的导航坐标系是水平坐标系，方位跟踪地球旋转，即方位陀螺的指令角速度为 $\omega_{cz}^{\mathrm{T}}=\omega_{iTz}^{\mathrm{T}}=\omega_{ie}\sin L$。

如图 5-20 所示，平台的 y_{T} 轴相对北向轴存在偏转角 $\alpha(t)$，此偏转角称为游移方位角，定义逆时针为正。根据图 5-20 可知，$\psi=\psi_{\mathrm{Tb}}-\alpha(t)$，其中，平台航向角 ψ_{Tb} 从平台框架上读取，顺时针为正。

由于 $\boldsymbol{\omega}_{i\mathrm{T}}^{\mathrm{T}}=\boldsymbol{C}_{\mathrm{g}}^{\mathrm{T}}\boldsymbol{\omega}_{ig}^{\mathrm{g}}+\boldsymbol{\omega}_{g\mathrm{T}}^{\mathrm{T}}$，即

$$\begin{bmatrix} \omega_{iTx}^{\mathrm{T}} \\ \omega_{iTy}^{\mathrm{T}} \\ \omega_{iTz}^{\mathrm{T}} \end{bmatrix}=\begin{bmatrix} \cos\alpha & \sin\alpha & 0 \\ -\sin\alpha & \cos\alpha & 0 \\ 0 & 0 & 1 \end{bmatrix}\begin{bmatrix} \omega_{igx}^{\mathrm{g}} \\ \omega_{igy}^{\mathrm{g}} \\ \omega_{igz}^{\mathrm{g}} \end{bmatrix}+\begin{bmatrix} 0 \\ 0 \\ \dot{\alpha}(t) \end{bmatrix} \tag{5-23}$$

将式（5-18）代入式（5-23）可得

$$\omega_{iTz}^{\mathrm{T}}=\omega_{ie}\sin L+\frac{V_{\mathrm{E}}}{R_{\mathrm{N}}}\tan L+\dot{\alpha}(t) \tag{5-24}$$

由于 $\omega_{cz}^{\mathrm{T}}=\omega_{iTz}^{\mathrm{T}}=\omega_{ie}\sin L$，所以可得游移方位角 $\alpha(t)$ 的变化规律

$$\dot{\alpha}(t)=-\frac{V_{\mathrm{E}}}{R_{\mathrm{N}}}\tan L \tag{5-25}$$

由式（5-25）可知，当运载体向北运动或静止时，游移方位角 $\alpha(t)$ 保持不变。除在赤道上 $L=0°$ 之外，只要有东向速度分量 V_{E}，游移角速度 $\dot{\alpha}(t)$ 就是变化的。

2）方向余弦矩阵和定位计算

① 方向余弦矩阵和定位计算的关系　设运载体所在地 S 的经度为 λ，纬度为 L，则 S 点

的地理坐标系 g 可由地球坐标系 e 经三次基本旋转后确定出，如图 5-21 所示，即：地球坐标系 $x_e y_e z_e$ 绕 z_e 轴旋转 λ 得到坐标系 $x_e' y_e' z_e'$，再绕 y_e' 轴旋转 $90°-L$ 得到坐标系 $x_e'' y_e'' z_e''$，最后绕 z_e'' 轴旋转 $90°$ 得到地理坐标系 $x_g y_g z_g$。设平台的游移方位角为 α，则

$$C_g^T = \begin{bmatrix} \cos\alpha & \sin\alpha & 0 \\ -\sin\alpha & \cos\alpha & 0 \\ 0 & 0 & 1 \end{bmatrix} \tag{5-26}$$

由图 5-21 可得由地球坐标系到地理坐标系的坐标变换矩阵

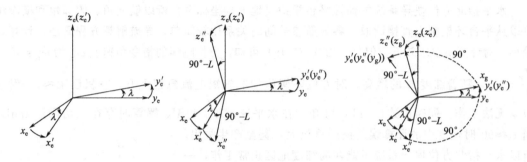

图 5-21　地球坐标系与地理坐标系的关系

$$C_e^g = \begin{bmatrix} 0 & 1 & 0 \\ -1 & 0 & 0 \\ 0 & 0 & 1 \end{bmatrix} \begin{bmatrix} \sin L & 0 & -\cos L \\ 0 & 1 & 0 \\ \cos L & 0 & \sin L \end{bmatrix} \begin{bmatrix} \cos\lambda & \sin\lambda & 0 \\ -\sin\lambda & \cos\lambda & 0 \\ 0 & 0 & 1 \end{bmatrix} = \begin{bmatrix} -\sin\lambda & \cos\lambda & 0 \\ -\sin L\cos\lambda & -\sin L\sin\lambda & \cos L \\ \cos L\cos\lambda & \cos L\sin\lambda & \sin L \end{bmatrix} \tag{5-27}$$

因此

$$
\begin{aligned}
C_e^T = C_g^T C_e^g &= \begin{bmatrix} \cos\alpha & \sin\alpha & 0 \\ -\sin\alpha & \cos\alpha & 0 \\ 0 & 0 & 1 \end{bmatrix} \begin{bmatrix} -\sin\lambda & \cos\lambda & 0 \\ -\sin L\cos\lambda & -\sin L\sin\lambda & \cos L \\ \cos L\cos\lambda & \cos L\sin\lambda & \sin L \end{bmatrix} \\
&= \begin{bmatrix} -\cos\alpha\sin\lambda-\sin\alpha\sin L\cos\lambda & \cos\alpha\cos\lambda-\sin\alpha\sin L\sin\lambda & \sin\alpha\cos L \\ \sin\alpha\sin\lambda-\cos\alpha\sin L\cos\lambda & -\sin\alpha\cos\lambda-\cos\alpha\sin L\sin\lambda & \cos\alpha\cos L \\ \cos L\cos\lambda & \cos L\sin\lambda & \sin L \end{bmatrix} \\
&= \begin{bmatrix} C_{11} & C_{12} & C_{13} \\ C_{21} & C_{22} & C_{23} \\ C_{31} & C_{32} & C_{33} \end{bmatrix}
\end{aligned} \tag{5-28}
$$

由式(5-28) 可得

$$\begin{cases} L = \arcsin C_{33} \\ \lambda_{主} = \arctan\dfrac{C_{32}}{C_{31}} \\ \alpha_{主} = \arctan\dfrac{C_{13}}{C_{23}} \end{cases} \tag{5-29}$$

其中，$\lambda_主$ 和 $\alpha_主$ 表示在 $\left(-\dfrac{\pi}{2}, \dfrac{\pi}{2}\right)$ 区间内的解，λ 的真值确定按表 5-1 给出，α 的真值确定按表 5-2 给出。

表 5-1 λ 的真值确定

C_{31}	$\lambda_{\pm}$为负值	$\lambda_{\pm}$为正值
负值	$\lambda=\lambda_{\pm}+180°$	$\lambda=\lambda_{\pm}-180°$
正值	$\lambda=\lambda_{\pm}$	

表 5-2 α 的真值确定

C_{23}	$\alpha_{\pm}$为正值	$\alpha_{\pm}$为负值
正值	$\alpha=\alpha_{\pm}$	$\alpha=\alpha_{\pm}+360°$
负值	$\alpha=\alpha_{\pm}+180°$	

② 方位余弦阵 C_e^T 的确定　设自地心至平台支点 S 的位置矢量为 R，平台坐标系 T 相对地球坐标系 e 的旋转角速度为 ω_{eT}。则 $R^e=C_T^e R^T$，平台支点 S 相对地球的速度为 $V^e=\dot{C}_T^e C_e^T R^e$，将其写成地球坐标系 e 和平台坐标系 T 内的数学向量形式为

$$V^e=\omega_{eT}^e\times R^e \tag{5-30}$$

其中，$\dot{C}_T^e C_e^T=(\omega_{eT}^T\times)$。

而 V 又是 R 的矢端速度，则 $V=\omega_{eT}\times R$，将其写成地球坐标系 e 和平台坐标系 T 内的数学向量形式为

$$V^T=\omega_{eT}^T\times R^T=(\omega_{eT}^T\times)C_e^T R^e \tag{5-31}$$

其中，$(\omega_{eT}^T\times)$ 是由 ω_{eT}^T 构造出的叉乘反对称矩阵。

由式(5-30) 可得 $V^T=C_e^T V^e=C_e^T(\omega_{eT}^e\times)R^e$，其中 $(\omega_{eT}^e\times)$ 是由 ω_{eT}^e 构造出的叉乘反对称矩阵。则

$$(\omega_{eT}^T\times)C_e^T=C_e^T(\omega_{eT}^e\times) \tag{5-32}$$

由于 $\dot{C}_T^e C_e^T=(\omega_{eT}^e\times)$，代入式(5-32) 可得

$$\dot{C}_T^e=C_T^e(\omega_{eT}^T\times) \tag{5-33}$$

由于 $C_e^T C_T^e=I$，则式(5-33) 为

$$\dot{C}_e^T=-(\omega_{eT}^T\times)C_e^T \tag{5-34}$$

由于 $\omega_{eT}^T=\omega_{iT}^T-\omega_{ie}^T$，所以 $\omega_{eTz}^T=\omega_{iTz}^T-\omega_{iez}^T=\omega_{ie}\sin L-\omega_{ie}\sin L=0$，记 $\omega_{eT}^T=[\omega_{eTx}^T \quad \omega_{eTy}^T \quad 0]$，代入式(5-34) 可得

$$\begin{cases}\dot{C}_{12}=-\omega_{eTy}^T C_{32}\\[4pt]\dot{C}_{13}=-\omega_{eTy}^T C_{33}\\[4pt]\dot{C}_{22}=\omega_{eTx}^T C_{32}\\[4pt]\dot{C}_{23}=\omega_{eTx}^T C_{33}\\[4pt]\dot{C}_{32}=\omega_{eTy}^T C_{12}-\omega_{eTx}^T C_{22}\\[4pt]\dot{C}_{33}=\omega_{eTy}^T C_{13}-\omega_{eTx}^T C_{23}\\[4pt]C_{11}=C_{22}C_{33}-C_{23}C_{32}\\[4pt]C_{21}=C_{12}C_{33}-C_{13}C_{32}\\[4pt]C_{31}=C_{12}C_{23}-C_{22}C_{13}\end{cases} \tag{5-35}$$

③ 位置速度 $\boldsymbol{\omega}_{eT}^{T}$ 的计算　游移方位惯性导航系统的位置速度为 $\boldsymbol{\omega}_{iT}^{T}=\boldsymbol{C}_{e}^{T}\boldsymbol{\omega}_{ie}^{e}+\boldsymbol{\omega}_{eT}^{T}$，即

$$
\begin{bmatrix} \omega_{iTx}^{T} \\ \omega_{iTy}^{T} \\ \omega_{iTz}^{T} \end{bmatrix} = \begin{bmatrix} C_{11} & C_{12} & C_{13} \\ C_{21} & C_{22} & C_{23} \\ C_{31} & C_{32} & C_{33} \end{bmatrix} \begin{bmatrix} 0 \\ 0 \\ \omega_{ie} \end{bmatrix} + \begin{bmatrix} \omega_{eTx}^{T} \\ \omega_{eTy}^{T} \\ \omega_{eTz}^{T} \end{bmatrix} = \begin{bmatrix} C_{13}\omega_{ie}+\omega_{eTx}^{T} \\ C_{23}\omega_{ie}+\omega_{eTy}^{T} \\ C_{33}\omega_{ie}+\omega_{eTz}^{T} \end{bmatrix} \tag{5-36}
$$

对于游移方位系统 $\omega_{iTz}^{T}=\omega_{ie}\sin L$，所以 $\omega_{eTz}^{T}=\omega_{ie}\sin L-C_{33}\omega_{ie}$，由于 $\boldsymbol{\omega}_{eT}^{T}=\boldsymbol{C}_{g}^{T}\boldsymbol{\omega}_{eg}^{g}+\boldsymbol{\omega}_{gT}^{T}$，即

$$
\begin{bmatrix} \omega_{eTx}^{T} \\ \omega_{eTy}^{T} \\ \omega_{eTz}^{T} \end{bmatrix} = \begin{bmatrix} \cos\alpha & \sin\alpha & 0 \\ -\sin\alpha & \cos\alpha & 0 \\ 0 & 0 & 1 \end{bmatrix} \begin{bmatrix} \omega_{egx}^{g} \\ \omega_{egy}^{g} \\ \omega_{egz}^{g} \end{bmatrix} + \begin{bmatrix} 0 \\ 0 \\ \dot{\alpha} \end{bmatrix} \tag{5-37}
$$

其中，$\begin{bmatrix} \omega_{egx}^{g} \\ \omega_{egy}^{g} \end{bmatrix} = \begin{bmatrix} -\dfrac{1}{R_{M}} & 0 \\ 0 & \dfrac{1}{R_{N}} \end{bmatrix} \begin{bmatrix} V_{N} \\ V_{E} \end{bmatrix}$，$\begin{bmatrix} V_{N} \\ V_{E} \end{bmatrix} = \begin{bmatrix} \sin\alpha & \cos\alpha \\ \cos\alpha & -\sin\alpha \end{bmatrix} \begin{bmatrix} V_{x}^{T} \\ V_{y}^{T} \end{bmatrix}$。

即

$$
\begin{bmatrix} \omega_{eTx}^{T} \\ \omega_{eTy}^{T} \end{bmatrix} = \begin{bmatrix} \cos\alpha & \sin\alpha \\ -\sin\alpha & \cos\alpha \end{bmatrix} \begin{bmatrix} -\dfrac{1}{R_{M}} & 0 \\ 0 & \dfrac{1}{R_{N}} \end{bmatrix} \begin{bmatrix} \sin\alpha & \cos\alpha \\ \cos\alpha & -\sin\alpha \end{bmatrix} \begin{bmatrix} V_{x}^{T} \\ V_{y}^{T} \end{bmatrix}
$$

$$
= \begin{bmatrix} -\dfrac{1}{\tau_{f}} & -\dfrac{1}{R_{yT}} \\ \dfrac{1}{R_{xT}} & \dfrac{1}{\tau_{f}} \end{bmatrix} \begin{bmatrix} V_{x}^{T} \\ V_{y}^{T} \end{bmatrix} \tag{5-38}
$$

其中，$\dfrac{1}{R_{xT}}=\dfrac{\sin^{2}\alpha}{R_{M}}+\dfrac{\cos^{2}\alpha}{R_{N}}$，$\dfrac{1}{R_{yT}}=\dfrac{\cos^{2}\alpha}{R_{M}}+\dfrac{\sin^{2}\alpha}{R_{N}}$，$\dfrac{1}{\tau_{f}}=\left(\dfrac{1}{R_{M}}-\dfrac{1}{R_{N}}\right)\sin\alpha\cos\alpha$。$R_{xT}$ 和 R_{yT} 称

为游移方位等效曲率半径，$\dfrac{1}{\tau_{f}}$ 称为扭曲率。$\dfrac{1}{R_{xT}}$ 和 $\dfrac{1}{R_{yT}}$ 为地球沿平台轴 x_{T} 和 y_{T} 方向的曲率。

为了使用 $\boldsymbol{C}_{e}^{T}$ 的元素计算式(5-38)，令 $\sin\alpha\cos L=C_{13}$；$\cos\alpha\cos L=C_{23}$；$\sin L=C_{33}$。

由于

$$
\begin{cases} \dfrac{1}{R_{M}}\approx\dfrac{1}{R_{e}}(1+2e-3e\sin^{2}L) \\[2mm] \dfrac{1}{R_{N}}\approx\dfrac{1}{R_{e}}(1-e\sin^{2}L) \\[2mm] e=\dfrac{R_{e}-R_{p}}{R_{e}} \end{cases} \tag{5-39}
$$

式中，e 为旋转椭球的椭球度；R_{e} 为以地心为中心，地球椭球体的长半轴；R_{p} 为短半轴。

可得

$$\begin{cases} \dfrac{1}{R_{xT}} = \dfrac{1}{R_e}(1 - eC_{33}^2 + 2eC_{13}^2) \\[2mm] \dfrac{1}{R_{yT}} = \dfrac{1}{R_e}(1 - eC_{33}^2 + 2eC_{23}^2) \\[2mm] \dfrac{1}{\tau_f} = \dfrac{2e}{R_e}C_{13}C_{23} \end{cases} \tag{5-40}$$

将式(5-40)代入式(5-38)可得游移方位惯性导航系统的位置速率

$$\begin{cases} \omega_{eTx}^T = -\dfrac{2e}{R_e}C_{13}C_{23}V_x^T - \dfrac{1}{R_e}(1 - eC_{33}^2 + 2eC_{13}^2)V_y^T \\[2mm] \omega_{eTy}^T = \dfrac{1}{R_e}(1 - eC_{33}^2 + 2eC_{13}^2)V_x^T + \dfrac{2e}{R_e}C_{13}C_{23}V_y^T \end{cases} \tag{5-41}$$

3）速度计算

$$\begin{cases} \dot{V}_x^T = f_x^T + 2\omega_{ie}C_{33}V_y^T \\[2mm] \dot{V}_y^T = f_y^T - 2\omega_{ie}C_{33}V_x^T \end{cases} \tag{5-42}$$

4）平台指令角速度

$$\begin{cases} \omega_{cx}^T = C_{13}\omega_{ie} - \dfrac{2e}{R_e}C_{13}C_{23}V_x^T - \dfrac{1}{R_e}(1 - eC_{33}^2 + 2eC_{13}^2)V_y^T \\[2mm] \omega_{cy}^T = C_{23}\omega_{ie} + \dfrac{1}{R_e}(1 - eC_{33}^2 + 2eC_{13}^2)V_x^T + \dfrac{2e}{R_e}C_{13}C_{23}V_y^T \\[2mm] \omega_{cz}^T = C_{33}\omega_{ie} \end{cases} \tag{5-43}$$

5.2.2　捷联式惯性导航

捷联式惯性导航系统是指将惯性测量元件（加速度计和陀螺仪）直接安装在载体上，用计算机来完成平台式惯性导航中的惯性平台功能的惯性导航系统。如图 5-22 所示，是 IXBLUE 公司的一款采用光纤陀螺的捷联式惯性导航系统，具有与 GPS、水下声学定位系统、多普勒计程仪的接口，航向精度 $0.01°\sec(L)$，升沉精度 5cm 或 5%。

如图 5-23 所示，捷联式惯性导航系统的核心是用导航计算机来实现的惯性平台，即所谓的数学平台。数学平台是用陀螺仪测量的载体角速度解算姿态矩阵，从姿态矩阵的元素中提取载体的姿态和航向信息；并用姿态矩阵把加速度的输出从载体坐标系变换到导航坐标系，然后进行导航解算。

图 5-22　捷联式惯性导航系统

捷联式惯性导航系统具有如下的特点：

① 省去了机械式导航平台，整个系统的体积、重量和成本大大降低。

② 加速度计和陀螺仪直接安装在载体上，便于安装、维护和更换。

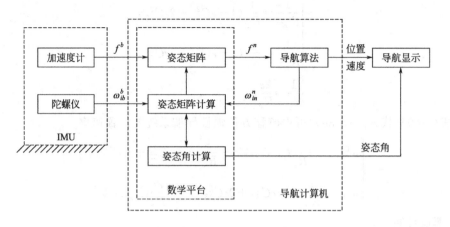

图 5-23　捷联式惯性导航系统原理图

③ 加速度计和陀螺仪便于采用冗余配置，提高系统的性能。同时省去了机械式导航平台，从而可以提高系统可靠性。

④ 加速度计和陀螺仪固定连接在载体上，直接承受了载体的振动和冲击，工作环境恶劣。

⑤ 数字平台代替机械式平台，增加了导航计算的计算量。

（1）姿态更新

捷联式惯性导航系统的姿态更新就是利用陀螺测量的载体角速度实时计算姿态矩阵。由于载体的姿态角速率较大，所以姿态矩阵的实时计算，对计算机提出了更高的要求。姿态实时计算是捷联式惯性导航系统的关键技术，也是影响捷联式惯性导航系统算法精度的重要因素。

载体的姿态和航向是载体坐标系和地理坐标系之间的方位关系，两坐标系之间的方位关系问题，实质上等效于力学中的刚体定点转动问题。在刚体定点转动理论中，描述动坐标系相对参考坐标系方位关系的方法主要有欧拉角法、四元数法和方向余弦法。

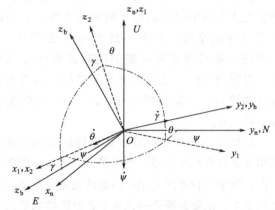

图 5-24　地理坐标系与载体坐标系的关系

1）欧拉角法

一个动坐标系相对于参考坐标系的方位，可以由动坐标系依次绕三个不同的坐标轴转动三个角度来确定。如图 5-24 所示，载体坐标系 $O\text{-}x_{\mathrm{b}}y_{\mathrm{b}}z_{\mathrm{b}}$ 动坐标系，导航坐标系 $O\text{-}x_{\mathrm{n}}y_{\mathrm{n}}z_{\mathrm{n}}$ 为参考坐标系，也称为地理坐标系。ψ 为航向角，θ 为俯仰角，γ 为横滚角。假设初始时载体坐标系与参考坐标系重合，则地理坐标系 $O\text{-}x_{\mathrm{n}}y_{\mathrm{n}}z_{\mathrm{n}}$ 绕 U、E、N 分别转过 ψ、θ 和 γ，就可以得到载体坐标系 $O\text{-}x_{\mathrm{b}}y_{\mathrm{b}}z_{\mathrm{b}}$。

载体坐标系与地理坐标系的关系为

$$\begin{bmatrix} x_b \\ y_b \\ z_b \end{bmatrix} = \boldsymbol{C}_n^b \begin{bmatrix} x_n \\ y_n \\ z_n \end{bmatrix} \tag{5-44}$$

根据图 5-24 可知，从地理坐标系到载体坐标系之间的变换矩阵 $\boldsymbol{C}_n^b$ 为

$$\begin{aligned}
\boldsymbol{C}_n^b &= \boldsymbol{C}_\gamma \boldsymbol{C}_\theta \boldsymbol{C}_\psi \\
&= \begin{bmatrix} \cos\gamma & 0 & -\sin\gamma \\ 0 & 1 & 0 \\ \sin\gamma & 0 & \cos\gamma \end{bmatrix} \begin{bmatrix} 1 & 0 & 0 \\ 0 & \cos\theta & \sin\theta \\ 0 & -\sin\theta & \cos\theta \end{bmatrix} \begin{bmatrix} \cos\psi & \sin\psi & 0 \\ -\sin\psi & \cos\psi & 0 \\ 0 & 0 & 1 \end{bmatrix} \\
&= \begin{bmatrix} \cos\gamma\cos\psi + \sin\gamma\sin\psi\sin\theta & -\cos\gamma\sin\psi + \sin\gamma\cos\psi\sin\theta & -\sin\gamma\cos\theta \\ \sin\psi\cos\theta & \cos\psi\cos\theta & \sin\theta \\ \sin\gamma\cos\psi - \cos\gamma\sin\psi\sin\theta & -\sin\gamma\sin\psi - \cos\gamma\cos\psi\sin\theta & \cos\gamma\cos\theta \end{bmatrix}
\end{aligned} \tag{5-45}$$

式中，ψ、θ、γ 称为欧拉角。

从载体坐标系到地理坐标系的变换矩阵 $\boldsymbol{C}_b^n = (\boldsymbol{C}_n^b)^T$，我们用 ω_{nb}^b 表示载体坐标系相对地理坐标系的角速度矢量在载体坐标系轴向的分量，则 ω_{nb}^b 和 $\dot{\psi}$、$\dot{\theta}$、$\dot{\gamma}$ 的关系

$$\begin{bmatrix} \omega_{nbx}^b \\ \omega_{nby}^b \\ \omega_{nbz}^b \end{bmatrix} = \boldsymbol{C}_\gamma \boldsymbol{C}_\theta \begin{bmatrix} 0 \\ 0 \\ -\dot{\psi} \end{bmatrix} + \boldsymbol{C}_\gamma \begin{bmatrix} \dot{\theta} \\ 0 \\ 0 \end{bmatrix} + \begin{bmatrix} 0 \\ \dot{\gamma} \\ 0 \end{bmatrix} \tag{5-46}$$

即

$$\begin{bmatrix} \dot{\theta} \\ \dot{\gamma} \\ \dot{\psi} \end{bmatrix} = \frac{1}{\cos\theta} \begin{bmatrix} \cos\gamma\cos\theta & 0 & \sin\gamma\cos\theta \\ \sin\gamma\sin\theta & \cos\theta & -\cos\gamma\sin\theta \\ \sin\gamma & 0 & -\cos\gamma \end{bmatrix} \begin{bmatrix} \omega_{nbx}^b \\ \omega_{nby}^b \\ \omega_{nbz}^b \end{bmatrix} \tag{5-47}$$

式(5-47) 即为欧拉角微分方程，根据陀螺仪的输出并解算得到的角速度 $\boldsymbol{\omega}_{nb}^b$，求解微分方程 (5-47) 就可以得到三个欧拉角，也就是航向角、俯仰角和横滚角。根据式(5-45) 就可以得到姿态矩阵 $\boldsymbol{C}_n^b$。

2）方向余弦法

方向余弦法就是用矢量的方向余弦来表示姿态矩阵的方法。用 i_n、j_n、k_n 表示沿地理坐标轴向的单位矢量，用用 i_b、j_b、k_b 表示沿载体坐标轴的单位矢量，则

$$\begin{cases} i_b = (i_b \cdot i_n)i_n + (i_b \cdot j_n)j_n + (i_b \cdot k_n)k_n \\ j_b = (j_b \cdot i_n)i_n + (j_b \cdot j_n)j_n + (j_b \cdot k_n)k_n \\ k_b = (k_b \cdot i_n)i_n + (k_b \cdot j_n)j_n + (k_b \cdot k_n)k_n \end{cases} \tag{5-48}$$

将式(5-48) 写成矩阵形式为

$$\begin{bmatrix} i_b \\ j_b \\ k_b \end{bmatrix} = \boldsymbol{C}_n^b \begin{bmatrix} i_n \\ j_n \\ k_n \end{bmatrix} \tag{5-49}$$

其中，$\boldsymbol{C}_n^b = \begin{bmatrix} i_b \cdot i_n & i_b \cdot j_n & i_b \cdot k_n \\ j_b \cdot i_n & j_b \cdot j_n & j_b \cdot k_n \\ k_b \cdot i_n & k_b \cdot j_n & k_b \cdot k_n \end{bmatrix}$。

常用余弦姿态矩阵微分方程的形式为

$$\dot{\boldsymbol{C}}_{n}^{b}=\boldsymbol{\omega}_{nb}^{bk}\boldsymbol{C}_{n}^{b}=\begin{bmatrix} 0 & -\omega_{nbz}^{b} & \omega_{nby}^{b} \\ \omega_{nbz}^{b} & 0 & -\omega_{nbx}^{b} \\ -\omega_{nby}^{b} & \omega_{nbx}^{b} & 0 \end{bmatrix}\boldsymbol{C}_{n}^{b} \tag{5-50}$$

式中，$\boldsymbol{\omega}_{nb}^{bk}$ 为载体坐标系相对地理坐标系的转动角速度在载体坐标轴向的分量的反对称矩阵形式。

用毕卡逼近法求解矩阵微分方程，其解为

$$\boldsymbol{C}_{n}^{b}(t+\Delta t)=\boldsymbol{C}(t)\left[\boldsymbol{I}+\frac{\sin\Delta\theta_{0}}{\Delta\theta_{0}}\Delta\boldsymbol{\theta}_{nb}^{bk}+\frac{1-\cos\Delta\theta_{0}}{\Delta\theta_{0}^{2}}(\Delta\boldsymbol{\theta}_{nb}^{bk})^{2}\right] \tag{5-51}$$

式中，$\Delta\boldsymbol{\theta}_{nb}^{bk}=\displaystyle\int_{n}^{n-1}\boldsymbol{\omega}_{nb}^{bk}\mathrm{d}t=\begin{bmatrix} 0 & -\Delta\theta_{nbz}^{b} & \Delta\theta_{nby}^{b} \\ \Delta\theta_{nbz}^{b} & 0 & -\Delta\theta_{nbx}^{b} \\ -\Delta\theta_{nby}^{b} & \Delta\theta_{nbx}^{b} & 0 \end{bmatrix}$，$\Delta\theta_{0}=\sqrt{\Delta\theta_{nbx}^{b}{}^{2}+\Delta\theta_{nby}^{b}{}^{2}+\Delta\theta_{nbz}^{b}{}^{2}}$，

只有在 $\Delta t=t_{n}-t_{n-1}$ 很小时，$\boldsymbol{\omega}_{nb}$ 近似看作方向不变，式(5-51) 才近似成立。

3) 四元数法

四元数是一个由 1 个实数单位 1 和 3 个虚数单位 $\boldsymbol{i}$，$\boldsymbol{j}$，$\boldsymbol{k}$ 四个元构成的数，其形式为

$$\boldsymbol{Q}=(q_{0},q_{1},q_{2},q_{3})=q_{0}+q_{1}\boldsymbol{i}+q_{2}\boldsymbol{j}+q_{3}\boldsymbol{k}=q_{0}+\boldsymbol{q} \tag{5-52}$$

式中，q_{0} 为标量，$\boldsymbol{q}$ 为矢量。

在刚体定点转动理论中，动坐标系相对于参考坐标系的方位，等效于动坐标系绕某一个等效转轴转动一个角度 θ。如果用 $\boldsymbol{u}$ 表示等效转轴方向的单位向量，则动坐标系的方位完全由 $\boldsymbol{u}$ 和 θ 两个参数确定。则用 $\boldsymbol{u}$ 和 θ 可构造一个四元数，即为

$$\boldsymbol{Q}=\cos\frac{\theta}{2}+\boldsymbol{u}\sin\frac{\theta}{2} \tag{5-53}$$

这个四元数的范数为

$$\|\boldsymbol{Q}\|=q_{0}^{2}+q_{1}^{2}+q_{2}^{2}+q_{3}^{2}=1 \tag{5-54}$$

$\boldsymbol{Q}$ 称作规范化四元数，也叫变换四元数。

设有两个四元数

$$\boldsymbol{\Lambda}=\lambda_{0}+\lambda_{1}\boldsymbol{i}+\lambda_{2}\boldsymbol{j}+\lambda_{3}\boldsymbol{k}=\lambda_{0}+\boldsymbol{\lambda} \tag{5-55}$$

$$\boldsymbol{M}=m_{0}+m_{1}\boldsymbol{i}+m_{2}\boldsymbol{j}+m_{3}\boldsymbol{k}=m_{0}+\boldsymbol{m} \tag{5-56}$$

则两者的乘积

$$\boldsymbol{N}=\boldsymbol{\Lambda}\otimes\boldsymbol{M}=n_{0}+n_{1}\boldsymbol{i}+n_{2}\boldsymbol{j}+n_{3}\boldsymbol{k} \tag{5-57}$$

其中，$\otimes$ 表示四元数乘法。式中

$$\begin{cases} n_{0}=\lambda_{0}m_{0}-\lambda_{1}m_{1}-\lambda_{2}m_{2}-\lambda_{3}m_{3} \\ n_{1}=\lambda_{0}m_{1}+\lambda_{1}m_{0}+\lambda_{2}m_{3}-\lambda_{3}m_{2} \\ n_{2}=\lambda_{0}m_{2}-\lambda_{1}m_{3}+\lambda_{2}m_{0}+\lambda_{3}m_{1} \\ n_{3}=\lambda_{0}m_{3}+\lambda_{1}m_{2}-\lambda_{2}m_{1}-\lambda_{3}m_{0} \end{cases} \tag{5-58}$$

如果把四元数 $\boldsymbol{N}$、$\boldsymbol{\Lambda}$、$\boldsymbol{M}$ 的四个元写成矢量形式，即

$$\begin{cases} \boldsymbol{Q}(n) = \begin{bmatrix} n_0 & n_1 & n_2 & n_3 \end{bmatrix}^{\mathrm{T}} \\ \boldsymbol{Q}(\lambda) = \begin{bmatrix} \lambda_0 & \lambda_1 & \lambda_2 & \lambda_3 \end{bmatrix}^{\mathrm{T}} \\ \boldsymbol{Q}(m) = \begin{bmatrix} m_0 & m_1 & m_2 & m_3 \end{bmatrix}^{\mathrm{T}} \end{cases} \tag{5-59}$$

则按上式可以把四元数乘积写成矩阵形式，即

$$\begin{bmatrix} n_0 \\ n_1 \\ n_2 \\ n_3 \end{bmatrix} = \begin{bmatrix} \lambda_0 & -\lambda_1 & -\lambda_2 & -\lambda_3 \\ \lambda_1 & \lambda_0 & -\lambda_3 & \lambda_2 \\ \lambda_2 & \lambda_3 & \lambda_0 & -\lambda_1 \\ \lambda_3 & -\lambda_2 & \lambda_1 & \lambda_0 \end{bmatrix} \begin{bmatrix} m_0 \\ m_1 \\ m_2 \\ m_3 \end{bmatrix} \tag{5-60}$$

式(5-60)可表示为

$$\boldsymbol{Q}(n) = \boldsymbol{M}^*(\lambda)\boldsymbol{Q}(m) \tag{5-61}$$

三维空间的一个矢量可以看作是标量为零的四元数。

① 旋转矢量的坐标变换　假定矢量 $\boldsymbol{r}$ 绕通过定点 O 的某一轴转动了一个角度 θ，则转动四元数为

$$\boldsymbol{Q} = \cos\frac{\theta}{2} + \boldsymbol{u}\sin\frac{\theta}{2} \tag{5-62}$$

如转动后的矢量用 $\boldsymbol{r}'$ 表示，则以四元数描述的 $\boldsymbol{r}'$ 和 $\boldsymbol{r}$ 间的关系按下式确定：

$$\boldsymbol{r}' = \boldsymbol{Q} \otimes \boldsymbol{r} \otimes \boldsymbol{Q}^* \tag{5-63}$$

其中，$\boldsymbol{Q}^* = \cos\dfrac{\theta}{2} - \boldsymbol{u}\sin\dfrac{\theta}{2}$。

② 固定矢量的坐标变换　如果矢量固定不动，而动坐标系相对参考坐标系转动了一个角度，则以四元数描述的矢量在两个坐标系上的分量的变换关系为

$$R_{\mathrm{r}} = \boldsymbol{Q} \otimes R_{\mathrm{b}} \otimes \boldsymbol{Q}^* \tag{5-64}$$

$$R_{\mathrm{b}} = \boldsymbol{Q}^* \otimes R_{\mathrm{r}} \otimes \boldsymbol{Q} \tag{5-65}$$

将固定矢量的坐标变换即上式写成矩阵形式，并以地理坐标系为参考坐标系，则有

$$\boldsymbol{Q}(R_{\mathrm{b}}) = \boldsymbol{M}(\boldsymbol{Q}^*)\boldsymbol{M}^*(\boldsymbol{Q})\boldsymbol{Q}(R_{\mathrm{n}}) \tag{5-66}$$

其中，$\boldsymbol{Q}(R_{\mathrm{b}})$、$\boldsymbol{Q}(R_{\mathrm{n}})$ 分别是用 R_{b} 和 R_{n} 构造的四元数。

由式(5-66)展开并处理可得

$$\begin{bmatrix} x_{\mathrm{b}} \\ y_{\mathrm{b}} \\ z_{\mathrm{b}} \end{bmatrix} = \begin{bmatrix} q_0^2 + q_1^2 - q_2^2 - q_3^2 & 2(q_1q_2 + q_0q_3) & 2(q_1q_3 - q_0q_2) \\ 2(q_1q_2 - q_0q_3) & q_0^2 + q_2^2 - q_1^2 - q_3^2 & 2(q_2q_3 + q_0q_1) \\ 2(q_1q_3 + q_0q_2) & 2(q_2q_3 - q_0q_1) & q_0^2 + q_3^2 - q_1^2 - q_2^2 \end{bmatrix} \begin{bmatrix} x_{\mathrm{n}} \\ y_{\mathrm{n}} \\ z_{\mathrm{n}} \end{bmatrix} = \boldsymbol{C}_{\mathrm{n}}^{\mathrm{b}} \begin{bmatrix} x_{\mathrm{n}} \\ y_{\mathrm{n}} \\ z_{\mathrm{n}} \end{bmatrix} \tag{5-67}$$

比较式(5-67)与式(5-45)可知，两个姿态变换矩阵对应元素相等，如果知道了变换四元数 $\boldsymbol{Q}$ 的四个元，则可以求出姿态矩阵的九个元素，并构成姿态矩阵。反过来，如果知道了姿态矩阵的九个元素，也可以相应的求出变换四元数的四个元。

四元数微分方程的形式为

$$\dot{\boldsymbol{Q}}(t) = \frac{1}{2}\boldsymbol{Q}(t) \otimes \boldsymbol{\omega}_{\mathrm{nb}}^{\mathrm{bq}} \tag{5-68}$$

其中，$\boldsymbol{Q}(t)$ 是姿态四元数；$\boldsymbol{\omega}_{\mathrm{nb}}^{\mathrm{bq}}$ 是 $\boldsymbol{\omega}_{\mathrm{nb}}^{\mathrm{b}} = \begin{bmatrix} \omega_x & \omega_y & \omega_z \end{bmatrix}^{\mathrm{T}}$ 的分量构造的四元数，$\boldsymbol{\omega}_{\mathrm{nb}}^{\mathrm{b}}$

为 b 系相对于 n 系的角速度。

式(5-68)写成矩阵形式为

$$\dot{\boldsymbol{Q}}(t)=\frac{1}{2}\big[\boldsymbol{\omega}_{nb}^{bq}(t)\big]\boldsymbol{Q}(t) \tag{5-69}$$

解微分方程，可得

$$\boldsymbol{Q}(t)=e^{\frac{1}{2}\int_0^t \boldsymbol{\omega}_{nb}^b(\tau)\mathrm{d}\tau}\boldsymbol{Q}(t_0) \tag{5-70}$$

令

$$[\Delta\theta]=\int_0^t \boldsymbol{\omega}_{nb}^b(\tau)\mathrm{d}\tau=\begin{bmatrix} 0 & -\Delta\theta_x & -\Delta\theta_y & -\Delta\theta_z \\ \Delta\theta_x & 0 & \Delta\theta_z & -\Delta\theta_y \\ \Delta\theta_y & -\Delta\theta & 0 & \Delta\theta_x \\ \Delta\theta_z & \Delta\theta_y & -\Delta\theta_x & 0 \end{bmatrix} \tag{5-71}$$

则

$$\boldsymbol{Q}(t)=e^{\frac{1}{2}[\Delta\theta]}\boldsymbol{Q}(t_0)=\left\{\boldsymbol{I}+\frac{1}{2}[\Delta\theta]+\frac{\left(\frac{1}{2}[\Delta\theta]\right)^2}{2!}+\frac{\left(\frac{1}{2}[\Delta\theta]\right)^3}{3!}+\cdots\right\}\boldsymbol{Q}(t_0) \tag{5-72}$$

由 $[\Delta\theta]^2=-\Delta\theta^2\boldsymbol{I}$，$[\Delta\theta]^3=-\Delta\theta^2[\Delta\theta]$，$[\Delta\theta]^4=\Delta\theta^4\boldsymbol{I}$，$\Delta\theta=\sqrt{\Delta\theta_x^2+\Delta\theta_y^2+\Delta\theta_z^2}$，可得

$$\boldsymbol{Q}(t)=\left\{\boldsymbol{I}\cos\frac{\Delta\theta}{2}+[\Delta\theta]\frac{\sin\frac{\Delta\theta}{2}}{\Delta\theta}\right\}\cdot\boldsymbol{Q}(t_0) \tag{5-73}$$

在实际解算过程中，$\cos\dfrac{\Delta\theta}{2}$ 和 $\sin\dfrac{\Delta\theta}{2}$ 可以按级数展开有限项计算，一般分别取前 1~4 项作为 $\cos\dfrac{\Delta\theta}{2}$ 和 $\sin\dfrac{\Delta\theta}{2}$ 的近似值，具体见表 5-3。

表 5-3　级数展开近似值

函数	1	2	3	4
$\cos\dfrac{\Delta\theta}{2}$	1	$1-\dfrac{(\Delta\theta)^2}{8}$	$1-\dfrac{(\Delta\theta)^2}{8}$	$1-\dfrac{(\Delta\theta)^2}{8}+\dfrac{(\Delta\theta)^4}{384}$
$\sin\dfrac{\Delta\theta}{2}$	$\dfrac{1}{2}$	$\dfrac{1}{2}$	$\dfrac{1}{2}-\dfrac{(\Delta\theta)^2}{48}$	$\dfrac{1}{2}-\dfrac{(\Delta\theta)^2}{48}$

可求得一阶近似算法为

$$\boldsymbol{Q}(n+1)=\left\{\boldsymbol{I}+\frac{1}{2}[\Delta\theta]\right\}\boldsymbol{Q}(n) \tag{5-74}$$

式(5-74)展开后为 4 个代数方程，与微分方程相比，计算量大大减少。

同理可得，二阶近似算法为

$$\boldsymbol{Q}(n+1)=\left\{\left(1-\frac{(\Delta\theta_0)^2}{8}\right)\boldsymbol{I}+\frac{1}{2}[\Delta\theta]\right\}\cdot\boldsymbol{Q}(n) \tag{5-75}$$

三阶近似算法为

$$\boldsymbol{Q}(n+1)=\left\{\left(1-\frac{(\Delta\theta_0)^2}{8}\right)\boldsymbol{I}+\left(\frac{1}{2}-\frac{(\Delta\theta_0)^2}{48}\right)[\Delta\theta]\right\}\cdot\boldsymbol{Q}(n) \tag{5-76}$$

四阶近似算法为

$$Q(n+1)=\left\{\left(1-\frac{(\Delta\theta_0)^2}{8}+\frac{(\Delta\theta_0)^4}{384}\right)I+\left(\frac{1}{2}-\frac{(\Delta\theta_0)^2}{48}\right)[\Delta\theta]\right\}\cdot Q(n) \quad (5-77)$$

在姿态矩阵求解的算法中，也可以采用数值积分法求解矩阵和四元数微分方程，其中龙格-库塔法得到了广泛的应用。根据计算精度的不同，又可以分为一阶龙格-库塔法、二阶龙格-库塔法和四阶龙格-库塔法，具体求解过程请参考相关文献。

（2）速度计算

令：$V_{eT}^T=\begin{bmatrix}V_E\\V_N\\V_U\end{bmatrix}$，$f^T=\begin{bmatrix}f_E\\f_N\\f_U\end{bmatrix}$，$\omega_{ie}^T=\begin{bmatrix}0\\\omega_{ie}\cos L\\\omega_{ie}\sin L\end{bmatrix}$，$\omega_{eT}^T=\begin{bmatrix}-\dfrac{V_N}{R+h}\\[2mm]\dfrac{V_E}{R+h}\\[2mm]\dfrac{V_E}{R+h}\tan L\end{bmatrix}$，$g^T=\begin{bmatrix}0\\0\\-g\end{bmatrix}$

式中，V_E，V_N，V_U 分别为东向、北向、天向的速度；f_E，f_N，f_U 分别为东向、北向、天向的比力；ω_{ie} 为地球自转角速率；L 为载体所处位置的地理纬度；g 为重力加速度，其近似计算公式为

$$g=g_0\left(1-\frac{2h}{R}\right) \quad (5-78)$$

式中，g_0 为赤道海平面上的重力加速度，取值 9.078049m/s^2；h 为载体距离地球表面的高度；R 为地球的平均半径。

惯性导航系统比力方程为

$$\dot{V}_{eT}^T=f^T-(2\omega_{ie}^T+\omega_{eT}^T)\times V_{eT}^T+g^T \quad (5-79)$$

将式(5-79)展开可得

$$\begin{cases}\dot{V}_E=f_E+\left(2\omega_{ie}\sin L+\dfrac{V_E}{R+h}\tan L\right)V_N-\left(2\omega_{ie}\cos L+\dfrac{V_E}{R+h}\right)V_U\\[3mm]\dot{V}_N=f_N-\left(2\omega_{ie}\sin L+\dfrac{V_E}{R+h}\tan L\right)V_E-\dfrac{V_N}{R+h}V_U\\[3mm]\dot{V}_U=f_U+\left(2\omega_{ie}\cos L+\dfrac{V_E}{R+h}\right)V_E+\dfrac{V_N^2}{R+h}-g\end{cases} \quad (5-80)$$

求解以上方程组，就可以得到 V_E，V_N，V_U 三个速度信息。

（3）经纬度和高度计算

载体所处的经度、纬度和高度与载体相对地球的运行速度 V_E，V_N，V_U 关系为

$$\begin{cases}\dot{L}=\dfrac{V_N}{R+h}\\[3mm]\dot{\lambda}=\dfrac{V_E}{(R+h)\cos L}\\[3mm]\dot{h}=V_U\end{cases} \quad (5-81)$$

则经度、纬度和高度为

$$
\begin{cases}
L = \int \dot{L} \, dt + L(0) \\
\lambda = \int \dot{\lambda} \, dt + \lambda(0) \\
h = \int \dot{h} \, dt + h(0)
\end{cases}
\tag{5-82}
$$

5.3 卫星导航系统

5.3.1 GPS

全球定位系统（GPS）是美国国防部依据其 NAVSTAR 卫星计划开发的基于卫星导航系统的一部分，主要由空间段、控制段和用户段组成。

（1）空间段

空间段即卫星星座，用户根据卫星进行距离测量。卫星发射进行距离测量的伪随机噪声码（PRN）信号。GPS 系统只发射信号，而用户只能接收信号。所以，GPS 系统对用户来说是无源系统，GPS 卫星发射的测距信号由包含卫星位置信息的数据进行调制。

图 5-25　GPS 卫星星座

如图 5-25 所示，GPS 卫星星座基本配置由 24 颗或者更多活动卫星构成，这些卫星分布在 6 个地心轨道平面内，每个轨道面内有 4 颗或者更多卫星，GPS 卫星的额定轨道周期是 11 小时 58 分，各轨道接近于圆形，轨道相对于赤道面的倾斜角额定为 55°，而且以 60° 间隔均匀分布，轨道半径大约为 26600km。GPS 卫星星座为全球用户提供 24 小时的导航和时间确定能力。

（2）控制段

控制段主要负责维护卫星和维持其正常功能。GPS 的控制段主要由主控站、注入站和监测站组成。主控站的主要任务如下所述。

① 负责协调和管理所有地面监控系统的工作。

② 根据本站与其他监测站的所有观测数据推算编制各个卫星的星历、卫星钟差和大气层的修正参数等，并把这些数据传送给注入站。

③ 提供全球卫星定位系统的时间基准。

④ 调整偏离轨道的卫星，使之沿预定轨道运行。

⑤ 启用 GPS 备用卫星工作以代替失效的 GPS 卫星。

注入站的主要任务是在主控站的控制下，每 12 小时将主控站推算和编制的卫星星历、钟差、导航电文和其他控制指令注入到 GPS 卫星的存储系统中，以及监测注入卫星的导航信息是否正确。监测站是在主控站的直接控制下的数据自动采集中心。

（3）用户段

用户段主要由用户接收设备组成，每个用户接收设备通常称为 GPS 接收机，用于处理从卫星发射的 L 波段信号，进而确定用户位置、速度和时间（PVT）。确定 PVT 是 GPS 接收机最普遍的应用，GPS 接收机还可以用来对载体的航向角、俯仰角和横滚角进行测量或作为定时源使用。

（4）GPS 定位的基本工作原理

GPS 定位原理是以 GPS 卫星和用户接收机天线之间的距离作为观测量，根据已知卫星的瞬时坐标，来确定用户接收机天线的位置。GPS 定位方法是以卫星和用户接收机之间的距离为半径作 3 个球，然后求取 3 个球的交汇点。因此，对于一个用户接收机而言，一般只需要 3 个独立的距离观测量。但是，由于 GPS 采用的是单程测距原理，卫星钟与用户接收机之间难以保持严格同步，而是含有误差的距离，此又称伪距。因此可以将接收机的钟差作为 1 个未知参数与用户接收机坐标在数据处理中一并解出。因此，至少需要同步观测 4 颗卫星。

根据 4 颗卫星的瞬时位置，4 个卫星钟钟差和 4 个伪距，可得到如下的参数联立方程表达式

$$\begin{cases} \sqrt{(x_1-x)^2+(y_1-y)^2+(z_1-z)^2}+c(V_{t1}-V_{t0})=\rho_1 \\ \sqrt{(x_2-x)^2+(y_2-y)^2+(z_2-z)^2}+c(V_{t2}-V_{t0})=\rho_2 \\ \sqrt{(x_3-x)^2+(y_3-y)^2+(z_3-z)^2}+c(V_{t3}-V_{t0})=\rho_3 \\ \sqrt{(x_4-x)^2+(y_4-y)^2+(z_4-z)^2}+c(V_{t4}-V_{t0})=\rho_4 \end{cases} \tag{5-83}$$

式中，$(x_i,\ y_i,\ z_i)$ 为卫星的瞬时位置，$i=1,2,3,4$；V_{ti} 为卫星钟钟差，$i=1,2,3,4$；ρ_i 为伪距，$i=1,2,3,4$；c 为光速。

根据式(5-83)，即可求取接收机位置 $(x,\ y,\ z)$ 和接收机钟差 V_{t0}，这就是 GPS 基本工作原理。

（5）导航电文

每颗 GPS 卫星发射两个 L 波段的扩频载波信号：L1 信号的载波频率为 1575.42MHz；L2 信号的载波频率为 1227.6MHz。每颗卫星的 L1 信号均使用二相相移键控，由 C/A 码（粗码）和 P 码（精码）两个 PRN 码（伪噪声码）调制。每颗卫星的 L2 信号均只有 P 码调制。GPS 的 C/A 码和 P 码（Y 码）信号上均调制有 50bps 的数据。这些数据为用户计算每颗可见星的精确位置和每一个导航信号的传输时间提供必需的信息。

如图 5-26 所示，GPS 导航电文利用 5 个 300bit 的子帧进行发送。每一子帧由 300bit 组成。导航电文中每一帧的最后 6bit 用于奇偶校验。5 个子帧从子帧 1 开始顺序发送。子帧 4 和 5 均包含 25 页，故而在 5 个子帧的首次循环中广播子帧 4 和 5 的第 1 页。在 5 个子帧的下一次循环中，广播子帧 4 和 5 的第 2 页，以此类推。

每一子帧的 1~60bit 包含遥测（TLM）数据和一个交接字（HOW）。TLM 包括一个固定的报头 10001011，以及仅对授权用户才有意义的 14bit 数据。HOW 是以 6s 为模的 GPS 周内秒，对应于下一子帧起始的边沿，从而允许用户从 C/A 码跟踪"交接"到 P 码

跟踪。

子帧 1 提供 GPS 传送的星期数,即自从 1980 年 1 月 5 日以来已经历的星期数,以 1024 为模。子帧 1 也提供卫星钟修正数据和卫星钟基准时刻,这些项对于精密测距而言是极其重要的。

子帧 2 和 3 包含开普勒轨道根数,使得用户设备能够精确确定卫星的位置。子帧 2 还包含一个拟合间隔标志和一个数据偏移龄期项。

子帧 4 的第 2~5 页和第 7~10 页以及子帧 5 的第 1~14 页包含第 1~32 颗卫星的历书数据的轨道根数,使得用户设备能够确定其他卫星的近似位置以辅助捕获。

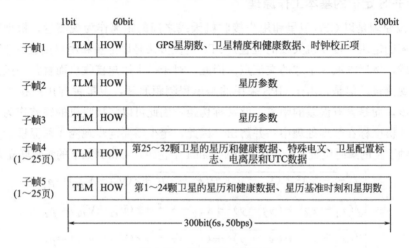

图 5-26 GPS 导航电文格式

(6) GPS 信号

传统 GPS 广播的信号主要包括 C/A 码和 P 码,现代 GPS 信号还包括:L2C 信号、L5 信号、叠加在 L1 和 L2 上的 M 码,具体特性见表 5-4。

表 5-4 GPS 信号特性

信号	中心频率/MHz	调制类型	数据率/bps	主瓣零点带宽/MHz
L1 C/A 码	1575.42	BPSK-R(1)	50	2.046
L1P(Y)码	1575.42	BPSK-R(10)	50	20.46
L2P(Y)码	1227.6	BPSK-R(10)	50	20.46
L2C	1227.6	BPSK-R(1)	25	2.06
L5	1176.45	BPSK-R(10)	50	20.46
L1 M 码	1575.42	BOC(10,5)	N/A	30.69
L2 M 码	1227.6	BOC(10,5)	N/A	30.69
L1C	1575.42	BOC(1,1)	N/A	4.092

5.3.2 GLONASS

格洛纳斯(GLONASS)是俄语的全球卫星导航系统的缩写。俄罗斯的 GLONASS 是和美国 GPS 对等的一个系统，像 GPS 一样，为民用和军用用户提供位置、速度和时间信息。

（1）空间段

GLONASS 卫星星座如图 5-27 所示，GLONASS 星座由 21 颗工作卫星和 3 颗备用卫星组成，24 颗卫星均匀地分布在升交点赤经相隔 120°的 3 个轨道平面上。24 颗卫星星座使地球表面 99％以上的地区可以同时连续观测到的卫星不少于 5 颗。每颗 GLONASS 卫星都处于离地面 19100km 的圆轨道上，倾角为 64.8°。轨道周期为 11 时 15 分。当前的轨道布局和总体设计能给地面及地面以上高达 2000km 的用户提供导航服务。

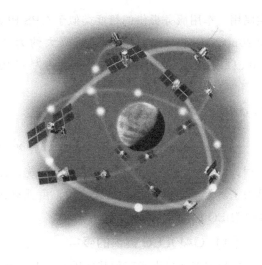

图 5-27　GLONASS 卫星星座

（2）地面段

GLONASS 系统的地面段主要由系统控制中心、中央同步器、指挥跟踪站和激光跟踪站组成。系统控制中心负责安排和协调 GLONASS 的所有系统功能。中央同步器用来形成 GLONASS 系统时间。指挥跟踪站负责将需要的控制和载荷信息用上行链路注入到卫星的星上处理器。激光跟踪站负责对无线电频率跟踪测量值进行校准。

（3）用户段

GLONASS 的用户段很小，主要集中在俄罗斯国内。在境外，只有少量型号的 GPS-GLONASS 用户设备，而且主要用于高端测量。

（4）导航电文

GLONASS 有两种导航电文。C/A 码导航电文模 2 加到卫星的 C/A 码上，而 P 码导航电文模 2 加到卫星的 P 码上。两种导航电文都是 50bps 数据流。这些电文的主要用途是提供卫星星历和频道分配方面的信息。GLONASS 接收机根据星历信息就能够精确地计算出每颗 GLONASS 卫星在任何时刻的瞬时位置。

① C/A 码导航电文　每颗 GLONASS 卫星都广播 C/A 码，该电文是由 5 帧组成的超帧。每帧包含有 15 行，每行含有 100bit。每帧用 30s 来广播，需要 2.5min 广播一次完整的超帧。每帧的前 3 行含有被跟踪卫星的详细星历，其他行主要由该星座中其他卫星的近似星历信息组成。每帧数据包含 5 颗卫星的星历，必须读出所有 5 帧数据，才能获得 24 颗卫星的近似星历。

② P 码导航电文　每颗 GLONASS 卫星都广播 P 码导航电文，该电文是由 72 帧组成的超帧，每帧 5 行，每行 100bit。每帧用 10s 来广播，需要 12min 播送一次完整的超帧。每帧前 3 行含有被跟踪卫星的详细星历，其他行主要由该星座中其他卫星的近似星历信息组成。要获得 24 颗卫星的星历就得读出全部 72 帧，这要花费 12min 的时间。

（5）系统精度

GLONASS 提供两个精度等级。高精度服务仅提供给俄罗斯军方，而精度较低的服务供民用。军用服务提供的精度类似于 GPS PPS(GPS 精密定位服务）的技术规范，水平大约为 20m(2DRMS，95％概率），垂直大约为 34m(2σ)。GLONASS 民用精度：水平精度为 100m(2DRMS，95％概率），垂直大约为 150m(2σ)，速度精度为 15cm/s(2σ)。

5.3.3 GALILEO

20 世纪 90 年代初，欧洲发起了一个提案，即欧洲静止轨道导航重叠系统（EGNOS）计划，并继之以下一代全球导航卫星系统，即伽利略（GALILEO）计划。GALILEO 系统是为了满足不同用户需求而设计的，由此确定了一系列具有代表性的服务，同时也定义了 GALILEO 的主要特征。

（1）GALILEO 提供的服务

GALILEO 提供了五种基准服务：开放式服务、商业服务、生命安全服务、公共特许服务以及对搜索与救援的支持。

① 开放式服务　开放式服务可以免费提供位置、速度和时间信息。这项服务适合于车辆导航、移动电话等领域。

② 商业服务　商业服务通过在专用的商业服务信号上发布支持高精度定位应用的增值数据，进而允许专业应用的开发和使用。这项服务一般是 GALILEO 运营公司与第三方服务供应商之间的增值服务，如天气预警、交通信息和地图更新等。

③ 生命安全服务　生命安全服务是针对那些安全性要求非常高的用户而设计的，例如从事海运、航空和铁路运输的用户。这项服务以不加密的方式提供，且系统能够对所包含的信号进行认证以保证收到的信号确实是由 GALILEO 发出的。

④ 公共特许服务　公共特许服务只提供给要求更高保护级别的政府授权用户，信号是加密的，对该服务的访问将通过一个政府许可的安全密钥发送机制进行控制。

⑤ 对搜索和救援服务的支持　GALILEO 卫星星座上还安装有一个转发器，允许将遇险信标警报转发给 SAR 组织。同时还会实现与这些中心的接口，这样系统就可以将援救工作已经展开的确认消息转发反馈给用户。

（2）空间段

GALILEO 空间段由 30 颗卫星组成，包括 27 颗工作卫星和 3 颗备用卫星，30 颗卫星均匀分布在 3 个等间隔的，标称倾角为 56°的轨道面上，轨道对地高度是 23222km。每个轨道面上包括 9 颗工作卫星和 1 个备用卫星，标称夹角为 40°。这样每个轨道面上具有一个备用卫星，一旦星座中有工作卫星出现故障，就能够迅速用备用卫星替换故障卫星。

（3）地面段

GALILEO 的地面段由两大地面系统组成：地面控制段和地面任务段。地面控制段将完成所有与卫星星座命令和控制有关的功能。

① 星座管理　处理 GALILEO 卫星星座的位置分布、维护和补给的所有方面。

② 卫星控制　监测和控制单个卫星常规平台和有效载荷的运行情况，或发生意外事故

时计划外的重要操作。

地面任务段实现的功能是提供主要的 GALILEO 服务。

（4）用户段

用户段主要就是用户接收机，GALILEO 系统的接收机一般一起接收 GPS 和 GLONASS 导航信号，组成复合型卫星导航系统接收机。

（5）频率和信号

GALILEO 将在频率范围 1164～1215MHz（E5 频段）、1260～1300MHz（E6 频段）和 1559～1592MHz（E2-L1-E1 频段）上提供六种右旋圆极化导航信号，而这些频段在国际上被分配给了无线电导航卫星服务。每颗 GALILEO 卫星将发射六种导航信号，分别记作 L1F、L1P、E6C、E6P、E5a 和 E5b。

L1F 信号：L1F 信号是一个公开可访问的信号，位于 L1 频段，包括一个数据通道和一个导频通道。它调制有未加密的测距码和导航电文，可供所有用户接收。L1F 数据流还包括完好性信息和加密了的商业数据。L1F 信号的数据率是 125bps。L1F 信号支持开放式服务、商业服务和生命安全服务。

L1P 信号：L1P 信号是一个限制访问的信号，位于 L1 频段。它的测距码和电文采用官方的加密算法进行加密。L1P 信号支持公共特许服务。

E6C 信号：E6C 信号是一个商业访问的信号，位于 E6 频段，包括一个数据通道和一个导频（或无数据）通道。它的测距码和电文采用商业的算法进行加密，其 500bps 的数据率允许增值商业数据的传输。E6C 信号专用于商业服务。

E6P 信号：E6P 信号是一个限制访问的信号，位于 E6 频段。它的测距码和电文采用官方的加密算法进行加密。E6P 信号支持公共特许服务。

E5a 信号：E5a 信号是一个可公开访问的信号，位于 E5 频段，包括一个数据通道和一个导频（或无数据）通道。它调制有未加密的测距码和导航电文，可供所有用户接收。它传输最基本的数据以支持导航和授时功能，采用相对较低的 25bps 的数据率使数据解调更稳健。E5a 信号支持开放式服务。

E5b 信号：E5b 信号是一个可公开访问的信号，位于 E5 频段，包括一个数据通道和一个导频（或无数据）通道。它调制有未加密的测距码和导航电文，可供所有用户接收。E5b 数据流还包含完好性信息和加密的商业数据。其数据率是 125bps。E5b 信号支持开放式服务、商业服务和生命安全服务。

5.3.4　北斗卫星导航系统

北斗卫星导航系统（BDS）是我国自行研制的全球卫星导航系统，也是继 GPS、GLO-NASS 之后的第三个成熟的卫星导航系统。BDS 可在全球范围内全天候、全天时为各类用户提供高精度、高可靠定位、导航、授时服务，并且具备短报文通信能力。

（1）发展历程

自 20 世纪 80 年代起，我国开始探索适合国情的卫星导航系统发展道路，形成了三步走

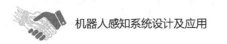

发展战略。

第一步，北斗一号导航系统。1994年，我国启动北斗一号系统工程的建设工作；2000年，我国发射了2颗地球静止轨道卫星，建成系统并投入使用；2003年发射了第3颗地球静止轨道卫星，进一步增强系统性能。

第二步，北斗二号导航系统。2004年，我国启动北斗二号系统工程的建设工作；至2012年年底，完成14颗卫星发射组网。北斗二号导航系统在兼容北斗一号导航系统技术体制的基础上，增加无源定位体制，为亚太地区用户提供定位、测速、授时和短报文通信服务。

第三步，北斗三号导航系统。2009年，我国启动北斗三号系统建设工作；至2018年年底，完成19颗卫星发射组网，完成基本系统建设，向全球提供服务；2020年7月31日上午10时30分，北斗三号全球卫星导航系统正式开通，全面建成北斗三号导航系统。北斗三号导航系统继承北斗有源服务和无源服务两种技术体制，能够为全球用户提供基本导航（定位、测速、授时）、全球短报文通信和国际搜救服务，中国及周边地区用户还可享有区域短报文通信、星基增强、精密单点定位等服务。

（2）服务及性能

北斗卫星导航系统可提供全球基本导航和区域短报文通信服务能力，并实现全球短报文通信、星基增强、国际搜救、精密单点定位等服务能力。

基本导航服务：为全球用户提供服务，空间信号精度将优于0.5m；全球定位精度将优于10m，测速精度优于0.2m/s，授时精度优于20ns。短报文通信服务：中国及周边地区短报文通信服务，服务容量提高10倍。星基增强服务：服务中国及周边地区用户，支持单频及双频多星座两种增强服务模式，满足国际民航组织相关性能要求。国际搜救服务：按照国际海事组织及国际搜索和救援卫星系统标准，服务全球用户。精密单点定位服务：服务中国及周边地区用户，具备动态分米级、静态厘米级的精密定位服务能力。

（3）系统组成

BDS由空间段、地面段和用户段三部分组成。空间段由若干地球静止轨道卫星、倾斜地球同步轨道卫星和中圆地球轨道卫星组成。地面段包括主控站、时间同步/注入站和监测站等若干地面站，以及星间链路运行管理设施。用户段包括北斗及兼容其他卫星导航系统的芯片、模块、天线等基础产品，以及终端设备、应用系统与应用服务，等等。

5.4 水声定位系统

5.4.1 声呐传感系统

目标方位的测定是声呐传感系统的主要任务之一，主要包括方位角和距离两个参数。

（1）目标方位的测定

声呐系统对目标的测定方法分为振幅法和相位法。振幅法又可分为最大值法、等信号法和最小值法，利用换能器的振幅特性来测向；相位法利用目标回波到达的相位差异测向。目标方位角的测量方法与声呐系统的声学结构有关，对不同的声呐系统测向的方法也不相同，但基本原理都是建立在声程差和相位差的基础上的。二元基阵的测向原理如图 5-28 所示，设基阵 A 和 B 其间距为 d，则平面波到达基阵 A 和 B 的声程差为

$$\xi = d\sin\alpha \tag{5-84}$$

式中，$\alpha \in \left(-\dfrac{\pi}{2}, \dfrac{\pi}{2}\right)$ 为目标方位角，是声线与基阵法线方向的夹角。

则基阵 A 和 B 接收声波的时间差 Δt 为

$$\Delta t = \frac{\Delta\xi}{c} = \frac{d\sin\alpha}{c} \tag{5-85}$$

式中，c 为声波在水中的传播速度。

则相位差为

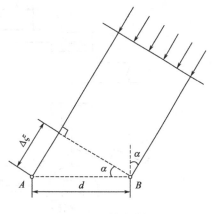

图 5-28　二元基阵测向原理

$$\Delta\varphi = 2\pi f\Delta t = 2\pi\frac{d\sin\alpha}{\lambda} \tag{5-86}$$

式中，λ 为声波的波长。

由式（5-85）和式（5-86）可知，只要测量出反映声程差的时间差或相位差，就可测出目标的方位角。

（2）目标距离的测定

对于目标距离的测量，不同的声呐系统，其测量方法也不尽相同。在主动声呐中，目标距离的测量一般利用目标的回波或应答信号，测量时一般采用测量时间差、频率差或相位差计算目标的距离。而在被动声呐系统中，目标距离的测定只能利用声源发出的信号或噪声。

1）主动声呐系统的测距法

① 脉冲测距法　脉冲测距法是利用回波脉冲与发射脉冲之间的时间差来确定目标的距离。假设声呐发射换能器发射的脉冲信号周期为 T、宽度为 τ、载频为 f_0，声波在水中以固定的速度 c 直线传播，当声波在水中传播时，遇到物体会产生散射，这样将会有部分声波信号返回，并被接收器接收。则声波在声呐和目标之间的往返时间 t 为

$$t = \frac{2s}{c} \tag{5-87}$$

式中，s 为声呐与目标物体之间的距离。

从式（5-87）可知，只要测出从发射脉冲到接收到目标回波之间的时间 t，就可以计算出声呐与目标之间的距离 s。

脉冲测距法的原理如图 5-29 所示，定时器每隔时间 T 发出一个触发脉冲，同时使发射机工作，发射机产生的调制脉冲通过基阵上的发射换能器转换为声脉冲，并且朝一定的方向辐射该声波。该声波以一定的速度在海水里传播，当遇到目标后，声波会生产散射，就会有部分声波反射回来，被接收换能器接收，然后由接收机对回波信号进行放大、变频、检波等处理后，将脉冲信号加到测距装置——显示器或自动测距设备上。

② 调频测距法　调频测距法利用发射信号和接收信号之间的频率差以测量目标的距离。调频测距法的测量原理如图 5-30 所示，调频发射机发射等幅正弦信号，该正弦信号的频率在时间上按一定的规律变化。

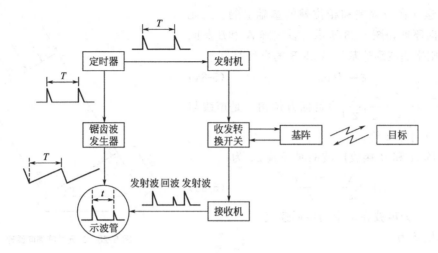

图 5-29 脉冲测距法

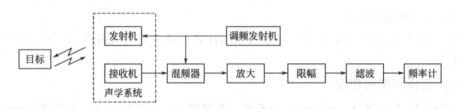

图 5-30 调频测距原理

假设等幅正弦信号的频率线性变化，即 $f(t)=kt+f_0$，则在 t_0 时刻调频发射机发射的声波频率为

$$f(t_0)=kt_0+f_0 \tag{5-88}$$

该发射出去的信号碰到目标后，会产生散射，将会有一部分信号反射回接收器。设在 t_1 时刻回波被接收机接收，则接收信号的频率也是 $f(t_0)$，而此刻发射的声波信号的频率为

$$f(t_1)=kt_1+f_0 \tag{5-89}$$

则接收信号与此刻的发射信号的频率差为

$$\Delta f=f(t_1)-f(t_0)=k(t_1-t_0)=k \cdot \Delta t \tag{5-90}$$

如果把接收的信号和发射的信号同时加入到混频器内，则混频器会输出差额电压，再经过放大、限幅、滤波后加到频率计上，便可以读出差额。

由 $\Delta t=\dfrac{2s}{c}$ 和式(5-90)，得出声呐系统与目标的距离为

$$s=\frac{c}{2k}\times \Delta f \tag{5-91}$$

由式(5-91)可知，只要测出频率差 Δf，就可以计算出声呐系统与目标的距离 s。

③ 相位测距法 相位测距法是利用发射信号和接收信号之间的相位差测量目标的距离。假设发射信号为

$$u_T(t)=u_T\sin(\omega t+\varphi_0) \tag{5-92}$$

式中，φ_0 为发射信号的初始相位；u_T 为发射信号的幅值；ω 为发射信号的角频率。

该发射信号发射后，遇到目标将产生散射，则返回接收机的回波信号为

$$u_R(t)=u_R\sin[\omega(t+\Delta t)+(\varphi_0+\varphi_c)] \tag{5-93}$$

式中，φ_c 为反射引起的相位差；Δt 为声波往返的时间，且 $\Delta t=\dfrac{2s}{c}$。

则收发信号间的相位差为

$$\Delta\varphi=\frac{2\omega}{c}s+\varphi_c \tag{5-94}$$

当忽略 φ_c 影响时，则目标距离 s 为

$$s=\frac{c}{2\omega}\Delta\varphi \tag{5-95}$$

由于 $\omega=2\pi f$，f 为发射信号的频率。则

$$s=\frac{c}{2\pi f}\Delta\varphi \tag{5-96}$$

实际应用中，由于目标反射引起的相位 φ_c 未知，其数值可能很大，当相位大于 360°时，会造成测相模糊，很难计算出目标距离。为了解决这一问题，一般采用双频载波法，原理如图 5-31 所示，利用两个工作频率分别为 f_1 和 f_2 的发射机，使其混频后得到一差频信号，这样使收发信号的相位差在 2π 内，避免相位多值。

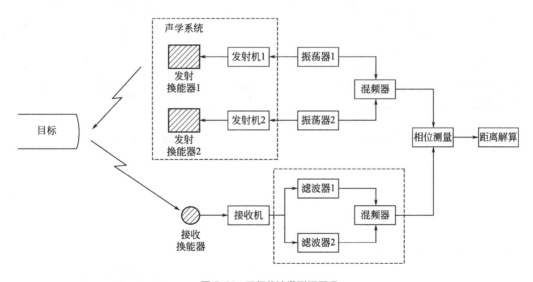

图 5-31　双频载波发测距原理

2）被动声呐系统的测距

对于被动声呐系统的测距，一般利用长间距的二元或三元子阵，并且子阵本身要求具有一定的指向性。

① 方位法　方位法测距原理如图 5-32 所示，A 和 B 是两个间距为 d 的方向性子阵，P 为目标，P 和子阵 A 之间的距离为 s_1，P 和子阵 B 之间的距离为 s_2，C 点为子阵 A 和 B 的中点，P 和 C 之间的距离为 s，s 就是所要求的目标与声呐系统的距离。假设为远场平面波，并且利用子阵 A 和 B 可以分别测出目标 P 相对于子阵 A 和 B 的两个方位角 α 和 β。

根据正弦定理有

$$\begin{cases} \dfrac{d}{\sin(\alpha-\beta)} = \dfrac{s_1}{\sin(90°+\beta)} = \dfrac{s_1}{\cos\beta} \\ \dfrac{d}{\sin(\alpha-\beta)} = \dfrac{s_2}{\sin(90°-\alpha)} = \dfrac{s_2}{\cos\alpha} \end{cases} \tag{5-97}$$

由式(5-97)可以求得子阵 A 和 B 与目标 P 之间的距离 s_1 和 s_2,即

$$\begin{cases} s_1 = \dfrac{\cos\beta}{\sin(\alpha-\beta)}d \\ s_2 = \dfrac{\cos\alpha}{\sin(\alpha-\beta)}d \end{cases} \tag{5-98}$$

如图 5-33 所示,延长 AB,并过点 P 做 PO 垂直于 AB,并且与 AB 延长线交于点 O,设线段 BO 长为 x,线段 PO 长为 h,根据勾股定理有

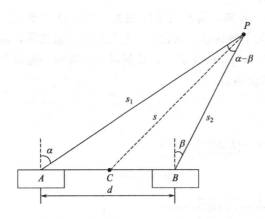

图 5-32 方位法被动测距原理

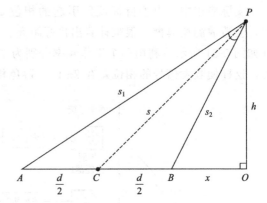

图 5-33 方位法测距示意图

$$\begin{cases} s_2^2 = x^2 + h^2 \\ s^2 = \left(\dfrac{d}{2}+x\right)^2 + h^2 \\ s_1^2 = (d+x)^2 + h^2 \end{cases} \tag{5-99}$$

由式(5-99)可求得 s 为

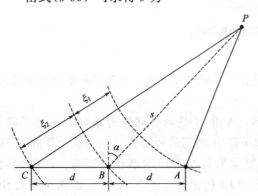

图 5-34 时差法被动测距原理

$$s = \frac{\sqrt{2(s_1^2+s_2^2)-d^2}}{2} \tag{5-100}$$

这里要求子阵 A 和 B 的尺寸要小于 s_1 和 s_2,同时 d 应足够大,否则 α 和 β 差别太小,误差会变大。

② 时差法　时差法测距一般利用三元阵,其机理是测量波阵面曲率。假设目标是点源,声波按柱面波或球面波方式传播。时差法被动测距原理如图 5-34 所示,设在直线上布置三个等间距的子阵,间距为 d。则要测量的是点声

源目标 P 与中心阵元的距离 s。

从目标 P 发射的信号到达 B 和 A 的声程差设为 ξ_1，有

$$\xi_1 = PB - PA = s - PA \tag{5-101}$$

从目标 P 发射的信号到达 C 和 B 的声程差设为 ξ_2，有

$$\xi_2 = PC - PB = PC - s \tag{5-102}$$

则

$$\xi_2 - \xi_1 = PC + PA - 2s \tag{5-103}$$

在 $\triangle PBA$ 中，根据余弦定理有

$$PA = s\left(1 + \frac{d^2}{s^2} - \frac{2d}{s}\sin\alpha\right)^{\frac{1}{2}} \tag{5-104}$$

在 $\triangle PBC$ 中，根据余弦定理有

$$PC = s\left(1 + \frac{d^2}{s^2} + \frac{2d}{s}\sin\alpha\right)^{\frac{1}{2}} \tag{5-105}$$

当 $d \ll s$ 时，式（5-104）和式（5-105）按幂级数展开，并忽略 $\frac{1}{s^3}$ 以上高次项，两式相加得

$$PC + PA = 2s + \frac{d^2}{s}\cos\alpha \tag{5-106}$$

将式（5-106）代入式（5-103），可得

$$\xi_2 - \xi_1 = \frac{d^2}{s}\cos\alpha \tag{5-107}$$

α 的测量可根据远场平面波近似，即

$$\sin\alpha \approx \frac{\xi_1 + \xi_2}{2d} \tag{5-108}$$

声程差 ξ_1、ξ_2 可以根据时间差 t_1 和 t_2 求得，即

$$\begin{cases} \xi_1 = t_1 c \\ \xi_2 = t_2 c \end{cases} \tag{5-109}$$

其中，c 为声波在水中的传播速度。

根据式（5-107）就可以可求出目标距离 s。

（3）目标速度的测定

当测量的实时性和精度要求不高时，可以在已知时间间隔内测得随时间变化的目标位置，就能确定目标的速度，也就是说凡是测定运动目标位置的系统都能测得速度这个参量。如果需要实时地、直接地测量目标的速度，需要利用多普勒效应。

多普勒测速原理如图 5-35 所示，设声呐的工作频率为 f_0，由于目标与测量声呐系统之间的相对运动，经目标反射后的接收信号的频率将不再是 f_0。设目标径向速度为 v_r，则由目标径向速度 v_r 所产生的多普勒频移为 $f_d = \frac{2v_r}{c - v_r} \times f_0$，由于 $v_r \ll c$，所以

$$f_d = \frac{2v_r}{c} \times f_0 = \frac{2v_r}{\lambda} \tag{5-110}$$

其中，λ 为声呐的工作波长。在测得多普勒频移 f_d 的情况下，则可以根据式（5-110）求得目标径向速度 v_r，即

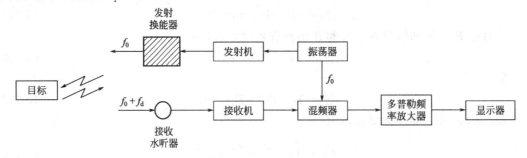

图 5-35　多普勒测速原理

$$v_r = \frac{\lambda}{2} \times f_d \tag{5-111}$$

如果目标运动方向与声呐辐射方向之间的夹角为 α，则目标的运动速度 v 为

$$v = \frac{v_r}{\cos\alpha} = \frac{\lambda}{2\cos\alpha} \times f_d \tag{5-112}$$

5.4.2　长基线定位

长基线定位系统包含两部分，如图 5-36 所示，一部分安装在船舶底部或水下机器人上的收发器/换能器中；另一部分是一系列已知位置的固定在海底上的应答器，这些应答器之间的距离构成基线。由于基线长度在几百米到几千米之间，相对于超短基线和短基线，该系统被称为长基线系统。长基线定位系统通过测量收发器和应答器之间的距离，采用测量中的

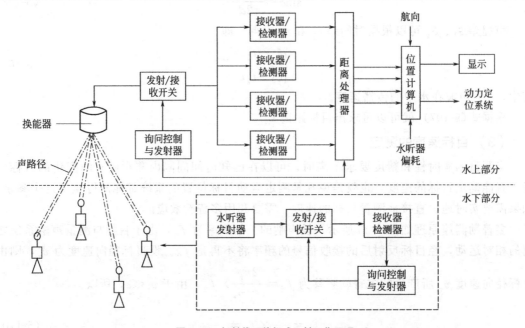

图 5-36　长基线系统组成及其工作原理

前方或后方交会，对目标实施定位，所以系统与深度无关，也不必安装测量姿态的惯性导航系统或测量航向的电罗经。

长基线系统定位原理如图 5-37 所示，其中，t 为收发器/换能器；R_1、R_2 和 R_3 为测量距离，T_1、T_2 和 T_3 为声波应答器，BL_{12} 为 T_1 和 T_2 之间的距离，BL_{23} 为 T_2 和 T_3 之间的距离，BL_{13} 为 T_1 和 T_3 之间的距离，BL_{12}、BL_{23} 和 BL_{13} 也称为基线。实际工作时，既可以利用一个应答器进行定位，也可以同时利用两个或三个甚至更多应答器进行测距定位。

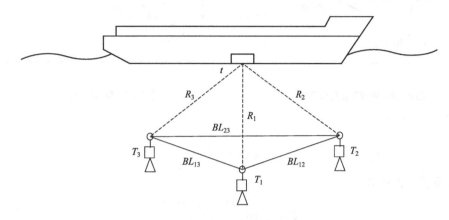

图 5-37 长基线系统定位原理示意图

根据长基线定位系统组成及其工作原理，下面介绍采用不同数量应答器测距情况下的导航定位原理。

1）单应答器

如图 5-38 所示，$T(x_0,y_0)$ 代表应当器所在位置；A、B 和 C 分别为具有航向 K 的航线上的三个船位；LB_A、LB_B 和 LB_C 分别表示应答器到 A、B 和 C 的水平距离。则有

$$\begin{cases} (x_A-x_0)^2+(y_A-y_0)^2=LB_A^2 \\ (x-x_0)^2+(y-y_0)^2=LB_B^2 \\ (x_C-x_0)^2+(y_C-y_0)^2=LB_C^2 \end{cases} \tag{5-113}$$

设该船的航速为 v，由 A 到 B 的航行时间为 t_{AB}，由 B 到 C 的航行时间为 t_{BC}，于是有

$$\begin{cases} x_A=x+vt_{AB}\cos(\pi+K) \\ y_A=y+vt_{AB}\sin(\pi+K) \\ x_C=x+vt_{BC}\cos K \\ y_C=y+vt_{BC}\sin K \end{cases} \tag{5-114}$$

显然在式（5-113）和式（5-114）中，v、K、t_{AB}、t_{BC}、LB_A、LB_B、LB_C、x_0 和 y_0 均为已知量，则未知数 x、y 可用最小二乘法求出。然后将 x、y 代入式（5-113）中就可以求出 A 和 C 的坐标。这种方法要求船速和航向的误差较小，一般情况下定位精度不高。

2）双应答器

如图 5-39 所示，$T_1(x_1,y_1)$ 和 $T_2(x_2,y_2)$ 分别为两个声标的位置，$C(x,y)$ 为船位。α 为声标基线 d 的方位角，Φ 为声标 $T_1(x_1,y_1)$ 处三角形顶角，D_1、D_2 分别为船到声标 T_1 和 T_2 的

水平距离。

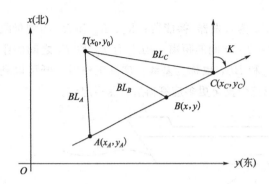

图 5-38 单应答器定位方式   图 5-39 双应答器定位方式

由图 5-39 可知

$$\alpha = \arctan \frac{y_2 - y_1}{x_2 - x_1} \tag{5-115}$$

根据余弦定理可知

$$\Phi = \arccos \frac{D_1^2 + d^2 - D_2^2}{2dD_1} \tag{5-116}$$

则船位 $C(x, y)$ 的坐标为

$$\begin{cases} x = x_1 + D_1 \cos(\alpha - \Phi) \\ y = y_1 + D_1 \sin(\alpha - \Phi) \end{cases} \tag{5-117}$$

如果 $C(x, y)$ 在声标 $P_1(x_1, y_1)$，$P_2(x_2, y_2)$ 连线的另一侧，则式（5-117）应为

$$\begin{cases} x = x_1 + D_1 \cos(\alpha + \Phi) \\ y = y_1 + D_1 \sin(\alpha + \Phi) \end{cases} \tag{5-118}$$

3）三个或三个以上应答器

三个应答器定位原理如图 5-40 所示，以 x、y 来表示测量船的平面坐标，z 为测量船换能器 t 的吃水深度，$T_1(x_1, y_1, z_1)$、$T_2(x_2, y_2, z_2)$ 和 $T_3(x_3, y_3, z_3)$ 为三个已知的水下应答器的坐标，$R_i(i = 1, 2, 3)$ 为测量船换能器到三个水下应答器的距离。由图 5-40 可得

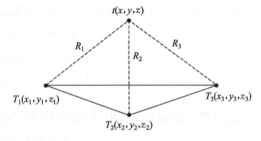

图 5-40 三个应答器定位示意图

$$\begin{cases} (x - x_1)^2 + (y - y_1)^2 + (z - z_1)^2 = R_1^2 \\ (x - x_2)^2 + (y - y_2)^2 + (z - z_2)^2 = R_2^2 \\ (x - x_3)^2 + (y - y_3)^2 + (z - z_3)^2 = R_3^2 \end{cases} \tag{5-119}$$

由式（5-119）可得

$$\begin{cases} x = \dfrac{k_1(y_3 - y_2) + k_2(y_1 - y_3) + k_3(y_2 - y_1)}{2[x_1(y_3 - y_2) + x_2(y_1 - y_3) + x_3(y_2 - y_1)]} \\[4mm] y = \dfrac{k_1(x_3 - x_2) + k_2(x_1 - x_3) + k_3(x_2 - x_1)}{2[y_1(x_3 - x_2) + y_2(x_1 - x_3) + y_3(x_2 - x_1)]} \end{cases} \tag{5-120}$$

其中，$\begin{cases}k_1=x_1^2+y_1^2+z_1^2-R_1^2-2zz_1\\k_2=x_2^2+y_2^2+z_2^2-R_2^2-2zz_2\\k_3=x_3^2+y_3^2+z_3^2-R_3^2-2zz_3\end{cases}$。

由式(5-120)可知，三应答器定位，其精度取决于测距的精度。当应答器多于三个时，显然方程的个数大于未知数的个数，这时可以采用最小二乘法解出 x 和 y。

对于多应答器的长基线定位系统，由于存在较多的观测量，所以可以得到非常高的相对定位精度。但是长基线定位系统过于复杂，操作烦琐，还需要对海底的应答器进行详细的校准测量，而且长基线定位系统的设备一般也比较昂贵。

5.4.3　短基线定位

短基线定位系统的组成分为水下和水上两部分，水下部分一般仅需要一个水声应答器，而水上部分则需要在船的底部安装一个水听器基阵。换能器之间的距离一般需要超过 10m，换能器之间的相互关系精确测定，并组成声基阵坐标系。

短基线定位系统在测量时由一个换能器进行发射，所有换能器进行接收，得到一个斜距观测值和不同于这个观测值的多个斜距值。系统根据基阵相对船体坐标系的固定关系，结合外部传感器的观测值，如换能器的位置信息（可以通过 GPS 确定）、船体姿态信息（可以由惯性导航系统提供），计算得到海底点的大地坐标。

短基线定位原理如图 5-41 所示，船体空间直角坐标系的中心为 O，x 轴方向为船的艏艉线方向，正方向指向船艏；y 轴与 x 轴垂直，正方向指向右舷；z 轴垂直向下。H_1、H_2

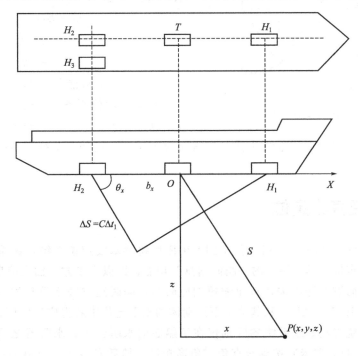

图 5-41　短基线定位原理示意图

和 H_3 为水听器，T 为换能器，三个水听器呈正交布设，H_1 和 H_2 之间的基线长度为 b_x，沿 x 轴方向。H_2 和 H_3 之间的基线长度为 b_y，平行于 y 轴。设声束与三个坐标轴之间的夹角分别为 θ_x、θ_y 和 θ_z，H_1 和 H_2 接收的声信号的时间差为 Δt_1，H_2 和 H_3 接收的声信号的时间差为 Δt_2。

① 方位-方位法：短基线定位系统利用测向方式定位。

由图 5-41 可得

$$x = \frac{\cos\theta_x}{\cos\theta_z} z \tag{5-121}$$

$$y = \frac{\cos\theta_y}{\cos\theta_z} z \tag{5-122}$$

$$\cos\theta_x = \frac{C\Delta t_1}{b_x} = \frac{\lambda\Delta\phi_x}{2\pi b_x} \tag{5-123}$$

$$\cos\theta_y = \frac{C\Delta t_2}{b_y} = \frac{\lambda\Delta\phi_y}{2\pi b_y} \tag{5-124}$$

$$\cos\theta_z = \sqrt{1 - \cos^2\theta_x - \cos^2\theta_y} \tag{5-125}$$

式中，z 为水听器阵中心与水下应答器之间的垂直距离；$\Delta\phi_x$ 为 H_1 和 H_2 所接收信号之间的相位差；$\Delta\phi_y$ 为 H_2 和 H_3 所接收信号之间的相位差。

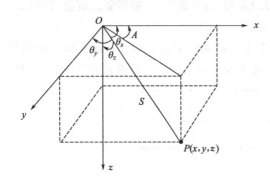

图 5-42　方位-距离法定位原理

② 方位-距离法：短基线定位系统利用测向与测距的混合方式定位。

由图 5-42 可得出点 $P(x,y,z)$ 在船体坐标系中的坐标为

$$\begin{cases} x = S\cos\theta_x \\ y = S\cos\theta_y \\ z = S\cos\theta_z \end{cases} \tag{5-126}$$

其中，S 为换能器 T 与 P 点之间的距离。

短基线定位系统价格低廉、系统操作简单、换能器体积小、易于安装。但是要求对水深的测量达到较高的精度，基线长度一般需要大于 40m。此外，系统安装时，换能器需要在船坞严格校准。

5.4.4　超短基线定位

如图 5-43 所示，是 EvoLogics 公司的 S2CR 型超短基线定位系统，该系统可以在发送数据的同时进行定位，具有特殊的"瞬时信息"功能，即以异步方式插入信息时，该信息将优先于原数据流而被发送出去，从而缩短响应时间，同时还省去增设附加通信通道的必要性。该系统已在 ROV、AUV 和其他水下运动体的水下定位中获得广泛应用。

超短基线系统与短基线系统的区别仅在于船底的水听器阵，水听器之间以很短的距离（小于半个波长，仅几厘米）按等腰直角三角形布设，然后安装在一个很小的壳体内。以方位-距离法定位。如图 5-42 所示，设 $b_x = b_y = b$，b 为水听器之间的距离，则

$$\begin{cases} x = S\cos\theta_x = \dfrac{1}{2}ct\,\dfrac{\lambda\,\Delta\phi_x}{2\pi b} = \dfrac{ct\lambda\,\Delta\phi_x}{4\pi b} \\ y = S\cos\theta_y = \dfrac{1}{2}ct\,\dfrac{\lambda\,\Delta\phi_y}{2\pi b} = \dfrac{ct\lambda\,\Delta\phi_y}{4\pi b} \end{cases} \tag{5-127}$$

根据式(5-127)，可以求出声束反方向和船首之间的夹角 A 为

$$\tan A = \frac{y}{x} = \frac{\Delta\phi_y}{\Delta\phi_x} \tag{5-128}$$

如图 5-44 所示，$S(x,y)$ 为船舶在海面直角坐标系中位置；$T(x_p,y_p)$ 为应答器在海面直角坐标系中的位置，为已知量；K 为船舶航向角，可以由船舶上的惯性导航系统或电罗经提供；D 为应答器至水听器基阵中心的水平距离。则海平面直角坐标系中的载体位置，可根据式(5-129)确定。

图 5-43 超短基线定位系统   图 5-44 船位推算示意图

$$\begin{cases} x = x_p - D\cos(A+K) \\ y = y_p - D\sin(A+K) \end{cases} \tag{5-129}$$

超短基线定位系统价格低廉、操作简便容易、安装方便、船底水听器受船体动态影响小，因此，定位精度更高一些，而且大船小船均可使用。但是系统安装后的校准需要准确，而往往难以达到。此外，测量目标的绝对位置精度依赖于外围设备的精度。

5.5 视觉导航系统

在未知环境中，机器人可以通过所配置的雷达、声呐、激光或视觉传感器获得环境某一方面的观测数据，但是要从这些数据中获取环境地图和自身定位的信息，则需要进行大量的计算处理。如果在运动中进行连续观测，其数据处理的难度和计算量将是爆发式增长的。采用 SLAM、VSLAM 方法可以解决这类问题。

5.5.1 SLAM

即时定位与地图构建（Simultaneous Localization and Mapping，简称 SLAM）是指在一个未知的环境里，依靠机器人携带的激光、视觉等传感器和处理器，同时完成对所处环境的地图创建和自身在地图中的定位。SLAM 的重要特征是在完成地图创建的同时完成自身在地图中的定位，而机器人的定位信息又依赖于传感器对环境地图的反馈，因此，需要同时对定位信息和环境地图进行估计，实现两者的联合统一。

经典的 SLAM 方法使用滤波器对机器人姿态和地图进行状态估计。首先利用激光测距系统、摄像机系统等环境感知设备获取环境数据并提取环境特征，将观测的特征数据与存在的地图和人工信标进行数据关联，得到相应的观测值；其次使用里程计、电子罗盘、微惯性系统等本体状态感知设备得到机器人运动模型；联合观测值和运动模型，使用扩展 kalman滤波（卡尔曼滤波）等非线性滤波方法进行机器人姿态和地图状态的估计；最后与 GPS 和人工地图进行对比校验，检查状态估计的准确性。经典 SLAM 架构如图 5-45 所示。

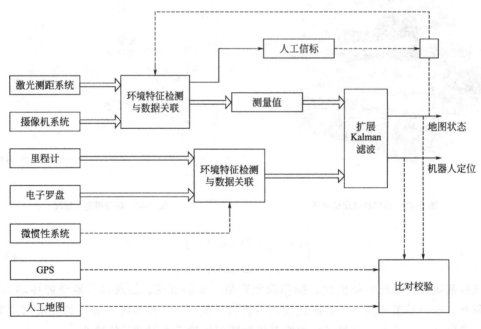

图 5-45　经典 SLAM 架构

（1）SLAM 问题的描述

1）SLAM 问题的概率模型

移动机器人在一个未知的环境中向目标移动，同时其自身携带的传感器对环境进行持续观测，如图 5-46 所示。其中，x_k 为移动机器人 k 时刻的位姿状态向量，u_k 为控制向量，m_i 为第 i 个静止环境特征的位置状态向量，z_{ik} 为 k 时刻移动机器人对第 i 个静止环境特征进行的一次观测。

SLAM 问题可以描述为：在 k 时刻，移动机器人位姿和环境特征位置的联合状态的概率分布是条件于观测历史信息 $Z_{0,k}$、控制输入历史信息 $U_{0,k}$ 和移动机器人的初始位姿状态

x_0 的概率分布，即

$$P(\boldsymbol{x}_k,\boldsymbol{m}\,|\,Z_{0,k},U_{0,k},\boldsymbol{x}_0) \tag{5-130}$$

① 环境特征观测模型　在 k 时刻，当移动机器人位姿 $\boldsymbol{x}_k$ 和环境特征位置 $\boldsymbol{m}$ 都已知时，机器人做一次观测 $\boldsymbol{z}_k$ 的概率为

$$P(\boldsymbol{z}_k\,|\,\boldsymbol{x}_k,\boldsymbol{m}) \tag{5-131}$$

② 机器人运动模型　机器人的运动模型可以描述为机器人位姿状态转移的概率，即

$$P(\boldsymbol{x}_k\,|\,\boldsymbol{x}_{k-1},\boldsymbol{u}_k) \tag{5-132}$$

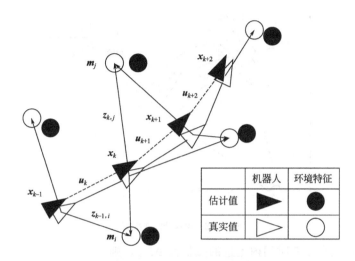

图 5-46　SLAM 问题概率模型描述

2）机器人系统模型

① 坐标系统模型　在移动机器人 SLAM 问题中，声呐和激光等距离传感器常采用极坐标系，移动机器人位姿 $\boldsymbol{x}=(x,y,\theta)^{\mathrm{T}}$、环境特征位置 $\boldsymbol{m}_i=(x_i,y_i)$ 和传感器位置 $\boldsymbol{m}_s=(x_s,y_s)$ 通常采用笛卡尔坐标系。常用的坐标系有全局坐标系 $X_{\mathrm{W}}O_{\mathrm{W}}Y_{\mathrm{W}}$、机器人坐标系 $X_{\mathrm{R}}O_{\mathrm{R}}Y_{\mathrm{R}}$ 和传感器坐标系 $X_{\mathrm{S}}O_{\mathrm{S}}Y_{\mathrm{S}}$。

② 机器人位姿模型　机器人的位姿用一个三维状态向量 $(x,y,\theta)^{\mathrm{T}}$ 表示，其中 (x,y) 为在全局坐标系里的位置，姿态角 θ 为机器人的运动方向，可以用机器人坐标系与全局坐标的夹角表示。如图 5-47 所示，规定 X_{W} 轴或 Y_{W} 轴为 $0°$，沿逆时针方向为正，姿态角范围为 $-180°\sim180°$。

③ 里程计模型　里程计是机器人普遍采用的传感器，经常用于机器人的航迹推算。如图 5-48 所示，两轮移动机器人在运动过程中，由于车轮打滑等原因导致运动轨迹不是严格的直线，为了很好的逼近移动机器人的实际运动轨迹，假设其在 ΔT 时间内的运动轨迹是一段圆弧 cc'，位姿状态由 $(x_{k-1},y_{k-1},\theta_{k-1})$ 变

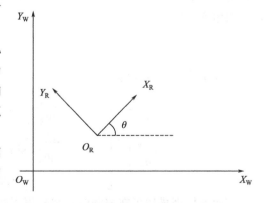

图 5-47　坐标系模型

成了（x_k，y_k，θ_k），其中左轮运动圆弧为 aa'，右轮运动圆弧为 bb'，运动半径为 R_k，轮轴距为 L。运动圆弧的长度 Δd 可以根据里程计积分原理获得，即

$$\Delta d = 2 \frac{N}{P} \pi r \tag{5-133}$$

式中，P 为编码器的线数，即为 p 线每转；N 为 ΔT 时间内编码器输出脉冲；r 为车轮半径。

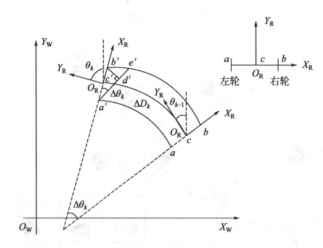

图 5-48 里程计圆弧模型

假设移动机器人在 ΔT 时间内走过的弧长为 ΔD_k，则

$$\Delta D_k = cc' = \frac{aa' + bb'}{2} \tag{5-134}$$

同时，由弧长的计算公式可得

$$R_k = \frac{\Delta D_k}{\Delta \theta_k} \tag{5-135}$$

在图 5-48 中作机器人轮轴 ab 的平行线，与圆弧 bb' 交于点 e'，过点 b' 作 $b'd'$ 垂直于 $a'e'$ 并且交点为 d'，显然 $\angle b'a'd' = \Delta \theta_k$，这里用直线近似圆弧，即 $b'd' \approx b'e'$，同时，用正弦值近似角度，即

$$\Delta \theta_k \approx \frac{b'd'}{L} \approx \frac{bb' - aa'}{L} \tag{5-136}$$

④ 移动机器人运动模型

$$\begin{bmatrix} x_k \\ y_k \\ \theta_k \end{bmatrix} = \begin{bmatrix} x_{k-1} + \dfrac{\Delta D_k}{\Delta \theta_k} \left[\cos(\theta_{k-1} + \Delta \theta_k) - \cos\theta_{k-1} \right] \\ y_{k-1} + \dfrac{\Delta D_k}{\Delta \theta_k} \left[\sin(\theta_{k-1} + \Delta \theta_k) - \sin\theta_{k-1} \right] \\ \theta_{k-1} + \Delta \theta_k \end{bmatrix} + \mathbf{v}_k \tag{5-137}$$

该运动模型描述了在控制输入和噪声干扰作用下，移动机器人的位姿状态随时间变化的过程。其中，ΔD_k 为机器人在 ΔT 时间内运动的圆弧长度；$\mathbf{v}_k$ 为系统噪声，如传感器误差、轮子滑动和系统建模等误差。

⑤ 环境地图模型 典型的环境地图表示方法主要有栅格地图、几何地图、拓扑地图和

混合地图。

栅格地图的主要思想是将环境划分为一系列的栅格，给每个栅格分配一定的概率，该概率表示栅格被障碍物占据的概率。优点是易于维护和创建。缺点是计算量会随着环境复杂度增加而增加，影响创建地图的实时性。

几何地图的主要思想是用一系列的点、线和面等几何特征来表示地图。优点是直接形象，便于做路径规划和导航。缺点是对传感器要求较高，只适用于高度结构化的环境。

拓扑地图的主要思想是将环境表示成节点和连接线，其中节点表示环境中的标志性物体，连接线表示节点之间的连通路径。优点是可以表征环境的连通特性。缺点是缺少环境的几何特征，对环境中相似的元素表示不清楚。

混合地图的主要思想是结合两种或多种不同的地图表示方式对环境信息进行描述，比如几何-栅格地图、几何-拓扑地图、栅格-拓扑地图等。混合地图的优点是可以使不同地图相互弥补各自的缺点，在确保局部地图一致的条件下可有效降低系统累积误差。

⑥ 传感器观测模型　SLAM 方法中最常用的观测传感器是激光传感器，常采用极坐标系，观测量 z 是所观测的环境特征相对机器人的距离 ρ 和方位角 φ。因此观测模型为

$$z_k = \begin{bmatrix} \rho_k \\ \varphi_k \end{bmatrix} = \begin{bmatrix} \sqrt{(x_k - x_i)^2 + (y_k - y_i)^2} \\ \arctan \dfrac{y_k - y_i}{x_k - x_i} - \theta_k \end{bmatrix} + w_k \tag{5-138}$$

其中，w_k 为观测噪声。

⑦ 环境特征动态模型　环境特征的动态模型描述了环境特征位置状态随时间的变化。一般情况研究的是静态环境中的 SLAM 问题，因此所涉及的环境特征都是静止的。以环境点特征 $m_i = (x_i, y_i)$ 为例，其动态模型为

$$\begin{bmatrix} x_{i,k} \\ y_{i,k} \end{bmatrix} = \begin{bmatrix} x_{i,k-1} \\ y_{i,k-1} \end{bmatrix} \tag{5-139}$$

⑧ 环境特征的增广模型　移动机器人在运行过程中，每观测到一个新的环境特征时，就会把该环境特征加到系统的状态向量里。假设 k 时刻机器人的观测量是 $\begin{bmatrix} \rho_k & \varphi_k \end{bmatrix}$，位姿状态为 $(x_k, y_k, \theta_k)^{\mathrm{T}}$，则新的环境特征在地图中的表示为 $m_i = (x_i, y_i)$，则有

$$m_i = \begin{bmatrix} x_i \\ y_i \end{bmatrix} = \begin{bmatrix} x_k + \rho_k \cos(\varphi_k + \theta_k) \\ y_k + \varphi_k \sin(\varphi_k + \theta_k) \end{bmatrix} + w_k \tag{5-140}$$

⑨ 传感器噪声和系统噪声模型　由于传感器自身的限制和环境的影响，传感器观测的信息会包括一定的不确定性。观测信息的不确定性会导致环境模型的不确定。进而当依据观测模型和传感器信息进行决策时，也会产生一定的不确定性。所以有必要建立噪声的模型。最常用的噪声模型是高斯噪声模型。

（2）SLAM 的扩展 Kalman 算法

假设在 k 时刻，将 SLAM 问题中的机器人运动模型和环境特征观测模型分别表示如下：

运动模型

$$\begin{cases} x_{k+1} = f[x_k, u_k, v_k, k] \\ v_k = N(0, Q_k) \\ E[v_i x_j^{\mathrm{T}}] = 0 \quad \forall i, j \\ E[v_i v_j^{\mathrm{T}}] = Q_i \delta_{ij} \end{cases} \tag{5-141}$$

观测模型

$$
\begin{cases}
z_k = h[x_k, w_k, k] \\
w_k = N(0, R_k) \\
E[w_i x_j^{\mathrm{T}}] = 0 \quad \forall i,j \\
E[w_i w_j^{\mathrm{T}}] = R_i \delta_{ij} \\
E[w_i v_j^{\mathrm{T}}] = 0 \quad \forall i,j
\end{cases}
\tag{5-142}
$$

式中，x_k 为状态量；u_k 为控制量；z_k 为观测量；v_k 为系统噪声；Q_k 为系统噪声方差阵；w_k 为观测噪声；R_k 观测噪声方差阵。假设 v_k 和 w_k 均为高斯白噪声，且相互独立。

1）预测阶段

首先进行预测估计

$$
\hat{x}_{k+1|k} = E[x_{k+1}|Z^k] \approx E\{f[\hat{x}_{k|k}, u_k, o, k] + \nabla f_x \tilde{x}_{k|k} + \nabla f_v v_k\} = f[\hat{x}_{k|k}, u_k, o, k]
\tag{5-143}
$$

式中，Z^k 为 k 时刻之前所有观测的集合；$\nabla f_x = \dfrac{\partial f}{\partial x}\Big|_{\hat{x}_{k|k}, u_k}$；$\nabla f_v = \dfrac{\partial f}{\partial v}\Big|_{\hat{x}_{k|k}, u_k}$

预测估计误差为

$$
\tilde{x}_{k+1|k} = x_{k+1} - \hat{x}_{k+1|k} \approx \nabla f_x \tilde{x}_{k|k} + \nabla f_v v_k
\tag{5-144}
$$

预测估计误差协方差为

$$
P_{k+1|k} = E[\tilde{x}_{k+1|k} \tilde{x}_{k+1|k}^{\mathrm{T}}] \approx \nabla f_x P_{k|k} \nabla f_x^{\mathrm{T}} + \nabla f_v Q_k \nabla f_v^{\mathrm{T}}
\tag{5-145}
$$

观测模型线性化为

$$
z_{k+1} \approx h[\hat{x}_{k+1|k}, 0, k] + \nabla h_x \tilde{x}_{k+1|k} + \nabla h_w w_{k|k+1}
\tag{5-146}
$$

预测观测为

$$
\hat{z}_{k+1|k} = E[z_{k+1}|Z^k] \approx E\{h[\hat{x}_{k+1|k}, 0, k] + \nabla h_x \tilde{x}_{k+1|k} + \nabla h_w w_{k+1}\} = h[\hat{x}_{k+1|k}, 0, k]
\tag{5-147}
$$

其中，$\nabla h_x = \dfrac{\partial h}{\partial x}\Big|_{\hat{x}_{k|k}}$，$\nabla h_w = \dfrac{\partial h}{\partial w}\Big|_{\hat{x}_{k|k}}$。

2）更新阶段

观测新息为

$$
V_{k+1} = z_{k+1} - \hat{z}_{k+1|k} = \nabla h_x \tilde{x}_{k+1|k} + \nabla h_w w_{k+1}
\tag{5-148}
$$

新息协方差为

$$
S_{k+1|k} = E[V_{k+1} V_{k+1}^{\mathrm{T}}] = \nabla h_x P_{k+1|k} (\nabla h_x)^{\mathrm{T}} + R_{k+1}
\tag{5-149}
$$

增益为

$$
K_{k+1} = P_{k+1|k} (\nabla h_x)^{\mathrm{T}} (S_{k+1|k})^{-1}
\tag{5-150}
$$

状态更新为

$$
\hat{x}_{k+1|k+1} = \hat{x}_{k+1|k} + K_{k+1} V_{k+1}
\tag{5-151}
$$

$$
P_{k+1|k+1} = [I - K_{k+1}(\nabla h_x)] P_{k+1|k}
\tag{5-152}
$$

至此，扩展 Kalman 滤波算法的一个循环结束，进入下一个循环，依次进行。

5.5.2　VSLAM

VSLAM 是基于视觉的 SLAM 算法，VSLAM 主要分为两部分：前端——视觉里程计和后端——闭环优化。视觉里程计用于计算连续两帧图像的位姿变换。闭环检测，也称为回环检测，是指机器人识别曾到达场景的能力。

（1）立体视觉的反投影模型

在 VSLAM 算法中需要在已知地图点在图像中投影的像素坐标（u，v）及其深度信息 z 的情况下，得到地图点在相机坐标系下的坐标，这就是相机的反投影模型。这一模型仅适用于立体视觉中，以 $\hat{\pi}^{-1}$ 函数表示

$$\hat{\pi}^{-1}(\boldsymbol{u},\boldsymbol{v},\boldsymbol{z})：\begin{bmatrix} \boldsymbol{x} \\ \boldsymbol{y} \\ \boldsymbol{z} \end{bmatrix} = \begin{bmatrix} \boldsymbol{z}(\boldsymbol{u}-c_x)/f \\ \boldsymbol{z}(\boldsymbol{v}-c_y)/f \\ \boldsymbol{z} \end{bmatrix} \tag{5-153}$$

式中，c_x 和 c_y 为相机光学中心在图像坐标系中的坐标；f 为相机焦距。

（2）相机位姿表示

在 VSLAM 算法中，由相机坐标系变换到图像坐标系的变换矩阵可以通过相机标定获取，而由相机坐标系变换到世界坐标系的变换矩阵则需要通过视觉里程计算法获取。由相机坐标系变换到图像坐标系的变换矩阵又称为内参矩阵，由相机坐标系变换到世界坐标系的变换矩阵又称外参矩阵或相机位姿。相机位姿包括 3 个旋转和 3 个平移共 6 个自由度，一般可以用位姿变换矩阵进行表示。

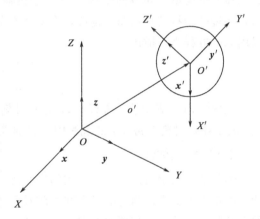

1）三维空间的刚体姿态描述

移动机器人在空间中的运动可以看作是一个刚体在空间的平移和旋转的合成运动，假设刚体可以由其所在空间中相对参考坐标系的位置和方向进行完整的描述。如图 5-49 所示，$O\text{-}XYZ$ 为标准正交参考坐标系，$\boldsymbol{x}$，$\boldsymbol{y}$，$\boldsymbol{z}$ 为坐标轴的单位向量。

图 5-49 刚体的位置和方向

刚体上的点 O' 相对坐标系 $O\text{-}XYZ$ 的位置可以表示为

$$\boldsymbol{o}' = \begin{bmatrix} o'_x \\ o'_y \\ o'_z \end{bmatrix} \tag{5-154}$$

其中，o'_x，o'_y，o'_z 为向量 $\boldsymbol{o}'$ 在坐标轴上的分量。

为了描述刚体的指向，建立一个与刚体固连的标准正交坐标系 $O'\text{-}X'Y'Z'$，坐标轴的单位向量为 $\boldsymbol{x}'$，$\boldsymbol{y}'$，$\boldsymbol{z}'$，并由其相对的参考坐标系的单位向量表示为

$$\begin{cases} \boldsymbol{x}' = x'_x\boldsymbol{x} + x'_y\boldsymbol{y} + x'_z\boldsymbol{z} \\ \boldsymbol{y}' = y'_x\boldsymbol{x} + y'_y\boldsymbol{y} + y'_z\boldsymbol{z} \\ \boldsymbol{z}' = z'_x\boldsymbol{x} + z'_y\boldsymbol{y} + z'_z\boldsymbol{z} \end{cases} \tag{5-155}$$

其中，每一单位向量的分量都是坐标系 $O'\text{-}X'Y'Z'$ 相对参考坐标系 $O\text{-}XYZ$ 的方向余弦。

2）相机位姿的表示方式

相机坐标系（O_c-$X_cY_cZ_c$）和世界坐标系（O_w-$X_wY_wZ_w$）之间的位姿变换矩阵可以表示为

$$\boldsymbol{T}_C^W = \begin{bmatrix} r_{00} & r_{01} & r_{02} & t_0 \\ r_{10} & r_{11} & r_{12} & t_1 \\ r_{20} & r_{21} & r_{22} & t_2 \\ 0 & 0 & 0 & 1 \end{bmatrix} = \begin{bmatrix} \boldsymbol{R}_C^W & \boldsymbol{t}_C^W \\ \boldsymbol{0} & 1 \end{bmatrix} \tag{5-156}$$

其中，$\boldsymbol{R}_C^W$ 为旋转矩阵，t_C^W 为平移矩阵。

根据位姿变换矩阵 $\boldsymbol{T}_C^W$，可以将相机坐标系下的点 P_C 变换到世界坐标系下的点 P_W，即

$$P_W = \boldsymbol{T}_C^W P_C \tag{5-157}$$

（3）VSLAM 的数学表述

VSLAM 问题可以描述为：机器人携带视觉传感器在环境中运动，如何根据传感器获取的机器人位姿以及环境的结构信息。把机器人在 k 时刻的位姿记为 x_k，第 j 个路标记为 y_j，环境的结构信息由路标构成，在 k 时刻传感器对第 j 个路标的观测数据记为 $z_{k,j}$，则可以用如下方程进行描述

$$\begin{cases} x_k = f(x_{k-1}, u_k) + w_k \\ z_{k,j} = h(x_k, v_j) + v_{k,j} \end{cases} \tag{5-158}$$

式中，$f()$ 表示状态方程；u_k 为 k 时刻的控制输入；w_k 为噪声；$h()$ 表示观测方程；$v_{k,j}$ 表示在 k 时刻对路径 j 的观测中产生的噪声。

（4）帧间估计

帧间估计表示通过估测相机相邻帧间的位姿变换来进行环境建模，也可以称为视觉里程计。类似于人类借助当前的场景和之前看到的场景来估计自身的移动情况。帧间估计最主要的问题是如何从几个相邻的图像中，估计相机的运动。而相邻图像间的相似性，为估计相机运动提供依据。目前，视觉里程计主要有 2D-3D 法和 3D-3D 法。2D-3D 法是指需要上一帧环境中点的 3D 信息和当前帧的 2D 图像信息，根据是否对当前图像提取特征，又分为非直接法和直接法。非直接 2D-3D 法利用稀疏的特征点对图像信息进行描述，首先对获取的图像提取特征点，然后利用描述对第 $k-1$ 帧和第 k 帧的特征进行匹配，得到匹配的集合点对。直接 2D-3D 法的视觉里程计不对图像提取特征，而是直接利用图像灰度信息对图像进行表征。3D-3D 法是指在位姿估计的计算过程中，需要当前帧和上一帧的环境中点的 3D 坐标。与 2D-3D 法相比，3D-3D 法鲁棒性更强。

（5）回环检测

回环检测主要用来解决估计的相机位姿随时间漂移的问题。位姿漂移问题是指机器人经过一段时间运动后回到原来的位置，由于位姿估计的误差进行了累积，导致估测的位置与实际位置相距甚远。

回环检测根据图像之间的信息，判断相机是否已经回到之前的地方即是否产生了回环。如果产生了回环，则进行全局优化，将位姿的累积误差分散到每一帧上，从而减少位姿漂

移。回环检测是判断相机是否回到了原来的位置，本质是判断图像的相似性。在 VSLAM 算法中，回环检测常用的方法有 BoW 回环检测以及基于神经网络的回环检测方法。

（6）地图构建

比较常用的三维地图为立体占用地图，该地图多是基于八叉树构建的，比较适合各种导航算法。基于八叉树的地图表示方法就是使用小立方体的状态来表示地图中的障碍物，其中每一个小立方体称为一个体素。Octomap 作为一种基于八叉树的地图表示法，建立了体素的占用概率模型，从而确定各个体素的最终状态。其中体素的占用概率分为叶节点占用概率和内节点占用概率。叶节点的占用概率为：

$$P(n|z_{1:t}) = \left[1 + \frac{1-P(n|z_t)}{P(n|z_t)} \times \frac{1-P(n|z_{1:t-1})}{P(n|z_{1:t-1})} \times \frac{P(n)}{1-P(n)}\right]^{-1} \tag{5-159}$$

式中，n 是叶节点；z_t 是观测值；$P(n|z_{1:t})$ 是在给定从 z_1 到 z_t 的观测条件下，叶节点 n 是否被占用的概率值。

为了简化计算，可以通过对占用概率取对数的方法化简，即利用

$$L(n) = \lg\left[\frac{P(n)}{1-P(n)}\right] \tag{5-160}$$

则式（5-159）可以简化为

$$L(n|z_{1:t}) = L(n|z_{1:t-1}) + L(n|z_t) \tag{5-161}$$

Octomap 可以基于体素生成 3D 地图，并基于像素生成 2D 地图，来完成机器人设定的任务。在一般情况下，通过两个阶段生成 Octomap 地图：第一阶段为计算从摄像机到障碍物的自由体素；第二阶段将计算得到的自由体素和占用体素融合到地图中，同时，修改体素概率值。

本章对机器人导航系统常用传感器进行了详细介绍，针对不同应用，分别介绍惯性导航系统、卫星导航系统、水声定位系统和视觉导航系统的构成原理和测量方法。 通过系统地阐述机器人导航系统的原理与技术，能为初学者提供移动机器人的导航技术的基础知识和理论方法。

第6章
移动机器人传感系统

移动机器人是机器人的重要研究领域，人们很早就开始对移动机器人的研究。世界上第一台真正意义上的移动机器人是斯坦福研究院（SRI）的人工智能中心于 1966 年到 1972 年研制的，名叫 Shakey，它装备了电视摄像机、三角测距仪、碰撞传感器、驱动电机以及编码器，并通过无线通信系统由二台计算机控制，可以进行简单的自主导航。本章以三个典型的移动机器人为例，介绍移动机器人传感系统的配置。

6.1 BigDog（BigDog 四足）机器人

地球上只有不到一半的陆地是可以用有轮子的车辆接近的，但人和动物几乎可以去地球上任何地方。这种情况推动了机器人车辆的发展，这种机器人使用腿来移动，从而实现了自然的移动性解决方案。其研究目标是在崎岖不平的地形上实现动物般的机动性，因为这些地形对于任何现有车辆来说都太困难了。波士顿动力公司创造的 BigDog 四足机器人自问世之后，受到了广泛的关注，凭借卓越的性能，成为国际四足机器人领域的翘楚。

对于 BigDog 四足机器人可做如下简单概括。主要以四足哺乳动物结构为仿生参考，采用纯机械方法设计和制造，拥有 12 或 16 个主动自由度的腿类移动装置。以液压为驱动系统对主动自由度实施动力输出，机载运动控制系统可对机体姿态和落足地形实施检测，利用虚拟模型可测算机体重心位置等关键参数，再借助虚拟模型实施正确和安全的运动规划，根据肢体实际载荷大小动力学实施准确的规划和输出，并根据机体状态的变化同步调整输出，使得机器人具有对复杂地形很强的适应能力。BigDog 机器人具有很高的运动自主性，同时还有较高的导航智能性，可独立对环境实施感知和自主规划路径，很少需要人工的干预。Big-Dog 属于典型的具有全自主运动能力，较强全自主导航能力的非结构化环境四足移动机器人，是当前机器人领域较难实现的一种陆地移动机器人。

主制造商美国谷歌波士顿动力公司自 2006 年起，先后推出 12 自由度 BigDog、16 自由度 BigDog、Petman 双足、LS3 四足、猎豹四足以及带有强力机械臂的 BigDog（图 6-1）、Atlas 双足双臂、野猫奔跑等机器人。以上系列机器人虽然外形各异、功能不同，但是都是在 BigDog 原型机基础之上所改进而成的。因此，分析 BigDog 四足机器人的传感检测系统，是洞穿其系列机器人设计思想的关键技术之一。

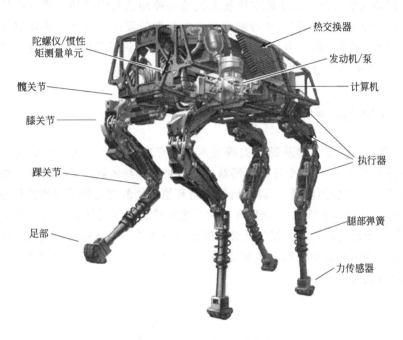

图 6-1 BigDog 主要部件构成

6.1.1 BigDog 机器人系统的组成

如图 6-1 所示为 BigDog 机器人的主要结构构成，其机体结构主要包括机身及 12 或 16 段肢体。机身是一个大刚体，是整个装置结构设计与装配的基准。BigDog 各段肢体都采用销孔配合链接，能够保证机械本体的结构精度。BigDog 所有肢体都属于严格的单轴性关节，只能绕着对应转轴旋转。每段肢体在各自液压执行器的驱动下做往复加减速旋转运动，构成了 BigDog 肢体的基本运动常态。BigDog 任何情况下的运动都是由 12 或 16 段肢体的运动所拟合而成的。

BigDog 具有提供动力、驱动、感测、控制和通信的车载系统。电源是一个水冷两冲程内燃机，可提供约 15 马力（马力为功率单位，1 马力≈735 瓦）。发动机驱动一个液压泵，通过过滤器、歧管、蓄能器和其他管道系统将高压液压油输送至机器人腿部执行器。执行机构是由两级航空航天质量伺服阀调节的低摩擦液压缸。每个执行器都有关节位置和力传感器。每只腿有 4 个液压执行器驱动关节，以及第 5 个被动自由度。安装在 BigDog 身体上的换热器冷却液压油，散热器冷却发动机以保持持续运转。机载计算机控制着 BigDog 的行

167

为，管理传感器，并处理与远程人类操作员的通信。控制计算机还记录了大量的工程数据，用于性能分析、故障分析和操作支持。车载计算机执行低级和高级控制功能。低级控制系统控制关节处的位置和力。高级控制系统协调腿部的行为，以调节运动中身体的速度、姿态和高度。控制系统还调节地面相互作用力，以保持支撑力、推进力和牵引力。

BigDog 有各种各样的运动行为。它可以站起来，蹲下，以一次只抬起一条腿的爬行步态行走，成对抬起斜腿的小跑步态，包括飞行阶段的跑步步态小跑，并以特殊的疾驰步态束缚。BigDog 机器人的智能性主要是靠导航系统的各种功能来实现的，重点还是对环境的识别和理解。BigDog 和 LS3 机器人的导航系统自主程度的设计与选择，主要取决于实际使用的具体要求。LS3 定义为跟随步兵分队，携带辎重给养提供后勤保障。因此，机器人始终跟随步兵前后，是在有人工直接引导下的自主导航运动。

6.1.2　BigDog 传感系统

环境感知是移动机器人的基础和关键技术。没有环境感知，就无法实现自主定位和导航。BigDog 总共携带至少 70 个各类传感器单元，来感知身体状态（陀螺仪、加速度计、油温）、环境（视觉、环境温度等），以及机器人与环境之间的交互作用（称重传感器、脚接触开关、视觉等），如图 6-2 所示。BigDog 中大多数传感器用来检测自身姿态和内部各机构组成的状态参数。四足机器人的多冗余度必须依靠大量的传感器来感知机身和肢体部分参数的变化，以此为依据作为运动控制的基本条件。表 6-1 给出 BigDog 传感器配置的详细类型、测量信息、位置及数量。

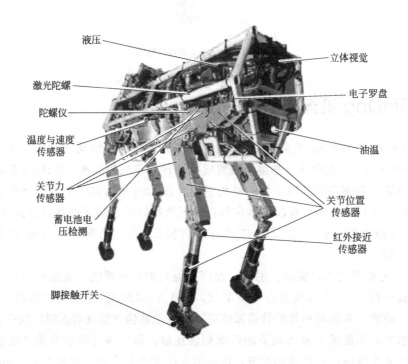

图 6-2　BigDog 的传感系统

表 6-1　BigDog 传感系统设置

传感器类型	测量信息	位置	数量
位置传感器	关节位移	髋,膝,踝	16
压力传感器	驱动、脚部力	腿	16
电流传感器	电磁阀电流	eBox	16
立体视觉	地面坡度、障碍物、光流	机身	3
雷达	人体跟踪	机身	1
陀螺仪	3角速度,3线性加速度	机身	6
温度传感器	发动机、油温	机身	3
流量传感器	油流量	机身	4
压强	油压	机身	2
监控	发动机转速、电池电压	机身	2

（1）步态传感系统基本情况

BigDog 在复杂的非结构化地形行走时，机器人与环境可抽象为三部分模型：机身、肢体和落足点地形，如图 6-3 所示。在机身运动过程中，任意时刻的俯仰、横滚、偏航三个角度变化值，借助陀螺仪部分可获取。其中俯仰角和横滚角是机身姿态安全的主要参考指标；偏航角是机器人方向变化主要控制参数，无关姿态的安全性。线加速度计部分可测量机身横向突然遭受外力作用而产生侧向加速度值，控制系统可根据经验值选择机身横向侧滑的幅度。利用地面反向的摩擦力抵消掉横向运动，直到横向速度为零。

肢体中，髋部横向肢体以机身作为基准实施装配；其余各肢体顺次以上一级肢体作为基准实施装配。由于初始安装角度是可测的，同步在每一个主动关节加装关节编码器，可获取任意时刻各个关节的角

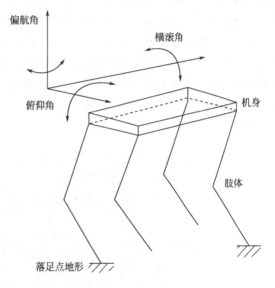

图 6-3　三部分模型

度值及对应的变化量，肢体的角度变化反映了运动学的参数变化。在 16 段肢体上安装压力传感器，任意时刻对应肢体的载荷值大小可获取，速度、地形的变化都可能造成载荷值的相应变化。压力传感器可解决载荷值变化不定、不可预知的问题，对于动力学的规划输出是至关重要的；但是压力传感器无法检测力的方向。机身和肢体的状态参数检测主要目的：还原当前机体状态和落足点地形，建立虚拟模型，建立高频、高精闭环反馈系统。

（2）BigDog 姿态感知

BigDog 姿态感知包括机身和肢体两部分的状态检测。惯性测量单元（IMU）负责检测机身 3 个角度的变化和 3 个线加速度的变化，是机身状态检测的主要手段。16 主动自由度

的角度变化由关节编码器来完成。各个关节的负载由测压元件来检测。地形感知主要包括踝肢体测压元件配合各个关节编码器感知，以及立体视觉装置感知。目前主要是通过力大小的变化再配合关节转动的角度来感应地形的变化。该方法是被动式，足底先接触地面再判断地形，对于简单的地形可以应对，但是对于复杂地面，当需要避开某些深坑，选择落足点时，主要靠立体视觉。此外，发动机和液压系统的检测也是运动控制必须考虑的。发动机转速和载荷要在预测和实际输出之间不断调整。液压系统的检测包括油温、油压和流量的检测等。

（3）BigDog 导航系统

BigDog 的智能性主要靠导航系统的各种功能来实现，重点还是对环境的识别和理解。例如山地和树林是步兵跟随分队 LS3 当前使用的主要环境，包括如树木、岩石、沟壑、坡面等特征。LS3 在跟随引导员的过程中，必须能够克服以上的环境问题，实现独立自主的安全行走。针对这些障碍物 LS3 采取如下对策：利用两台可旋转的三维激光扫描仪，实现对引导员的跟踪、对机身等高和机身斜上方的树木与大尺寸岩石等障碍物的感知和识别。水平安装在机身前部的激光扫描仪，可以检测机身正前方、左侧、右侧几乎 360° 范围之内的所有高位障碍物，并能识别引导员的准确位置。为防止与斜上方的树枝之类的障碍物发生刮擦，LS3 增加了斜上方安置的另一台激光扫描仪。LS3 可准确定位树木的当前位置，自主导航系统采取避绕的策略实施安全行走。由于激光探测器距离可达 30m，因此对于距离机身较远的障碍物也可快速识别，有利于提早实施路径规划。激光扫描仪在 LS3 中目前发挥着很关键的作用，比起早期的 BigDog，重要性明显提升。立体视觉是 BigDog 所有导航传感器中最为重要的组成部分，担负着检测机身位姿变化和路面识别 2 个功能，之前在 MER 火星探测器上已经成功实现这两点。LS3 外界探测传感器分布情况，如图 6-4 所示。

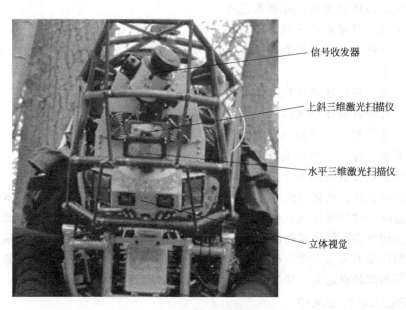

图 6-4　LS3 外界探测传感器分布图

6.2 Robonaut 机器人

国际空间站上的宇航员经常要进行出舱活动，他们不仅要穿着笨重的舱外宇航服，还要面临太空辐射环境和太空垃圾碎片的威胁。为了尽量减小这种风险，美国国家航空航天局（NASA）开发设计了名为 Robonaut（机器宇航员）的人形机器人，以期能够替代宇航员完成这些工作。本节以第二代机器宇航员 Robonaut 2 为例，简称 R2，阐述机器宇航员的基本结构与传感系统。如图 6-5 所示的是 Robonaut 2。

图 6-5 Robonaut 2

6.2.1 Robonaut 机器人系统组成

Robonaut 机器人的外观与人类宇航员十分接近，是一个复杂的人形机器人。其头部和手臂链接在躯干上，而躯干既可以与能在微重力环境下工作的机械腿组合，完成国际空间站上的任务，又能与轮式底盘相结合，变成像火星车那样在行星表面移动的机器人，在行星的探测与航天基地建设中承担工作。如图 6-6 所示是 R2 机器人的外观结构基本配置。

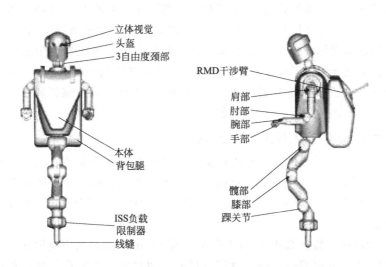

图 6-6 R2 基本构成

R2 由一个拟人的上半身和两个腿状附属物组成，每个附属物都有 7 个自由度，主体共有 43 个自由度。R2 被设计成目前驻扎在国际空间站上的宇航员的助手，同时也是未来太空探索所需的机器人看管技术的试验台。太空探索所需的重复性和危险性操作可以由 R2 和其他机器人完成，从而使宇航员有更多的时间实现科学任务目标。

R2 的身体上有四个连续的链条：两个上臂用于灵巧的工作，一个颈部用于指向头部，一条腿用于在微重力下稳定身体。这些链条都是用共同的技术建造的，是一系列模块化关节，其特征是尺寸和运动类型。有三种扭矩范围，从 10 英尺磅到（英制扭矩单位，$1N \cdot m = 0.7381$ 英尺磅）200 英尺磅。两种运动模式为滚动和俯仰。R2 的手臂上安装了两只具备多达 12 个自由度的灵巧机械手，手臂本身还具有 7 个自由度，能够完成对于机器来说相对复杂的动作。R2 每根手指能够施加的最大抓握力约为 22N，手臂的最快移动速度为 2m/s。手臂和腰部的内骨架设计容纳热真空额定电机、谐波驱动、故障安全制动器和每个关节中的 16 个传感器。机械臂的小尺寸、1：1 的强度重量比、密度和热真空能力使其成为当今最先进的空间机械手。现在的 R2 配备了两个 7 自由度的支腿，其设计长度足以在国际空间站内部节点之间攀爬。每根腿都有一个可抓紧的端部，能够抓住国际空间站内部的扶手和座椅轨道。7 个腿关节中的每一个都是能够被扭矩控制的系列弹性致动器。端部挡板是一个超中心锁定机构，在紧急情况下可手动释放。遍布全身的 350 个传感器能够提供类似于人的触觉的信息，不但能够帮助 R2 有效地完成工作，还能确保其安全性，使其不会因为用力过猛而损坏设备或伤害人类。在机器人控制系统中，类似于大脑中非常低级功能的部分被称为脑干。脑干包含关节和笛卡尔控制器，用于 43 个自由度、传感、安全功能和低级排序。R2 的大脑是 38 个 PowerPC 型处理器。为了应付太空中可能让芯片死机的高能粒子，这些芯片相对于地球上使用的同类产品，采取了特别的防护措施。

6.2.2　Robonaut 机器人传感系统

R2 的"眼睛"是头部的 4 个视觉摄像头，每两个摄像头能够组成一个视觉信息单元，其中一个单元工作、一个单元备用。R2 还在"嘴部"周围部署了 15 个红外摄像机，能够接收到人眼所不能感知的红外信号，从而帮助其更准确感知周围的情况。R2 有一个 3 自由度颈部和一个单自由度腰部，有 50 个执行器，这些执行器在整个机器人中嵌入了并列的低级关节控制器。该系统还集成了内置的计算和能量转换在其背包和躯干。端部探测器有一个传感器组件，包括一个机器视觉 GigE 摄像头、一个 3D 飞行时间传感器和一个六轴称重传感器。如图 6-7 所示为航空机器人 R2 传感器分布。

（1）Robonaut 机器人视觉跟踪与导航

Robonaut 基于立体的视觉系统利用对象形状来跟踪定义明确的对象的姿态（位置和方向），如扳手和桌子，以及可变形状的结构，如人体躯干和四肢。为了实现跟踪，视觉系统在一系列阶段上运行，一个阶段级联到下一个阶段。处理阶段是分层的，每个阶段通常由一系列子过程组成。

① 第一个阶段从安装在 Robonaut 头部的一对 firewire 摄像头中获取立体视频流，并生成对数符号（Laplacian of Gaussian）卷积（过滤）图像对。对数卷积突出灰度图像中的纹理变化，以促进立体图像流之间的匹配。

② 第二阶段从第一阶段中获取二值图像，并执行逐片（区域）相关来实时生成轮廓和距离图。距离图是与场景中的对象表面点相对应的二维距离测量阵列。轮廓图是距离图的二元导数，图中的每个位对应于场景中的一个点，指示曲面材质是否在特定的目标距离范围内测量。

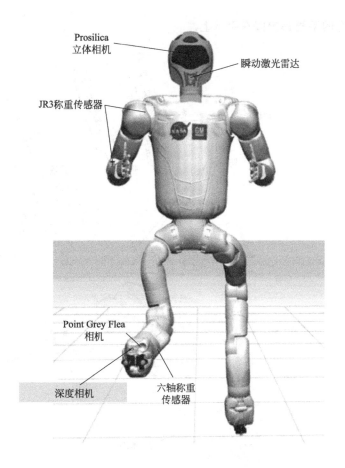

Prosilica
立体相机

瞬动激光雷达

JR3称重传感器

NASA GM

Point Grey Flea
相机

深度相机

六轴称重
传感器

图 6-7　航空机器人 R2 传感器分布

③ 第三阶段从第二阶段获取轮廓和距离图，并将它们与用于采集的大组 2D 模板和用于姿态估计的 3D 模板进行匹配。该阶段主要用于姿态估计，应用一组对象跟踪器加以实现，每个跟踪器寻找特定类型的对象。每个对象跟踪器由一系列级联过滤器组成，设计用于将特定于对象的模板集与传入的轮廓映射相匹配。

（2）Robonaut 机器人触觉传感器

航空机器人 Robonaut 代替人工作，触觉传感器为美国国家航空航天局/美国国防高级研究计划局研发机器人（一种灵巧的人形机器人）自主抓取技能提供了基础。手部是人形机器人的最重要部位，代替人手完成各种拾取、稳定地抓取以及操纵物体和工具等工作。这些动作需要一套完整的传感器：包括指尖，所有手指段和手掌等部位。

1）Robonaut 手部结构

机器人手部总共有 14 个自由度。包括一个装有电机和驱动电子设备的前臂，一个 2 自由度的手腕，一共 5 个手指，12 自由度的手。前臂的底部直径为 4 英寸，长约为 8 英寸，容纳了所有 14 个电机、12 个独立的电路板以及所有用于手部的布线。手本身分为两个部分，如图 6-8 所示，一个是用于操纵的灵巧的工作装置，另一个是允许手在操纵或操纵给定物体时保持稳定抓握的抓取装置，这是工具使用的基本功能。灵巧装置由两个 3 自由度手指（食指和中指）和一个 4 自由度的相对拇指组成。抓取装置由两个单自由度手指（无名指和小指）组成。所有的手指都镶嵌在手掌上。

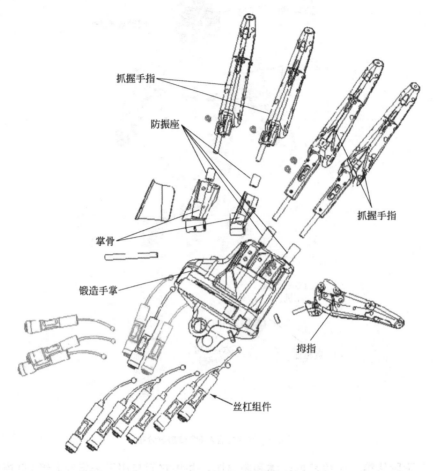

图 6-8　Robonaut 手部结构

2）Robonaut 手部力传感器

机器人手的初始自动化测试使用机器视觉来获取物体，并使用手臂力传感器以非常基本的方式验证抓握。每个肌腱的张力传感器嵌入手掌。考虑到肌腱的冗余网络，这些传感器实现手指的力控制。此外，每个手指指骨安装一个定制的六轴称重传感器，总共 14 个，如图 6-9所示。这些传感器提供所有六个轴的力和力矩的测量，从而实现测量外部接触力以及

(a)带有称重传感器的五个手指　　　　　(b)单个称重传感器的设计内容

图 6-9　R2 手指的每个指骨都配有指骨测压元件

R2 持有物体的剪切力和滑动。圆柱形称重传感器的外形使其可以安装在 Robonaut2 手指的指骨上，弹簧元件的形状使得任何施加在帽上的扳手都会在一个或多个由应变计测量的钢筋中产生弯矩。总体而言，这只手配备了 42 个传感器（不包括触觉感应）。每个关节都配备了嵌入式绝对位置传感器，每个电机都配备了增量式编码器。每个丝杠总成以及手腕球头连杆都作为测压元件来提供力反馈。

在 R2 手掌骨架外部套有手套，如图 6-10 所示，新一代 Robonaut 手套采用了量子隧道复合材料（QTC）作为新传感器的基础。QTC 可以用不同厚度的高硬度或低硬度橡胶制成。由 QTC 制成薄板可以裁剪成手掌和手指的不规则形状。QTC 具有非常宽的动态范围，从大约 10mΩ 到大约 1Ω，施加的力从几盎司到几磅。除了提供良好的触觉数据外，这款手套坚固耐用，其设计目的是保护传感器。手套采用了带有传感器层的外手套的基本结构。这使得传感器和线路的组装可以独立于大部分的缝纫，并且可以加强两层的维修或升级。外手套是由一个耐磨的抓地力织物和一个灵活的莱卡混合物的混合。

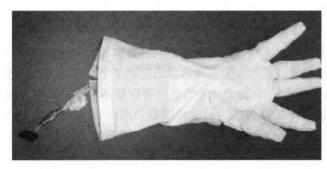

图 6-10　Robonaut 手套

基于 QTC 的传感器基本布局包括一个底层柔性电路、QTC 本身、一个力集中器层和一个覆盖的保护性"抓握表面"材料，如图 6-11 所示。这种叠层很薄，很简单，几乎可以做成任何形状。为了增加敏感区域，在底层柔性电路中加入了一种类似于 FSR 传感器的交错模式。每个交错垫可以代表一个传感器点或触觉。触觉 Robonaut 手套已经开发出三版。支撑织物包括靠近手指的背衬层或滑动层以及有助于固定传感器的黏合背衬织物。

如图 6-12 所示，显示了手套内 33 个传感器相对于机器人手的分布。食指、中指和拇指在指端周围有四个传感器，为灵巧的抓握提供额外的信息。手掌上的大量传感器用于工具和动力抓取。因为手掌的面积大，开发了一种替代的传感器布置方法。QTC 被夹在两层柔性金属网之间，每层网都是电极。施加的力会改变两层之间的电阻。手掌完全覆盖了四个传感器垫。随着手和手套位置的改变，张开的手指上的任何给定区域都可能在闭合的手指上变紧，反之亦然。当手合上时，随着织物的聚拢或折叠，力也会在手套层内积聚。这些趋势是传感器定位和安装的主要设计驱动因素，因为只需要测量施加在手上或由手施加的力，而不需要测量移动手套产生的力。这也是将传感器定位在手关节之间而不是在关节上的一个关键原因。Robonaut 手部传感器的电子设备非常简单，仅由用于每个感测区域的一组分压器电路组成。由于目前的手套结合了基于 FSR 和 QTC 的传感器，降低了测量电路的复杂性。

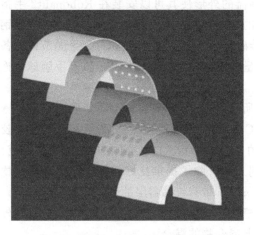

图 6-11 基于 QTC 的传感器基本布局

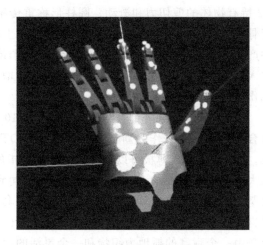

图 6-12 R2 手套内传感器分布

3）Robonaut 机器人手臂传感器

如图 6-13 所示的 Robonaut 机器人上臂有 5 个自由度。使用无刷直流电机、谐波驱动齿轮减速器和电磁故障保护制动器作为动力，电磁故障保护刹车系统是机器人本体上臂的功率和扭矩密集型执行器的组成部分。通过集成到每个臂致动器中的定制平面扭转弹簧和测量每个弹簧偏转的两个 19 位绝对角位置传感器，Robonaut 2 的系列弹性臂不需要牺牲强度或有效载荷能力，就可以实现每个关节的精细扭矩传感。扭矩传感器如图 6-14 所示，这些弹簧的尺寸对于每个臂关节是唯一的，并且能够在其致动器的整个连续扭矩范围内进行弹性变形。

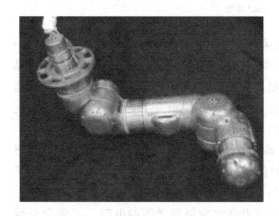

图 6-13 Robonaut 机器人手臂

图 6-14 Robonaut 机器人上臂的扭矩传感器

6.3 自主移动机器人（AMR）

自 1953 年第一台 AGV（Automated Guided Vehicle，自动导引运输车）问世以来，AGV 就被定义为在工业物流领域解决无人搬运运输问题的车辆，但早期 AGV 的定义仅仅是我们字面上理解的"沿着地上铺设的导引线移动的运输车"。AGV 属于自动设备，需要沿着预设轨道、依照预设指令执行任务，不能够灵活应对现场变化。导引线上出现障碍物时只能停等，多机作业时容易在导引线上发生阻塞，影响效率。在大量的要求搬运柔性化的场景中，这类 AGV 并不能满足应用端的需求。随着传感器和人工智能技术的发展，人们开始为轮式移动设备引入越来越多的传感器和智能算法，不断增强其环境感知和灵活运动的能力，逐渐发展出新一代自主移动机器人（Autonomous Mobile Robot，AMR）。

6.3.1　AMR 定义与类别

（1）定义

AMR 是指可以智能理解环境，并在其中自主移动的机器人。AMR 通过多模态传感器（激光雷达、摄像头、超声雷达等）对现场环境进行感知，利用智能算法对感知数据进行解析，从而能够形成对现场环境的理解，在此基础上自主选择最有效的方式和路径执行任务。AMR 一般具有丰富的环境感知能力、基于现场的动态路径规划能力、灵活避障能力、全局定位能力等。

AMR 与自动引导车（AGV）虽同为自动搬运设备，但在许多重要方面有本质区别。差异最大的就是自主性：AGV 需要沿着预设的路线、依照设定的指令完成任务，在任务执行过程中无法根据现场环境的变化改变行为。而 AMR 具有环境感知和自主规划的能力，能够应对复杂的现场环境变化。基于智能感知、自主移动能力，AMR 可以更加灵活地在仓库或工厂等环境的各个位置之间规划路线。

（2）AMR 类别

AMR 可以分为激光 AMR 和视觉 AMR 两大类，目前市场上常见的如 Locus、Mir、6Rivers 等均可归为激光 AMR，其主要以激光雷达作为感知设备，实现基于激光雷达的定位、避障、导航等能力。虽然相比于传统 AGV，激光 AMR 初步具备了感知和自主规划的能力，但其感知能力很弱，例如无法分辨障碍物种类，也就无法根据不同的障碍物给出灵活的避障策略，其基于轮廓匹配的定位方法也无法有效解决高度动态的场景变化带来的影响。

为克服激光 AMR 的局限，开发了新一代视觉 AMR，其主要依赖计算机视觉作为其感知手段，能够获得环境的视觉语义理解，在此基础上能够在复杂动态的环境中实现灵活避障、准确定位和高效路径规划。如表 6-2 所示为三种自动导引车传感系统的能力对比。

表 6-2　AGV、激光 AMR、视觉 AMR 传感系统能力对比

功能	AGV	激光 AMR	视觉 AMR
定位	磁导条、二维码	AMCL、反光条、激光 SLAM	VSLAM、视觉语义定位、多模态融合
导航	固定路线	自由导航	自由导航
避障	停等避障	激光避障	多模态融合、视觉语义目标定位
停靠（Docking）	盲停	激光目标定位	多模态融合、视觉语义目标定位
跟随	无	激光跟随	视觉跟随

续表

功能	AGV	激光 AMR	视觉 AMR
能力总结	无智能	① 具有在稳定环境下的定位能力,但当环境变化时(有运动物体、货物被搬运,或者工位发生变化等),激光定位容易失败 ② 智能进行简单的避障、不能区分障碍物类别,不能做很好的跟踪和轨迹预测,会有安全隐患 ③Docking(停靠或与各类设备对接)依赖于定位精度,只有导航到目标附近才能依赖激光进行Docking,不能在较大范围内自主寻找目标 ④ 无法做到稳定跟随和视觉交互	① 依托视觉语义解析能力,能够分析场景中不变的和变化的信息,能够适应环境变化(有运动物体、货物被搬运,或者工位发生变化等) ② 能够区分障碍物类别,做很好的跟踪和轨迹预测,从而实现更安全、更灵活的避障 ③ 视觉 Docking 能在较大范围内自主寻找目标,不依赖高精度定位

6.3.2 AMR 的传感系统

根据前述章节可知,机器人传感器可分为内部传感器(也称为本体感受传感器)和外部传感器。本体感受传感器用于测量机器人自身运动,外部传感器用于感知周围环境。机器人传感器系统和算法的设计,相关工作可以分为两类:一类是依靠数量最少的传感器(一个或两个),另一类是使用多个传感器,但有其自身的局限性。文献［89］提出一个基于商用的自主移动机器人感知系统:product-ready 机器人感知系统,利用一个单目相机,一个短程二维激光测距仪(2D-LRF),车轮编码器和惯性测量单元(IMU)构成移动机器人的传感系统,相对于"最简单"的设计角度(用最少的传感器数量实现自动化机器人),此系统传感设置相对复杂,但理论上的困难不大。而且,从冗余传感和实际应用的角度来看,设置的 4 个传感器具有互补的特点,能够实现机器人的稳健运行,理论问题极少,故障率也很低。成本方面,完整的传感器设备只需 300 美元左右(量产时甚至低至 100 美元),本小节以商用 product-ready 机器人感知系统为例描述现代 AMR 机器人所应用的传感技术。

(1) AMR 所配备的本体感知传感器

机器人平台的自主工作能力是通过导航系统来监视并控制机器人从一个位置移到下一位置的运动。管理位置和运动时的精度是实现高效自主工作的关键因素,MEMS(微机电系统)陀螺仪可提供反馈检测机制,对优化导航系统性能非常有用。如图 6-15 所示是 Adept Mobile Robots 公司的 Seekur 系统,是一个采用先进 MEMS 器件来改善导航性能的自主系统。

图 6-15 Adept MobileRobots 公司的 Seekur 系统

机器人为了利用互补的感觉能力,通常会同时配备两种传感器。由于

IMU 和车轮编码器具有互补性，product-ready 机器人本体传感器集成了 IMU 和车轮编码器。IMU 可以测量高帧率（≥100Hz）下移动框架的角速度和比力（重力影响的局部线性加速度），其测量结果可用于描述机器人在 3D 空间中的运动。虽然 IMU 在机器人应用中得到了广泛的应用，但由于其性质，即使与其他传感器融合，也有一定的局限性。有几种情况会导致运动估计失败，例如，机器人静止、以恒定的圆周速度或直线速度运动等。此外，由于 IMU 不能直接获得线性速度估计，当机器人在具有挑战性的环境中导航时，迭代估计器的本地化估算值可能会始终落入局部最小值，从而导致估计性能低下，甚至出现发散。然而，这些困难都可以通过集成车轮编码器来克服，因为车轮编码器直接提供速度估计。另一方面，车轮编码器只能对机器人在二维平面上的运动进行表征。这些互补的特性使 IMU 和车轮编码器成为一对完美的本体感知传感器，而且它们的成本都很低。

（2）AMR 外部感知传感器

由前述可知，自主导引机器人的导航与避障所应用的传感器主要是激光测距与视觉，通过表 6-1 对比可知，视觉导航和避障具有更大的优越性能。基于视觉的机器人系统理论上能够通过在捕捉到的图像中获取足够的静态、可分辨信息（例如稀疏特征点、半密集点云、CNN 特征等）而进行有效的工作。虽然大多数场景都能符合这样的假设，但仍有许多环境不符合这一假设，特别是在建筑物内部和建筑物之间（由于黑暗环境、无特征场景、大量移动对象、短期和长期光照条件变化等）。而另一方面，LRF（激光测距仪）具有较大的视场（200°~360°），对光照条件和丰富的环境特征具有鲁棒性。但低成本 LRF 的缺点是传感距离短（无法进行室外导航）、无法捕获 3D 信息以及噪声大。如图 6-16 所示，显示了需要配备摄像机和 LRF 的典型真实场景。其中图 6-16(a) 是远离校园内的建筑物前面的场景，在只使用 LRF 时感知失败的代表性场景，图 6-16(b) 是室内无特征的房间，仅使用摄像机感知失败的代表性场景。针对图 6-16 存在的问题可以通过基于概率估计的传感器融合来改善，即设计一种短距离低成本的 2D LRF 和一个单目摄像头进行集成的方法和技术。

(a)   (b)

图 6-16 仅使用 LRF 或摄像机时传感系统感知失败的代表性场景

（3）自主移动机器人传感器配置与系统设计

目前最具挑战性的机器人研究课题之一是自主驾驶。通常，自动驾驶汽车配备精确但昂贵的卫星/惯性导航系统（GNSS-INS）、数十个雷达传感器、多个 RGB 摄像头和多个多波束 LRF。为了开发地面自主导引机器人，车轮编码器是一种低成本但高效的传感器。然而，大多数使用车轮编码器的系统只关注具有平面的环境。红外和超声波传感器也广泛应用于机器人系统，虽然它们可以用于定位和制图，但由于精度和分辨率较低，目前主要用于避障。

为了使类似水平的自动操作对小型机器人更经济可行，product-ready 自主移动机器人开发了只依赖摄像机和三维传感 LRF 的系统，在这种系统中可以去除昂贵的卫星/惯性导航系统（GNSS-INS）。微机电系统技术的最新发展，往往是摄像机与惯性测量单元集成在一起。这使得机器人具有更好的尺度估计能力，并且在剧烈运动或具有挑战性的环境下也具有更好的系统稳定性。同样，激光测距传感器也可以与惯性测量单元进行集成，以获得更好的性能。研究人员还将惯性测量单元与车轮编码器相结合，以产生精确的航位推算估计值。

product-ready 自主移动机器人传感系统在进行设计时，将上述传感器进行集成设计，即将摄像头、激光测距传感器、惯性测量单元、车轮编码器集成。另外，构建机器人感知系统需要考虑的另一个关键因素是传感器与传感器的刚性连接和精确的时间同步。虽然可以设计算法来在线估计时空校准参数，但可能会影响系统性能，引入使用风险，因此在选用传感器之前要与制造商进行很好的协调。

本章以三个典型移动机器人为例，分别是四足机器人 BigDog、人形机器人 Robonaut 和轮式自主移动机器人（AMR），对移动机器人传感系统的配置、测量信息、位置等进行了详细介绍。 在介绍 BigDog 机器人的传感系统时，根据其功能要求重点介绍其步态传感、姿态感知和导航系统。 航空机器人 Robonaut 的主要功能要求则是视觉定位与手部的触觉感知。 而自主移动机器人 AMR 则主要利用多模态传感器对现场环境进行感知，以实现各种环境各个位置之间灵活规划路线。 本章为学习者提供了不同移动机器人传感系统所需要的基本知识和技术。

第7章
机器人焊接过程传感系统

焊接机器人技术是工业机器人技术在焊接领域的应用，它能够根据预先设定的程序同时控制焊接端的动作和焊接过程，在不同的场合可以进行重新编程。其应用目的在于提高焊接生产率，提高质量稳定性和降低成本。精确的焊缝跟踪是保证焊接质量的关键，是实现焊接过程自动化的重要因素。焊缝跟踪系统的作用就是在焊接时能自动检测和自动调整焊枪的位置（类似机器人的眼睛），使焊枪始终沿着焊缝进行焊接，同时始终保持焊枪与工件之间的距离恒定不变，从而保证焊接质量，提高焊接效率，减轻劳动强度。本章从焊接机器人构成及技术特点出发，对焊接过程的传感跟踪进行详细说明。

7.1 认识焊接机器人

7.1.1 焊接机器人的分类

焊接机器人的分类形式比较多，可以根据应用需求从结构形式、驱动方式、工艺方法等多个角度进行分类。

（1）按结构形式分类

按结构形式不同可将焊接机器人分为直角坐标型机器人、圆柱坐标型机器人、球坐标型机器人和关节型机器人。

① 直角坐标型机器人。直角坐标型机器人是指在工业应用中，能够实现自动化、多功能、多自由度运动，并且运动的自由度之间为空间直角关系的机器人，如图 7-1 所示。直角坐标型机器人结构简单，运动直观性强，便于实现高精度。但是所占据空间位置较大，造成相应的工作范围较小。

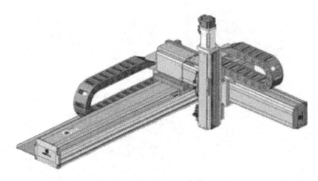

图 7-1　直角坐标型机器人

②圆柱坐标型机器人。圆柱坐标型机器人如图 7-2 所示，该机器人由 1 个转动关节和 2 个移动关节组成。同直角坐标型机器人相比，圆柱坐标型机器人除了保持运动直观性强的优点外，还具有占据空间小、结构紧凑、工作范围大等特点。但是，受升降机构的限制，一般不能对地面上或离地面较近位置的工件进行操作。

③球坐标型机器人。球坐标型机器人如图 7-3 所示，该机器人由 2 个转动关节和 1 个移动关节组成。同圆柱坐标型机器人相比，球坐标型机器人在占据同样空间的情况下，其工作范围更大，由于其可以在俯仰方向上运动，因此能将机器人手臂伸向地面，完成对地面上或离地面较近的工件进行操作的任务。但是这种机器人运动直观性差，结构较为复杂，并且机器人臂端的位置误差会随着机器人手臂的伸长而被放大。

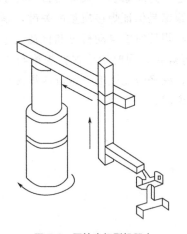

图 7-2　圆柱坐标型机器人

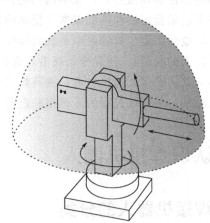

图 7-3　球坐标型机器人

④关节型机器人。关节型机器人如图 7-4 所示，该机器人由多轴关节组成。是当前工业领域最常见的机器人之一，主要用于装配、喷漆、搬运和焊接等工业领域的自动化作业。关节型机器人具有人的手臂的某些特征，与其他类型的机器人相比，该机器人占据空间最小，工作范围最大，此外还可以绕过障碍物提取和运送工件。但是，其运动直观性较差，并且驱动控制也比较复杂。

（2）按驱动方式分类

按驱动方式不同，焊接机器人可以分为气压驱动型机器人、液压驱动型机器人和电气驱动型机器人。

（3）按工艺方法分类

按工艺方法不同，焊接机器人可以分为点焊机器人、弧焊机器人和激光焊接机器人等。

① 点焊机器人。点焊机器人是用于点焊自动作业的焊接机器人，机器人手臂末端持握焊钳，如图 7-5 所示。为了适应焊接工作的灵活性，点焊机器人通常采用关节型。点焊机器人一般应用于汽车车身的自动装配车间，代替人工来完成大约 3000～4000 个焊点的焊接工作。

图 7-4　关节型机器人　　　　　　　　图 7-5　点焊机器人

② 弧焊机器人。弧焊机器人是指可以进行自动弧焊的工业机器人，机器人手臂末端持握焊枪，如图 7-6 所示。弧焊机器人主要应用于各类汽车零部件的焊接任务。

③ 激光焊接机器人。激光焊接机器人是指用于激光焊接自动化作业的工业机器人，机器人手臂末端持握激光加工头，如图 7-7 所示。激光焊接机器人通常以半导体激光器作为焊接的热源，激光焊接机器人还需要进行位置校正，用以保证焊接点位置的精确性。

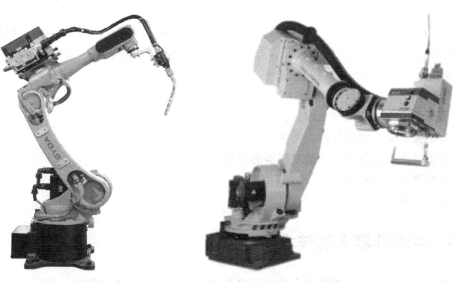

图 7-6　弧焊机器人　　　　　　　　图 7-7　激光焊接机器人

7.1.2 焊接机器人的优势

焊接机器人在工业生产中得到了广泛的应用，使用焊接机器人主要有以下优势。

① 稳定和提高焊接质量，保证焊缝的均匀性。

② 提高劳动生产率，焊接机器人一天可 24 小时连续工作。

③ 改善工人劳动条件，焊接机器人可在有害环境中工作。

④ 降低对工人操作技术的要求。

⑤ 缩短产品改型换代的准备周期，减少相应的设备投资。

⑥ 可实现小批量产品的焊接自动化。

⑦ 能在空间建设、核电站维修、深水焊接等极限条件下完成人工难以进行的焊接作业。

⑧ 为焊接柔性生产提供技术基础。

7.2 点焊机器人

7.2.1 点焊机器人的组成

点焊机器人主要由机器人本体、计算机控制系统、示教盒和点焊接系统几部分组成，为了适应灵活动作的工作要求，点焊机器人通常为关节式工业机器人，一般具有 6 个自由度，分别为腰转、大臂转、小臂转、腕转、腕摆和腕捻。点焊机器人的驱动方式有液压驱动和电气驱动两种，其中，电气驱动具有保养维修简便、能耗低、精度高、安全性好等优点，应用较为广泛。

7.2.2 点焊机器人的性能要求

最初，点焊机器人只用于在已拼接好的工件上增加焊点。后来，为了保证拼接精度，让机器人参与完成定位焊接作业。因此，点焊机器人逐渐被要求具有更全面的作业性能，具体来说主要有以下几个方面。

① 安装面积小，工作空间大。

② 快速完成小节距的多点定位。

③ 高定位精度，以确保焊接质量。

④ 持重量大，以便携带内装变压器的焊钳。

⑤ 示教简单，节省工时。

⑥ 安全可靠。

7.2.3 点焊机器人的技术特点

① 技术综合性强。点焊机器人融合了多个学科，涉及多个技术领域，包括机器人控制、

机器人动力学及仿真、机器人构建有限元分析、激光加工、模块化程序设计智能测量、建模加工一体化、工厂自动化以及精细物流等先进技术，技术综合性强。

② 应用领域广泛。点焊机器人可用于制造、安装、检测、物流等生产环节，并广泛应用于汽车整车以及汽车零部件、工程机械、轨道交通、低压电器、电力、IC 装备、军工、烟草、金融、医药、冶金及印刷出版等众多行业，应用领域非常广泛。

③ 技术先进。点焊机器人集精密化、柔性化、智能化、软件应用开发等先进制造技术于一体，通过对过程实施检测、控制、优化、调度、管理和决策，实现增加产量、提高质量、降低成本、减少资源消耗和环境污染，是工业自动化水平的最高体现。

7.3　弧焊机器人

弧焊机器人是用于进行自动弧焊的工业机器人，弧焊机器人的组成和原理与点焊机器人基本相同。

7.3.1　弧焊机器人的组成

弧焊机器人一般是由示教盒、控制系统、机器人本体、自动送丝装置及焊接电源等部分组成。可以在计算机的控制下实现连续轨迹控制和点位控制，还可以利用直线插补和圆弧插补焊接由直线及圆弧组成的空间焊缝。弧焊机器人可以长期进行焊接作业、保证焊接作业的高生产率、高质量和高稳定性的特点。

7.3.2　适合弧焊机器人的焊接方法

弧焊机器人的应用范围很广，除汽车行业之外，在通用机械、金属结构等行业中都有应用。适合弧焊机器人应用的弧焊方法主要有：惰性气体保护焊、二氧化碳保护焊、混合气体保护焊、埋弧焊、钨丝惰性气体保护焊、等离子弧焊等。

7.4　焊接机器人的传感系统

焊接机器人所使用的传感器要求能够精确地检测出焊口的位置和形状，然后传送给计算机进行处理。由于在焊接过程中，存在强烈的弧光、电磁干扰、高温、烟尘等，并伴随着物理化学反应，因此，焊接机器人传感器要求具有很强的抗干扰能力。焊接机器人传感系统主要包括：电弧传感系统、超声传感跟踪系统和视觉传感跟踪系统。

7.4.1　电弧传感系统

电弧传感器主要分为：摆动电弧传感器和旋转电弧传感器。

（1）摆动电弧传感器

摆动电弧传感器是从焊接电弧自身直接提取焊缝位置偏差信号，实时性好，同时不需要在焊枪上附加任何装置，焊枪运动灵活、可靠性高。摆动电弧传感器的工作原理是：进行摆动焊接时，根据焊接电流的变化，寻找焊接坡口的中心，实时修正焊接机器人动作轨迹的偏差。在进行 V 形坡口焊接时，由于焊枪摆动端与焊缝中心位置的变化，造成电弧长度的变化，电弧短电流大。如图 7-8 所示，当焊枪的摆动中心变化时，焊接电流的左右平衡也将变化，进而可以根据电流平衡点的变化来修正焊枪的摆动中心。

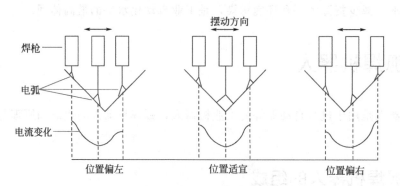

图 7-8　焊枪摆动与焊接电流的关系

（2）旋转电弧传感器

旋转电弧传感器与摆动电弧传感器相比，工作原理基本相同，只是电弧的运动方式不同。旋转电弧传感器的高速旋转增加了焊枪位置偏差的检测灵敏度，可以极大地改善跟踪精度，旋转电弧传感机构的旋转运动频率可以达到 $10\sim100\mathrm{Hz}$。

旋转电弧传感器实现旋转的方式主要有导电杆转动式和导电杆圆锥运动式两种。导电杆转动式如图 7-9 所示，该方式结构比较简单，但是由于导电杆的旋转，焊接电缆与导电杆之间需要通过动接触来实现导电。同时，由于旋转的存在，导致导电嘴与焊丝之间存在摩擦，这会增加导电嘴的磨损。导电杆圆锥运动式如图 7-10 所示，该方式解决了焊接电缆与导电

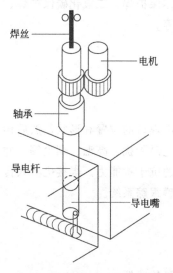

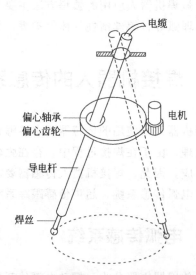

图 7-9　导电杆转动式的旋转电弧传感器结构　　　图 7-10　导电杆圆锥运动式的旋转电弧传感器结构

杆之间需要通过动接触来实现导电的问题，并且导电嘴与焊丝之间也不再存在摩擦，导电嘴的寿命增长。

7.4.2　超声波传感跟踪系统

超声波传感跟踪系统可以分为：接触式超声波传感跟踪系统和非接触式超声波传感跟踪系统。

（1）接触式超声波传感跟踪系统

接触式超声波传感跟踪系统原理如图 7-11 所示，两个超声探头置于焊缝的两侧，与焊缝的距离相等。两个超声波传感器同时发出相同性质的超声波，根据接收超声波的声程来控制焊接熔深。同时比较两个超声波传感器的回波信号，就可以确定焊缝的偏离方向和大小。

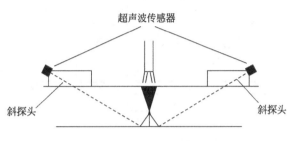

图 7-11　接触式超声波传感跟踪系统

（2）非接触式超声波传感跟踪系统

非接触式超声波传感跟踪系统又可以分为：聚焦式超声波传感跟踪系统和非聚焦式超声波传感跟踪系统，这两种传感系统的焊缝识别方法不相同。

1）非聚焦式超声波传感跟踪系统

非聚焦式超声波传感跟踪系统要求焊接工件能在 45°方向反射回波信号，并且焊缝的偏差应在声束的覆盖范围内，适用于 V 形坡口焊缝和搭接接头焊缝。如图 7-12 所示为 P-50 机

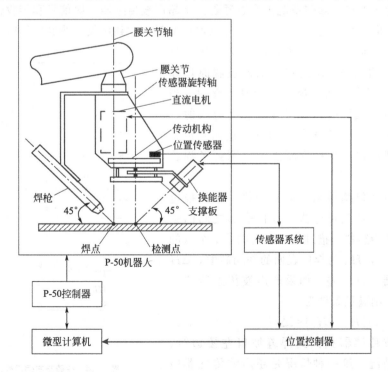

图 7-12　P-50 机器人焊缝跟踪系统

器人焊缝跟踪装置，超声波传感器位于焊枪前方的焊缝上面，并且沿垂直于焊缝的轴线旋转，并且始终与工件成 45°角，传感器旋转轴线与超声波声束中心线交于工件表面。

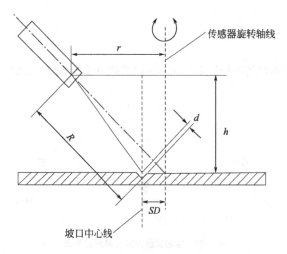

图 7-13　焊缝偏差几何示意图

非聚焦式超声波传感跟踪系统的焊缝偏差如图 7-13 所示，超声波传感器的旋转轴位于焊枪正前方，旋转轴即为焊枪的即时位置。超声波传感器在旋转过程中总有一个时刻超声波声束处于坡口的法线方向，此时传感器的回波信号最强，而且此时传感器和其旋转的中轴线组成的平面恰好垂直于焊缝方向，焊缝的偏差可以表示为

$$SD = r - \sqrt{(R-d)^2 - h^2} \quad (7-1)$$

式中，SD 为焊缝偏差；r 为超声波传感器的旋转半径；R 为传感器检测到的探头和坡口间的距离；d 为坡口中心线与工件水平面的交点到坡口表面的垂直距离；h 为传感器到工件表面的垂直高度。

2）聚焦式超声波传感跟踪系统

聚焦式超声波传感跟踪系统采用扫描焊缝的方法检测焊缝偏差，不要求这个焊缝笼罩在超声波的声束之内，而将超声波声束聚焦在工件表面，声束越小检测精度越高。

聚焦式超声波传感跟踪系统工作原理是：将超声波传感器发射信号和接收信号的时间差作为焊缝的纵向信息，通过计算超声波传感器从发射声波到接收声波的声程时间，可以得到传感器与焊件之间的垂直距离，从而实现焊具与焊件高度之间的检测。焊缝左右偏差检测原理如图 7-14 所示，当声波遇到焊件时会发生反射，当声波入射到坡口表面时，由于坡口表面与入射波的角度不是 90°，因此其发射波就很难返回到传感器，则可以利用这一特性判断是否检测到了焊缝坡口的边缘。

假设超声波传感器从左向右扫描，在扫描过程中可以得到一系列传感器与焊件表面之间的垂直高度。假设传感器扫描过程中测得的第 i 个点的垂直高度为 H_i，H_0 为焊件表面的平均高度，ΔH 超声波传感器允许偏差。如果超声波传感器位于焊件的左边，则满足条件为

$$|H_i - H_0| < \Delta H \quad (7-2)$$

当超声波传感器扫描到焊缝坡口左棱边时，会出现两种情况，第一种情况是超声波传感器检测不到垂直高度，这是因为 V 形坡口斜面把超声

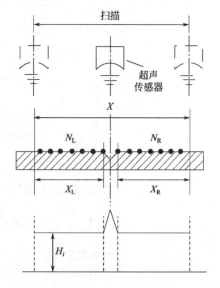

图 7-14　焊缝左右偏差检测原理

回波信号反射出了探头所能检测的范围；第二种情况是该点高度偏差大于允许偏差，即

$$|H - H_0| \geqslant \Delta H \tag{7-3}$$

若有连续 N_D 个点没有检测到垂直高度或是满足式（7-3），则说明检测到了焊缝坡口的左侧棱边，在此之前传感器在焊缝左侧应该可以检测到 N_L 个超声回波。当传感器扫描到坡口右边工件表面时，超声波传感器又接收不到回波信号或者检测的偏差信号满足式（7-3），并有连续 N_D 个检测点满足此要求，则说明传感器已检测到焊缝坡口右侧。当传感器扫描到右边终点时，将采集到 N_R 个超声回波。根据 N_L 和 N_R 就可以计算出焊具的横向偏差方向及大小。

7.4.3　视觉传感跟踪系统

在弧焊机器人中，根据焊缝跟踪系统工作方式的不同，可以把视觉传感器分为被动视觉和主动视觉两类。

（1）被动视觉

被动视觉指利用弧光或普通光源和摄像机组成的视觉传感系统。在大部分被动视觉方法中，电弧本身位置就是检测位置，所以没有因热变形等因素所引起的超前检测误差，并且能够获得接头和熔池的大量信息，这对于焊接质量自适应控制非常有利。而且，被动视觉接近人的视觉，受到研究人员的广泛关注。但是，直接观测容易受到电弧的严重干扰，信息真实性和准确性有待提高。

目前，在使用被动视觉进行焊缝跟踪的研究中，一般使用一个摄像机，所跟踪的焊缝是二维的，这是因为一幅图片很难获得高度信息。

（2）主动视觉

主动视觉一般是指使用具有特定结构的光源与摄像机组成的视觉传感系统。为了获取接头的三维轮廓，一般采用基于三角测量原理。如图 7-15 所示，激光器与摄像机在同一水平线上，由于摄像机成像位置是摄像机与被测目标距离的函数，所以测量对象的位置不同在摄像机上的成像位置不同。三角测量是一种提取几何信息的方法，应用广泛。三角测量仅提供接头的三维轮廓，不受工件表面状态的影响。同时在设计上克服了环境光的影响，这在明弧环境下尤其重要。

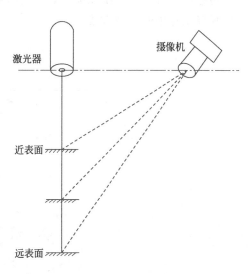

图 7-15　三角测量原理

由于采用的光源不同，主动视觉又可以分为结构光视觉传感系统和激光扫描视觉传感系统。

1）结构光视觉传感系统

采用单光面或多光面的激光作为主动光源的视觉传感系统，称为结构光视觉传感系统。

如图 7-16 所示为与焊枪一体式的结构光视觉传感器结构。激光束经过柱面镜形成单条纹结构光。设计时，CCD 摄像机与焊枪之间要有一个合适的位置关系，用来避开了电弧光直射的干扰。

2）激光扫描视觉传感系统

采用扫描激光束作为主动光源的视觉传感系统，称为激光扫描视觉传感系统。激光扫描视觉传感系统中光束集中于一点，因而信噪比要大得多。如图 7-17 所示为面型 PSD 位置传感器与激光扫描器组成的接头跟踪传感器的结构原理。如图 7-18 所示为典型的采用激光扫描和 CCD 器件接收的视觉传感器结构原理。

在主动视觉跟踪系统中，需要关注的问题主要包括以下几类情况。

① 如何提高跟踪的鲁棒性。

② 如何实现快速稳定的图像处理方法。

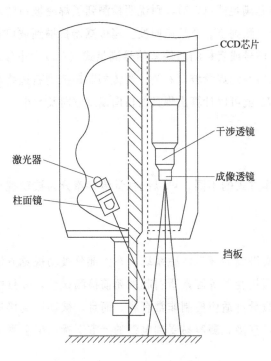

图 7-16　结构光视觉传感系统结构示意图

③ 传感器的设计，如激光器与焊枪之间的位置。

④ 焊缝跟踪中的控制方法。

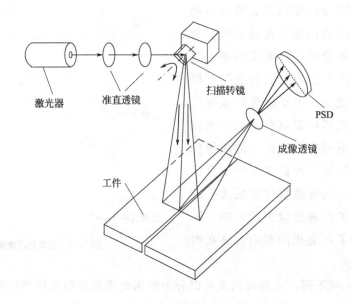

图 7-17　采用 PSD 传感器的跟踪传感器结构原理

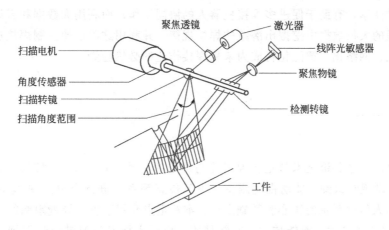

图 7-18　采用激光扫描和 CCD 器件的视觉传感器结构原理

7.5　焊接机器人技术未来发展趋势

（1）机器人控制技术

在焊接机器人系统中，控制器是系统的核心。控制器的作用主要是负责焊接自动化中的信息处理、存储、运算、判断和决策，并最终给出控制信号，通过执行装置使焊接机器人按照一定的规则运动，实现自动焊接。在将来随着控制技术的发展，各种先进的控制技术将灵活地运用在焊接机器人中，最终获得最令人满意的焊接效果。

（2）多传感器信息融合技术

随着传感器技术和焊接机器人技术的发展，多传感器信息融合技术也在逐步成熟。由于焊接机器人工作环境的复杂性，仅仅依靠单一的传感器无法对周围环境中的每一项干扰做出判断，也无法满足当前工业的快速发展，多传感器信息融合技术将为焊接机器人的信息收集和分析带来方便，有利于提高焊接的精确性、快速性和可靠性。

（3）多台焊接机器人协同工作

随着焊接机器人应用范围的拓宽，单个焊接机器人很难完成某些复杂的焊接任务，或者单个焊接机器人完成某些复杂的焊接任务需要的时间很长，因此需要多台焊接机器人相互配合，协同完成某一焊接任务。

（4）人工智能技术的应用

近年来，人工智能技术的发展备受关注，以 xgboost 为代表的推理模型也正成为解耦复杂焊接过程的有效工具，这些模型相对于传统算法具有更好的鲁棒性和环境适应性，在智能化焊接中将具有广阔的前景。

（5）智能云管理焊接工厂

随着互联网、物联网、大数据和云计算技术的逐渐成熟，基于智能云管理的焊接生产线也将成为焊接机器人的发展方向。利用物联网技术可以实现所有焊接设备以及传感器系统之间的数据实时共享，有助于促进多焊接机器人的协同工作；而利用大数据和云计算技术，可以从焊接过程的大量数据中挖掘出潜藏的焊接规律，并利用这些规律控制焊接过程。焊接生产过程数字化、网络化、智能化将成为未来焊接作业的必然趋势。

本章小节

智能焊接的一个关键技术就是实现工件与焊缝的自动定位及实时跟踪。 本章对超声波传感跟踪、主动视觉跟踪、被动视觉跟踪、电弧传感等系统进行介绍。 视觉焊缝跟踪传感器是焊接机器人传感系统的核心和基础之一，本章重点介绍了视觉焊缝跟踪的原理和传感系统构成。 随着电子技术、智能技术、网络技术、机器人技术等的进一步发展，焊缝跟踪技术将要沿着网络化、智能化的方向发展。

参 考 文 献

[1] 郭彤颖，安冬. 机器人技术基础及应用 [M]. 北京：清华大学出版社，2017.

[2] 郭洪红. 工业机器人技术 [M]. 3版. 西安：西安电子科技大学出版社，2016.

[3] 兰虎，鄂世举. 工业机器人技术及应用 [M]. 2版. 北京：机械工业出版社，2020.

[4] 高富国，谢少荣，罗均. 机器人传感器及其应用 [M]. 北京：化学工业出版社，2005.

[5] Wang T M, Tao Y, Liu H. Current Researches and Future Development Trend of Intelligent Robot：A Review [J]. International Journal of Automation and Computing. 2018（05）.

[6] 罗志增，蒋静坪. 机器人感觉与多信息融合 [M]. 北京：机械工业出版社，2002.

[7] 布鲁诺·西西利亚诺，欧沙玛·哈提卜. 机器人手册：第2卷 [M]. 《机器人手册》翻译委员会，译. 北京：机械工业出版社，2016.

[8] 高国富，谢少荣，罗均. 机器人传感器及其应用 [M]. 北京：化学工业出版社，2005.

[9] 郭彤颖，张辉. 机器人传感器及其信息融合技术 [M]. 北京：化学工业出版社，2017.

[10] 赵伶俐，陈帝伊，马孝义. 农业机器人传感器系统应用研究进展 [J]. 农机化研究，2010，32（6）：7-10.

[11] 毛文勇，张文安，仇翔. 基于多传感器融合的机器人轨迹跟踪控制 [J]. 控制工程，2020，27（7）：1125-1130.

[12] Zhang X，Liu Z，Zhang Z，et al. Photoelectric Switch and Triple-mode Frequencymodulator Based on Dual-PIT in the Multilayerpatterned Graphene Metamaterial [J]. Journal of the Optical Society of America A，2020，37（6）.

[13] Han D，Nie H，Chen J，et al. Dynamic Obstacle Avoidance for Manipulators Using Distance Calculation and Discrete Detection [J]. Robotics & Computer Integrated Manufacturing，2018，49（feb.）：98-104.

[14] 张富正. 行程开关中的结构应用 [J]. 中国新技术新产品，2012（24）：76-77.

[15] 杨帮文. 新型接近开关和光电开关实用手册 [M]. 北京：电子工业出版社，2009.

[16] 邓重一. 光电开关原理及应用 [J]. 传感器世界，2003（12）：19-22.

[17] 贾兴丹，万秋华，赵长海，等. 光电编码器测速方法现状与展望 [J]. 仪表技术与传感器，2018（3）：102-107.

[18] 于庆广，刘葵，王冲，等. 光电编码器选型及同步电机转速和转子位置测量 [J]. 电气传动，2006，36（4）：17-20.

[19] 工控老鬼. 光电编码器的分析和详解 [J]. 伺服控制，2015（Z3）：30-31.

[20] 景飞. 安川机器人位置编码器选型技巧 [J]. 伺服控制，2015（Z4）：55.

[21] 张磊，蒋刚，肖志峰，等. MEMS陀螺与编码器在机器人自主定位中的应用 [J]. 机械设计与制造，2011（9）：142-144.

[22] Kappassov Z，Corrales J A，Perdereau V. Tactile Sensing in Dexterous Robot Hands—Review [J]. Robotics & Autonomous Systems，2015，74：195-220.

[23] Filatov Y V，Pavlov P A，Velikoseltsev A A，et al. Precision Angle Measurement Systems on the Basis of Ring Laser Gyro [J]. Sensors，2020，20（23）：6930.

[24] 鲍晓娟，曹树伟，姜晓玲. 人工智能的光纤陀螺仪与影响参数间关系优化研究 [J]. 激光杂志，2020，41（11）：153-157.

[25] 宋爱国. 机器人触觉传感器发展概述 [J]. 测控技术：2020，39（5）：2-8.

[26] 何慧娟，王雷，许德章. 柔性触觉传感器在机器人上的应用综述 [J]. 传感器与微系统，2015，34（11）：5-7.

[27] 邓刘刘，邓勇，张磊. 智能机器人用触觉传感器应用现状 [J]. 现代制造工程，2018，No. 449（02）：24-29.

[28] 郑湃，吴丰顺，刘辉，等. 柔性MEMS衬底材料及其在传感器上的应用 [J]. 微纳电子技术，2009，46（10）：604-609.

[29] 王钰，李斌. 柔性触觉传感器主要技术 [J]. 传感器与微系统，2012，31（12）：1-4.

[30] 梅海霞. 基于压敏硅橡胶的柔性压力传感器及其阵列的研究 [D]. 长春：吉林大学，2016.

[31] 张赫. 具有力感知功能的六足机器人及其崎岖地形步行控制研究 [D]. 哈尔滨：哈尔滨工业大学，2014.

[32] 沃华蕾. 电容式三维力柔性触觉传感器的设计与制备 [D]. 杭州：浙江大学，2019.

[33] 陆永华，赵东标，吕霞，等. Stewart六维力/力矩传感器弹性体的设计分析 [J]. 南京航空航天大学学报，2005（3）：376-380.

[34] 贾丹平，曹璨，马赫驰．基于光纤 Bragg 光栅的力传感技术研究 [J]．传感器技术与应用，2019，7（3）：P. 95-103.

[35] 武欣．用于智能机器人物体抓取中触滑觉信息检测的柔性触觉传感阵列研究 [D]．杭州：浙江大学，2019.

[36] 孙世政，廖超，李洁，等．基于光纤布拉格光栅的二维力传感器设计及实验研究 [J]．仪器仪表学报，2020，41（2）：1-9.

[37] 郭永兴，孔建益，熊禾根，等．基于光纤 Bragg 光栅的机器人力/力矩触觉传感技术研究进展 [J]．激光与光电子学进展，2016，53（5）：61-72.

[38] 蒋奇，宋金雪，高芳芳，等．基于光纤光栅的机器人多维力传感技术研究 [J]．光电子·激光，2014，25（11）：2123-2129.

[39] 王嘉力．微型六维力/力矩传感器及其自动标定的研究 [D]．哈尔滨：哈尔滨工业大学，2007.

[40] 朱文超，许德章，方涛．分层优化 PF 在六维力传感器下 E 型膜中的应用 [J]．计算机工程，2014，40（9）：257-262.

[41] Victor G，Svetlana G，Bram V，et al. Multi-Axis Force Sensor for Human-Robot Interaction Sensing in a Rehabilitation Robotic Device [J]. Sensors，2017，17（6）：1294.

[42] 杨睿．应变式多维传感器动态校正中的关键问题研究与动态校正方法改进 [D]．合肥：合肥工业大学，2019.

[43] 徐菲．用于检测三维力的柔性触觉传感器结构及解耦方法研究 [D]．合肥：中国科学技术大学，2011.

[44] 李映君，韩彬彬，王桂从，等．基于径向基函数神经网络的压电式六维力传感器解耦算法 [J]．光学精密工程，2017，25（5）：1266-1271.

[45] 陈峰，徐一鸣，钟永彦，等．六维腕力传感器非线性正解耦方法设计 [J]．传感器与微系统，2014，33（6）：107-110.

[46] 尤晶晶，李成刚，吴洪涛，等．预紧式并联六维加速度传感器的解耦算法研究 [J]．仪器仪表学报，2017，38（5）：1216-1225.

[47] 姚斌，张建勋，代煜，等．用于微创外科手术机器人的多维力传感器解耦方法研究 [J]．仪器仪表学报，2020，41（1）：147-153.

[48] 梁桥康，王耀南，孙炜．智能机器人力觉感知技术 [M]．长沙：湖南大学出版社，2018.

[49] 席凯伦．面向假肢手抓取中触滑觉检测的柔性触觉传感阵列研究 [D]．杭州：浙江大学，2016.

[50] 孙世政，龙雨恒，李洁，等．基于光纤布拉格光栅的柔性触滑觉复合传感研究 [J]．仪器仪表学报，2020，41（2）：40-46.

[51] 冯艳，王飞文，张华，等．光纤布拉格光栅滑觉感知单元 [J]．光子学报，2019，48（9）：56-63.

[52] Kim S J，Baek S G，Moon H，et al. Development of A Capacitive Slip Sensor Using Internal Air Gap [J]. Microsystem Technologies，2018，24（11）．

[53] 辛毅，杨庆雨，郑浩田，等．PVDF 触滑觉传感器结构及其调理电路设计 [J]．压电与声光，2014，36（1）：76-78，84.

[54] 石庚辰．接近觉与距离觉传感器发展动向 [J]．机器人情报，1994，1：20-24.

[55] 徐筱龙，徐国华，曾志林，等．水下跟踪定位用接近觉传感器研究 [J]．中国造船，2010，51（1）：131-139.

[56] 王天资，涂孝军，章建文，等．基于 LDC1612/1614 芯片的全金属电感式接近传感器设计与研究 [J]．测控技术，2019，38（5）：67-71.

[57] 秦臻，董琪，胡靓，等．仿生嗅觉与味觉传感技术及其应用的研究进展 [J]．中国生物医学工程学报，2014，33（5）：609-619.

[58] 王平，庄柳静，秦臻，等．仿生嗅觉和味觉传感技术的研究进展 [J]．中国科学院院刊，2017，32（12）：1313-1321.

[59] PingWang．仿生嗅觉与味觉传感技术（英文版）[M]．北京：科学出版社，2016.

[60] Rahaman M R，Khan，Shin-Won，et al. Highly Sensitive Multi-Channel IDC Sensor Array for Low Concentration Taste Detection．[J]. Sensors，2015，15（6），13201-13221.

[61] 郑志强，卢惠民，刘斐．机器人视觉系统研究 [M]．北京：科学出版社，2015.

[62] 邵欣，马晓明，徐红英．机器视觉与传感技术 [M]．北京：北京航空航天大学出版社，2017.

［63］ 周卫东，冯其波，匡萃方．图像描述方法的研究［J］．应用光学，2005（3）：27-31.

［64］ 李作进．基于视觉机理的自然图像处理［M］．成都：西南交通大学出版社，2016.

［65］ 李阳，常霞，纪峰．图像增强方法研究新进展［J］．传感器与微系统，2015，34（12）：9-12，15.

［66］ 王浩，张叶，沈宏海，等．图像增强算法综述［J］．中国光学，2017，10（4）：438-448.

［67］ 姚霆，张炜，刘金根．基于深度学习的图像分割技术［J］．人工智能，2019（2）：66-75.

［68］ 王强，彭思龙，李振伟．基于尺度不变特征的从纹理回复形状［J］．计算机工程，2009，35（2）：216-218.

［69］ 章勇勤，艾勇，吴敏渊，等．基于纹理特征的图像恢复［J］．武汉大学学报（信息科学版），2010，35（1）：102-105.

［70］ 钟方洁，肖志涛，张芳．一种结合明暗信息和纹理信息的形状恢复算法［J］．天津工业大学学报，2012，31（3）：60-64.

［71］ 陈华，王立军，刘刚．立体匹配算法研究综述［J］．高技术通讯，2020，30（2）：157-165.

［72］ 陈炎，杨丽丽，王振鹏．双目视觉的匹配算法综述［J］．图学学报，2020，41（5）：702-708.

［73］ 陈晓勇，何海清，周俊超，等．低空摄影测量立体影像匹配的现状与展望［J］．测绘学报，2019，48（12）：1595-1603.

［74］ Zhou C，Zhang H，Shen X，et al. Unsupervised Learning of Stereo Matching［C］// 2017 IEEE International Conference on Computer Vision (ICCV)．IEEE，2017.

［75］ 小楞．基于深度学习的立体匹配［EB/OL］．（2020-04-26）［2021-05-10］．https：//blog. csdn. net/qq _ 33270279/article/details/105776868

［76］ 浮躁的心．目标跟踪简介［EB/OL］．（2018-03-26）［2021-05-10］．https：//www. cnblogs. com/jjwu/p/8512730. html

［77］ 王楠洋，谢志宏，杨皓．视觉跟踪算法综述［J］．计算机科学与应用，2018，8（1）：8.

［78］ Liu S，Liu D，Muhammad K，et al. Effective Template Update Mechanism in Visual Tracking with Background Clutter［J］．Neurocomputing，2020.

［79］ Liu G C，Liu S，Muhammad K，et al. Object Tracking in Vary Lighting Conditions for Fog Based Intelligent Surveillance of Public Spaces［J］．IEEE Access. 2018，6：29283-29296.

［80］ 丁良宏．BigDog 四足机器人关键技术分析［J］．机械工程学报，2015，51（7）：1-23.

［81］ Meng X，Wang S，Cao Z，et al. A review of quadruped robots and environment perception［C］// 2016 35th Chinese Control Conference (CCC)．Chengdu，China：IEEE，2016.

［82］ 丁良宏，王润孝，冯华山，等．浅析 BigDog 四足机器人［J］．中国机械工程，2012，23（5）：505-514.

［83］ Badger J，Gooding D，Ensley K，et al. ROS in Space：A Case Study on Robonaut 2［J］．Robot Operating System (ROS)，2016，625：343-373.

［84］ Ahlstrom T，Curtis A，Diftler M，et al. Robonaut 2 on the International Space Station：Status Update and Preparations for IVA Mobility［C］//AIAA SPACE 2013 Conference and Exposition. 2013.

［85］ Diftler，Myron A. Robonaut 2-Activities of the First Humanoid Robot on the International Space Station［J］．Molecular Physics，2012，8（1）：39-44.

［86］ 陈春林，陈宗海，卓睿．基于多超声波传感器的自主移动机器人探测系统［J］．测控技术，2004，23（6）：11-13.

［87］ R. 西格沃特，I. R. 诺巴克什，D. 斯卡拉穆扎．自主移动机器人导论［M］．李人厚，宋青松，译．2 版．西安：西安交通大学出版社，2013.

［88］ 王文庆，张涛，龚娜．基于多传感器融合的自主移动机器人测距系统［J］．计算机测量与控制，2013，21（2）：343-345.

［89］ Chen Y，Zhang M，Hong D，et al. Perception System Design for Low-Cost Commercial Ground Robots：Sensor Configurations，Calibration，Localization and Mapping［C］// 2019 IEEE/RSJ International Conference on Intelligent Robots and Systems (IROS)．Macao，China：IEEE，2019.

［90］ 郭立东，许德新，杨立新，等．惯性器件及应用实验技术［M］．北京：清华大学出版社，2016.

［91］ 高钟毓．惯性导航系统技术［M］．北京：清华大学出版社，2012.

［92］ David H，Titterton，John L. Weston. 捷联惯性导航技术［M］．张天光，王秀萍，王丽霞，等，译．2 版．北京：国防工业出版社，2010.

[93] 何晓薇，徐亚军 . 航空电子设备 [M].3 版 . 成都：西南交通大学，2014.

[94] 王勇，马海洋 . 航海仪器 [M]. 大连：大连海事大学出版社，2019.

[95] 关政军，刘彤 . 航海仪器：上册 [M]. 大连：大连海事大学出版社，2009.

[96] 秦永元 . 惯性导航 [M]. 北京：科学出版社，2006.

[97] 刘建业，曾庆化，赵伟，等 . 导航系统理论与应用 [M]. 西安：西北工业大学出版社，2010.

[98] 陈永冰，钟斌 . 惯性导航原理 [M]. 北京：国防工业出版社，2007.

[99] 邓正隆 . 惯性技术 [M]. 哈尔滨：哈尔滨工业大学出版社，2006.

[100] 朱家海 . 惯性导航 [M]. 北京：国防工业出版社，2008.

[101] Elliott D. Kaplan，Christopher Hegarty. GPS 原理与应用 [M]. 寇艳红，译 . 2 版 . 北京：电子工业出版社，2012.

[102] 格雷沃尔，等 . GPS 惯性导航组合 [M]. 陈军，易翔，梁高波，等译 . 2 版 . 北京：电子工业出版社，2011.

[103] 张红梅，赵建虎，杨鲲，等 . 水下导航定位技术 [M]. 武汉：武汉大学出版社，2010.

[104] 张国良，姚二亮 . 移动机器人的 SLAM 与 VSLAM 方法 [M]. 西安：西安交通大学出版社，2018.

[105] 陈孟元 . 移动机器人 SLAM 目标跟踪及路径规划 [M]. 北京：北京航空航天大学出版社，2018.

[106] 王志江，薛坤喜，吴定勇，等 . 基于视觉传感的机器人焊缝纠偏控制系统 [J]. 机械工程学报，2019，55（17）：62-69.

[107] 丁昭 . 浅谈焊接机器人技术发展现状和趋势 [J]. 南方农机，2018，49（13）：89，96.

[108] 肖润泉，许燕玲，陈善本，等 . 焊接机器人关键技术及应用发展现状 [J]. 金属加工（热加工），2020（10）：24-31.

[109] 耿嘉 . 水下携带式高精度温盐深测量系统设计与实现 [D]. 哈尔滨：哈尔滨工程大学，2018.

[110] 刘峥 . 基于深度学习的三维语义地图构建的研究与应用 [D]. 成都：电子科技大学，2020.

[111] 张俊杰 . 基于视觉 SLAM 的三维地图构建及其应用 [D]. 杭州：杭州电子科技大学，2019.

[112] Maqueira B，Umeagukwu C I，Jarzynski J. Application of Ultrasonic Sensors to Robotic Seam Tracking [J]. IEEE Transactions on Robotics and Automation，1989（5）：337-344.

[113] Xue K X，Wang Z J，Shen J Q，et al . Robotic Seam Tracking System Based on Vision Sensing and Human-machine Interaction for Multi-pass MAG Welding [J]. Journal of Manufacturing Processer，2020.

[114] Jia Z W，Wang T Q，He J J，et al . Real-time Spatial Intersecting Seam Tracking Based on Laser Vision Stereo Sensor [J]. Measurement，2020，149：106987.

[115] Zhang J，Singh S. Laser-visual-inertial Odometry and Mapping With High Robustness and Low Drift [J] . Journal of Field Robotics，2018，35（8）：1242-1264.

[116] Li S P，Zhang T，Gao X，et al. Semi-direct Monocular Visual and Visual-inertial SLAM with Loop Closure Detection [J] . Robotics and Autonomous Systems，2018.